中国矿业大学卓越采矿工程师教材

矿井火灾防治

主　编　秦波涛
副主编　仲晓星　时国庆

中国矿业大学出版社
·徐州·

内 容 提 要

本书吸收行业发展新知识、新技术、新工艺、新方法，系统介绍了煤矿矿井火灾发生、发展规律及防治技术，主要包括矿井火灾防治基础、煤自燃及其特性、煤自燃预测预报、煤炭自燃防治技术、矿井外因火灾防治、火区封闭与启封、矿井火灾应急处置等7个方面的内容。

本书可供高等院校安全工程专业本科生和研究生作为教材使用，也可供从事煤炭行业科研、设计、管理、工程技术人员参考。

图书在版编目(CIP)数据

矿井火灾防治/秦波涛主编. —徐州：中国矿业大学出版社，2023.12

ISBN 978-7-5646-6015-4

Ⅰ.①矿…　Ⅱ.①秦…　Ⅲ.①煤矿—矿井火灾—矿山防火　Ⅳ.①TD75

中国国家版本馆 CIP 数据核字(2023)第 206148 号

书　　名　矿井火灾防治
主　　编　秦波涛
责任编辑　周　红
出版发行　中国矿业大学出版社有限责任公司
　　　　　　(江苏省徐州市解放南路　邮编 221008)
营销热线　(0516)83885370　83884103
出版服务　(0516)83995789　83884920
网　　址　http://www.cumtp.com　**E-mail**:cumtpvip@cumtp.com
印　　刷　苏州市古得堡数码印刷有限公司
开　　本　787 mm×1092 mm　1/16　**印张** 13　**字数** 333 千字
版次印次　2023 年 12 月第 1 版　2023 年 12 月第 1 次印刷
定　　价　38.00 元

前　言

矿井火灾是煤矿生产过程中的主要灾害之一，不仅烧毁大量煤炭资源，产生大量高温有毒有害气体，还会诱发瓦斯、煤尘爆炸，严重危及井下人员生命安全。我国每年都有多起矿井火灾事故发生，给矿井带来巨大的经济损失和重大的人员伤亡。随着矿井往深部开采，火灾与瓦斯灾害并存，矿井面临更严峻的热动力灾害威胁。因此，加强矿井火灾防治理论与技术的学习，做好矿井火灾高效防治工作责任重于泰山。

“矿井火灾防治”是系统介绍矿井火灾孕育、发展规律及防治理论与技术的一门课程。早在17世纪，人们就已开始研究煤自燃问题，先后提出了黄铁矿作用、细菌作用、酚基作用、煤氧复合作用等假说来解释煤自燃机理；在煤自燃防治技术方面，主要有黄泥灌浆、均压、阻化剂、惰气、凝胶、泡沫等技术；在外因火灾防治方面，主要包括矿井火灾时期风流紊乱的类型、产生的原因、判别准则以及灭火方法。1990年，我国矿业安全学科的创始人之一王省身教授等编写出版了《矿井火灾防治》一书，该书系统地总结了矿井火灾防治的理论与技术，是当时我国创办的“矿井通风与安全”本科专业的教学用书，也是较早的矿井火灾防治教材之一；随后，国内外陆续出版了多部矿井火灾的著作或教材。2008年王德明教授出版了著作《矿井火灾学》，全面总结了当时矿井火灾防治的最新研究成果，系统、科学地介绍了该领域的完整知识，该书在矿山安全工程领域得到了广泛应用，为该领域人才培养作出了贡献。近年来，随着我国煤矿向深部开采以及西部转移，矿井火灾发生条件和发展规律发生了一些变化，火灾监测预警与防治技术也有了新的进展。为适应新形势下矿山安全领域人才培养的需求，我们对《矿井火灾防治》教材的内容进行了全面更新。

本书由秦波涛教授担任主编，编写团队结合自身的科研与教学经验，参考国内外在矿井火灾防治领域最新的理论、技术和工程实践，重点介绍煤自燃特性、预测预报与防治技术、火区封闭与启封等。同时，在近年来发生的矿井火灾事故中选出典型案例，从火灾事故原因、处置原则、处置技术、处置过程和效果等角度深入分析矿井火灾应急处置的关键环节，帮助读者提升解决复杂工程实际问题的能力。

全书包含7章，第一章由秦波涛教授编写，主要介绍矿井火灾的概况、矿井可燃物燃烧特性以及自燃理论等；第二章由仲晓星教授和辛海会教授编写，主要介绍煤自燃的过程及影响因素、煤自燃宏观和微观特性、煤自燃倾向性与煤自然发火期等；第三章由时国庆教授编写，主要介绍井下易自然发火区域、矿井漏风的检测方法、煤自燃预测预报与探测方法等；第四章由秦波涛教授和史全林副教授编写，主要介绍开拓开采方法及均压与堵漏、灌浆、惰性气体、阻化剂、三相泡沫、凝胶等防灭火技术；第五章由窦国兰副教授编写，主要介绍外因火灾的监测和灭火方法、电气火灾和胶带火灾防治、风流紊乱及控制技术等；第六章由仲晓星教授编写，主要介绍火区封闭、火区管理、火区启封等；第七章由时国庆教授编写，主要介绍矿井火灾应急处置的总体原则，并结合典型事故案例系统分析综采(放)工作面煤自燃、近距离煤层群复合采空区煤自燃、巷道高冒区煤自燃、外因火灾的应急处置方法。全书由秦波涛教授规划内容、统稿、定稿。

本书出版得到国家杰出青年科学基金(51825402)和中国矿业大学卓越安全工程师教材建设项目的资助。编者在本书编写过程中广泛收集和参阅了国内外相关资料和文献，在此一并向资料和文献作者表示衷心感谢！

由于编者水平有限，书中难免存在不足和疏漏之处，恳请广大读者批评指正。

编　者

2023 年 12 月

目　录

第一章　矿井火灾防治基础

火灾是指在时间和空间上失去控制的燃烧所造成的灾害。在矿山井下，由于受到地质条件和生产环境的影响，一旦发生火灾，常导致人员伤亡和设备损失，甚至引发瓦斯、煤尘或硫化矿尘爆炸等重特大事故。矿井火灾防治是一门综合性和实践性很强的边缘性学科，与工程热物理、传热传质、流体力学、燃烧学、有机化学、火灾动力学、安全科学与工程等多学科交叉。

第一节　矿井火灾概述

矿井火灾是指发生在矿井内或井口附近并威胁矿井安全生产、造成损失的非控制性燃烧灾害，在煤矿和非煤矿山均有发生，其中以煤矿最为严重，是煤矿生产中的五大自然灾害之一。例如，井下巷道、硐室、采掘工作面、采空区等处的火灾均属矿井火灾。本书中的矿井火灾，如无特殊说明均指发生于煤矿的矿井火灾。

一、矿井火灾的分类

根据引火源的不同，可以将矿井火灾分为外因火灾和内因火灾。在数量上，外因火灾所占的比重一般比较小，占矿井火灾总数不超过10%；内因火灾占矿井火灾总数超过90%（图1-1）。

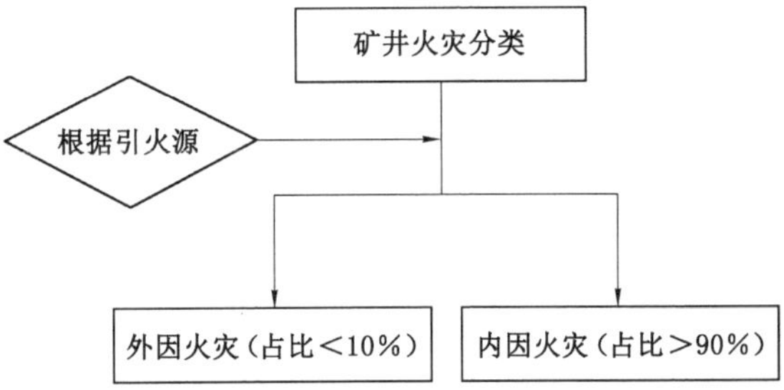

图1-1　矿井火灾按引火源分类及分类占比

1. 外因火灾

外因火灾是外部高温热源（如瓦斯煤尘爆炸、放炮、烧焊、电流短路、明火等）引起可燃物质燃烧而造成的火灾。这种火灾多发生在井口房、井筒、井底车场、石门及机电硐室和有机电设备的巷道等地点。外因火灾具有火源明显、发生突然、发展迅速、来势凶猛等特点，若不能被及时发现和控制，往往会酿成重特大事故。

2. 内因火灾

内因火灾也称煤自然发火，是指在没有外来火源情况下，煤炭在一定条件和环境下，与空气接触、自身氧化发生物理化学反应，导致着火而产生的火灾。内因火灾大多发生在采空区、遗留的煤柱、破裂的煤壁、煤巷的高冒处以及浮煤堆积的地点等。内因火灾往往伴有一个孕育的过程，发生和发展缓慢，须经历一段时间，有早期预兆和火源比较隐蔽等特点。内因火灾最初阶段只能凭借矿内空气成分、温度、湿度等的变化而察觉到，但由于火源比较隐蔽导致不能及时扑灭。由煤自燃形成的煤田火灾可以持续数年，甚至数十年不灭，燃烧的范围逐渐蔓延扩大，烧毁或冻结大量煤炭资源，造成巨大的经济损失。

二、矿井火灾的现状

矿井火灾是煤矿主要自然灾害之一，不仅会烧毁大量煤炭资源和设备，而且会产生大量高温烟流和有毒有害气体，危及井下工作人员生命安全，给矿井带来巨大灾难，是煤矿安全生产工作的重点防范对象。

矿井火灾是世界各采煤国家共同面临的灾害，重特大矿井火灾事故时有发生，导致大量的人员伤亡、惨重的经济损失和恶劣的社会影响，给各国煤炭工业造成了重大影响。2014年5月13日，土耳其索玛地区库莫尔煤矿发生火灾，引发爆炸事故，死亡301人，是20世纪世界上最大煤矿事故。2021年11月25日，俄罗斯克麦罗沃州 Listvyazhnaya 煤矿发生矿井火灾事故，造成52人死亡，其中包括6名救援人员。

我国是世界上第一大产煤国，同时也是矿井火灾最为严重的国家之一，矿井火灾始终威胁着煤炭的安全高效开采。据不完全统计，2010—2020年间我国煤矿火灾事故总起数与重特大火灾事故起数的变化趋势如图1-2所示；同时，煤矿火灾事故所造成的人员伤亡也十分严重。近年来，我国矿井火灾事故得到了有效控制，整体上呈降低趋势；然而，我国重特大矿井火灾事故尚未得到完全遏制，如2020年重庆松藻煤矿"9·27"重大火灾事故造成16人死亡、42人受伤；重庆吊水洞煤矿"12·4"重大火灾事故造成23人死亡、1人重伤。

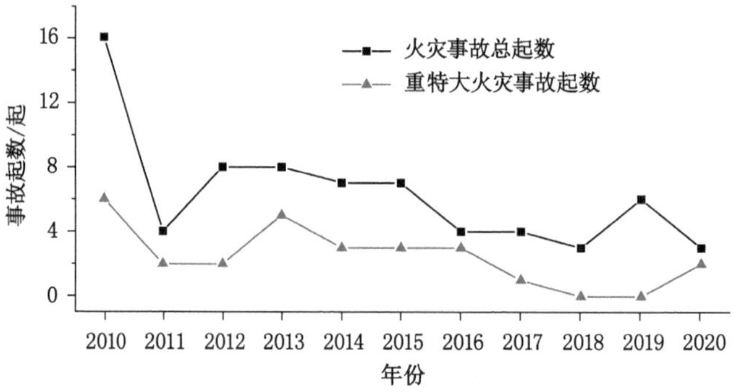

图1-2　2010—2020年间我国煤矿火灾事故总起数与重特大火灾事故起数变化趋势

1. 矿井火灾的分布特点

(1) 小煤矿多发火灾事故

小煤矿所开采的煤炭资源大多地质条件复杂，勘探程度低，难以形成规模开采，存在先天不足。同时，小煤矿规模小、底子薄，在安全保障装备和技术方面缺少必要的资金投入，综合机械化水平较低，导致预防和抵抗火灾事故的能力弱，易发生火灾事故，且极易扩大化。此外，小煤矿工人文化素质偏低，技术人员短缺，难以满足提高机械化开采程度和安全管理水平的要求，这也是我国乡镇煤矿火灾事故多发的重要因素之一。乡镇煤矿发生的火灾事故起数和死亡人数一度占到了全国煤矿火灾事故起数与死亡人数的72%和78.3%。

(2) 自燃煤层分布广，自然发火情况严重

我国煤炭资源丰富，成煤时期多，煤田类型多样，开采煤层地质条件复杂，开采容易自燃、自燃煤层的矿区分布较广。据统计，我国25个主要产煤省区的130余个大中型矿区均不同程度地受到煤层自然发火的威胁，总体表现为北多南少，其中40个大中型矿区煤层自然发火严重。全国657处重点煤矿中，有煤层自然发火倾向性的矿井占54.9%，最短自然发火期小于3个月的矿井占50%以上。

(3) 煤田火区分布范围广

我国的煤田火区主要位于北纬35°～45°之间干旱和半干旱的北方地区，火区呈东西向分布且燃烧强度自西向东呈减弱趋势，火区集中分布在新疆、甘肃、青海、宁夏、陕西、山西、内蒙古等7个地区。其中以新疆最为严重，其次为宁夏汝箕沟煤田和内蒙古乌达矿区；另外，四川叙水、福建龙岩、重庆等地也已出现新的煤田火区。

新疆地区是我国煤田火区最严重的地区。新疆第五次煤田火区普查结果显示，截至2019年年底，新疆有未治理的在燃火区40处，包括22处老火区和18处新生火区，火区总面积477.73万 m^2，每年燃烧损失456.16万t煤炭资源。此外，还有易发煤火风险区域28处，面积575.44万 m^2。

2. 矿井火灾的变化趋势

(1) 矿井火灾事故起数和死亡人数总体下降

近年来，随着煤矿企业对防灭火工作的投入和重视不断增强，落后产能逐步淘汰，矿井火灾防治技术不断进步，加之《中华人民共和国安全生产法》《煤矿安全监察条例》《煤矿安全规程》《煤矿防灭火细则》等法规的颁布与修订，强化了企业的主体责任，技术管理更严格，全国矿井火灾事故起数和死亡人数总体下降，安全形势有了很大改观。根据相关学者统计，2015—2017年，我国煤矿发生较大及以上火灾事故6起，死亡101人；2018—2020年，我国煤矿发生较大及以上火灾事故3起，死亡42人，相比2015—2017年数据分别下降了50%和58.4%。然而，我国煤矿重特大火灾事故尚未得到完全遏制，2020年在重庆松藻煤矿和吊水洞煤矿仍然发生了两起重大火灾事故。

(2) 外因火灾比例逐渐上升

随着矿井开采机械化程度的提高与矿井开采水平不断延深(开采深度每年增加10～30 m)，井下电气设备、电缆以及带式输送机使用量加大，以电缆火灾、带式输送机火灾为代表的典型外因火灾灾害占煤矿火灾灾害的比例逐渐上升。例如，2020年9月27日，重庆松藻煤矿磨损胶带与托辊滑动摩擦产生高温和火星，点燃积存粉煤，引发了胶带与煤的混合燃烧，导致16人死亡；2020年12月4日，重庆吊水洞煤矿违规使用氧气/液化石油气进行切割作业，掉落的高温熔渣引燃油垢和岩层渗出油，导致23人死亡。

(3) 次生灾害事故逐渐增加

随着矿井开采水平不断延深，煤层瓦斯压力、瓦斯含量、地应力和瓦斯涌出量不断增大，煤炭自燃或自燃火区等诱发煤矿瓦斯燃烧或爆炸等次生灾害的危险程度逐渐增加，增大了

灾害防治的难度。例如，仅2000—2015年，我国就发生了16起煤自燃引发的重特大瓦斯爆炸事故，造成383人死亡，如表1-1所示。其中，吉林通化八宝煤矿2013年发生的两起因采空区煤自燃引发的瓦斯爆炸事故，是我国煤矿近十年来最严重的瓦斯爆炸事故，共造成53人死亡。此外，外因火灾事故也多次引发了瓦斯爆炸、罐笼坠落等重大次生事故，如2016年12月3日，内蒙古宝马煤矿违规焊接作业产生电焊火花引发了瓦斯爆炸，导致32人死亡；2017年3月9日，黑龙江东荣二矿违章电焊作业引发电缆着火，造成提升钢丝绳断裂引发罐笼坠落，导致17人死亡。

表1-1　2000年以来我国煤自燃引发的重特大瓦斯爆炸事故

时间	省(自治区、直辖市)	事故矿井名称	死亡人数
2000-10-27	辽宁	集体企业管理局三公司小井	20
2001-03-01	黑龙江	新华农场煤矿	32
2001-11-17	山西	大泉湾煤矿	14
2002-12-22	甘肃	小南沟煤矿	11
2003-01-11	黑龙江	宝兴煤矿	34
2003-08-11	山西	杏儿沟煤矿	43
2003-11-14	江西	建新煤矿	48
2006-06-28	辽宁	五龙煤矿	32
2006-11-29	甘肃	一号煤矿	11
2012-02-03	四川	钓鱼台煤矿	14
2012-03-22	辽宁	大黄二矿	22
2013-03-29	吉林	通化八宝煤矿	36
2013-04-01	吉林	通化八宝煤矿	17
2014-06-03	重庆	砚石台煤矿	22
2014-07-05	新疆	大黄山煤矿	17
2015-10-09	江西	永吉煤矿	10

三、矿井火灾的危害

矿井火灾事故，特别是矿井煤自然发火事故，是煤矿的重大灾害事故之一。矿井火灾对煤矿安全生产的危害主要表现在以下几个方面。

1. 产生大量高温毒害气体

矿井火灾发生后，随着火灾的发展，烟气会越来越浓，温度也会越来越高。火源附近的温度往往超过1 000 ℃，在离火源很远的地点烟流温度也可达到100 ℃以上。这些高温烟流中含有大量有毒有害气体，如CO、CO_2、SO_2、烟尘等。另外，像坑木、橡胶、聚氯乙烯制品的燃烧还会生成大量的氯化氢、醇类、醛类以及其他复杂的有机化合物等。这些有毒有害气体和烟尘会随着风流而扩散，在流经的途中不仅毒化矿内空气，还可能引起再生火灾，使火区范围进一步扩大，甚至会影响到整个矿区，从而伤及井下作业人员。

据统计，在井下火灾事故的遇难者中有95%以上是死于烟气中毒的，在瓦斯、煤尘爆炸事故的遇难者中 80%～90%也是死于烟气中毒。其中，CO 中毒是矿井发生火灾或瓦斯、煤尘爆炸后人员大量伤亡的主要原因。

2. 引发瓦斯、煤尘爆炸

矿井火灾不仅为瓦斯、煤尘的爆炸提供了热源，而且火的干馏作用会使煤炭、坑木等释放出 CO、H_2 和其他多种碳氢化合物等爆炸性气体。同时井下空气温度的升高也会使得瓦斯的爆炸极限扩大，从而增加了矿井瓦斯爆炸的危险性。火灾还会使已经沉降的煤尘重新悬浮，增加了煤尘爆炸的可能性。

3. 引起矿井风流状态紊乱

高温烟流在井下巷道会产生节流效应，而且经过不同标高的巷道时会产生火风压从而造成井下风流状态的紊乱，如风流逆转、烟流逆退、烟流滚退。风流紊乱容易导致次生灾害并引起灾害的进一步扩大。

4. 毁坏设备设施

矿井一旦发生了火灾，井下火灾现场的各种仪器、仪表、设备和设施会遭到严重破坏，同时还会破坏支柱，毁坏巷道和采掘工作面。如果因火灾造成矿井或工作面封闭，没被烧毁的设备和器材也会由于长时间被封闭在火区而被腐蚀损坏。

5. 破坏矿井的正常生产秩序

井下一旦发生火灾，煤炭资源就会遭到严重破坏和损失，造成矿井局部区域甚至整个矿井停产，使得大量煤炭资源被烧毁，缩短矿井服务年限。同时大量的可采煤炭封闭在隔绝区而不能开采，从而使得矿井正常生产秩序遭到破坏，造成开采接续紧张，严重影响煤矿生产。另外，扑灭火灾需要消耗大量的人力、物力和财力，严重影响矿井的正常生产。

第二节　矿井可燃物

燃烧是指可燃物与助燃物(氧化剂)作用而发生的一种放热、发光的剧烈氧化反应。当燃烧不受人为控制的时候，就会转变为对生产生活有害的火灾事故。煤矿井下存在大量可燃、易燃物质，若不加以控制，极易引发火灾事故。

一、燃烧的条件

物质燃烧需要同时具备以下三个条件：可燃物、助燃物(O_2)和点火源，通常称之为燃烧三要素。只有在三要素同时具备的条件下燃烧才有可能发生，如果将燃烧的发生比作正三角形，那么三要素就是组成这个正三角形的三条边，如图 1-3 所示。缺少任何一条边都不能构成三角形，燃烧也就不会发生，同样，燃烧发生后，如果消除任一个条件，燃烧就会熄灭。燃烧四面体如图 1-4 所示。

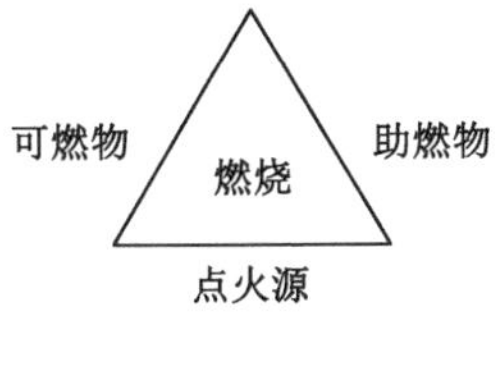

图 1-3　燃烧三角形

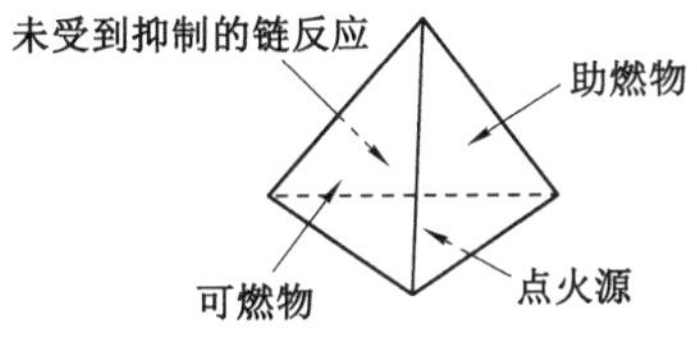

图 1-4　燃烧四面体

1. 可燃物

可燃物是发生燃烧的基础。煤矿开采的煤炭资源本身就是一种可燃物。另外，在生产过程中产生的煤尘、煤岩层中涌出的瓦斯等可燃气体、坑木、各种油料、炸药以及输送带、电缆、风筒等都具有可燃性。

2. 助燃物

助燃物的供给是维持燃烧不可缺少的条件。任何可燃物尽管由点火源点燃，但如果缺乏足够的助燃物，燃烧是不能持续的。凡是与可燃物结合能够导致或能够支持燃烧的物质，都叫助燃物，如空气、氧气、氯气以及氯化钾、高锰酸钾等氧化剂。氧气是最为常见的助燃物，在矿井火灾中，助燃物一般都是氧气。

作为助燃物的氧气也必须达到一定的浓度，几乎所有的有火焰的燃烧都会在氧气浓度低于10%～12%时熄灭，但是低温干馏性的燃烧却要在氧气浓度低于2%时才会熄灭。瓦斯在氧气浓度低于12%的空气中会失去爆炸性。《煤矿安全规程》规定，井下采掘工作面的进风流中，氧气浓度不得低于20%。因此，在井下环境中的氧气浓度能满足火灾发生的条件。

3. 点火源

点火源是发生燃烧的必要条件。能够使可燃物与助燃物发生燃烧或爆炸的能量来源称为点火源。这种能量来源常见的是热能、电能、机械能、化学能、光能等。不同可燃物所需的点火能量是不同的，一般可燃气体所需的点火能量最低，往往撞击产生的火花即可将其点燃，而可燃液体和固体物质着火燃烧则需要更大的点火能量。

在矿井中能够作为引火的点火源有很多，如煤的自燃、爆破作业、机械摩擦、电流短路火花、电气设备运转不良产生的过热、吸烟、电气焊以及其他明火等。

燃烧三要素必须同时存在、相互配合、相互作用，而且达到一定量之后，才能引起矿井火灾。这是火灾发生的基本条件，缺少任何一个要素，矿井火灾都不可能发生。火灾发生的三要素是学习矿井防灭火理论与技术的基础，一切防灭火技术也都是围绕这三要素展开的。

燃烧三角形足以说明燃烧发生和维持的基本条件，但是根据现已被广泛认可的链式反应理论，很多燃烧的发生和维持需要“中间体”——游离基（自由基），由于自由基具有活泼的特性，不断从稳定的原子或分子中夺得一个电子以达到平衡，从而又不断产生新的自由基，形成链式反应。据此有人提出了燃烧四面体的概念（图1-4），即在燃烧过程中，正是火焰前沿的自由基通过链式反应，迅速增加活化中心来使反应不断加速直至燃烧，从而保证了燃烧的持续。因此燃烧的必要条件除了“三要素”外，还必须再增加一个要素——保持可燃物的链反应未受到抑制，这样燃烧三角形就拓展成为一个燃烧四面体。

二、燃烧的分类与形式

1. 基本燃烧形式

根据可燃物燃烧过程的差异，燃烧可分为5种基本形式，即分解燃烧、表面燃烧、蒸发燃烧、扩散燃烧和预混燃烧。

(1) 分解燃烧

分解燃烧出现于固体和部分液体燃料的燃烧中。在燃烧过程中，可燃物首先遇热分解，热分解产物和氧气发生燃烧反应产生火焰，如木材、煤、橡胶、合成高分子化合物等固体燃料，柴油、煤油、润滑油等高沸点油脂类流体以及蜡、沥青等固体烃类物质的燃烧都属于此类。例如，木材在空气中燃烧时，火源首先加热木材，使其失去水分而干燥，然后木材发生热分解，释放出挥发性可燃气体，产生燃烧火焰，放出热量，释放的热量继续加热木材，使木材不断分解，从而使燃烧得以延续。矿井火灾中，前期和中期的大部分燃烧现象都属于这种类型。

(2) 表面燃烧

表面燃烧发生在固体燃料燃烧的后期。固体可燃物燃烧时(例如木材的燃烧)，不断分解出挥发性气体，而挥发性气体燃烧放出的热量继续维持新的固体燃料热分解和燃烧。当原来燃烧的燃料所含挥发性气体完全分解后，只剩下不能分解、气化的固体时，燃烧在焦炭与空气的接触表面进行，称为表面燃烧。固体燃料呈红热表面，但没有火焰，燃烧的速率与可燃物的表面积有关。

(3) 蒸发燃烧

液体燃烧不是液相燃烧，而是液体蒸发所产生的蒸气与空气混合发生着火。可燃性液体如酒精、苯等，它们的燃烧就是由于液体蒸发产生的蒸气被点燃起火而形成的，蒸气点燃形成火焰，它放出来的热量进一步加热液体表面，从而促使液体继续蒸发，使燃烧继续下去。萘、硫黄等在常温下虽为固体，但它们熔点低，在受热后会升华产生蒸气或熔融后产生蒸气，因而同样能够引起蒸发燃烧。

(4) 扩散燃烧

当高浓度甲烷、一氧化碳、乙炔等可燃气体从管道孔口或巷道局部空间流出时，可燃气流与周围空气首先相互隔开，然后迅速相互扩散，形成混合的气体薄层并在该薄层内燃烧，所形成的燃烧反应产物向薄层两侧扩散，且随着可燃性气体与氧气的不断补给、混合使燃烧得以继续，这种方式就属于扩散燃烧。在煤矿井下的采空区或者采煤工作面，有时候会发生瓦斯涌出遇到点火源而燃烧的现象，这种燃烧就属于扩散燃烧。扩散燃烧只燃烧不爆炸，因为在这种情况下，高于爆炸上限浓度的可燃气体与空气并未预先混合形成爆炸性混合气体，燃烧主要发生在高于爆炸上限浓度的可燃气体和空气的交界面上，不会形成火焰传播。

(5) 预混燃烧

在井下一定环境条件下，若可燃性气体与空气预先混合，形成了爆炸界限范围内的预混气体，遇火源即会发生燃烧，这类燃烧称为预混燃烧。这种燃烧在混合气体分布空间快速蔓延，会迅速转变为爆炸。

矿井火灾引起的爆炸事故往往是由预混燃烧引起的。因为扩散燃烧仅在很小的扩散区内进行，分解燃烧也仅在小范围的空气与挥发物混合界面进行，作用范围小。在一定通风条件下，煤层涌出的瓦斯与矿井火灾分解的高温挥发性气体混合，可形成较大范围可燃性预混气体，一经点燃就会出现预混燃烧，并可能在半封闭空间内迅速地自我加速发展成为爆炸。在井下环境中，要特别注意保持合理的通风系统，防止瓦斯及其他可燃气体在井下一定空间的聚集与混合，否则一旦具备预混燃烧的条件，遇上火源就会发生爆炸，将带来特别严重的灾难性后果。

2. 富燃料燃烧与富氧燃烧

井下的火灾发生在受限空间中，火灾特性与通风条件密切相关。根据供风量的大小，受限空间的火灾可以分为富燃料燃烧和富氧燃烧。

(1) 富燃料燃烧

富燃料燃烧是指燃烧混合物中燃料与氧化剂之比大于理论当量比的燃烧过程，又称受限燃烧或通风控制型燃烧。该燃烧一般发生在空间受限制或通道断面较小、供氧受限的情况下。

富燃料燃烧不仅取决于可燃物的类型、数量及供氧量，而且还取决于巷道断面大小以及下风侧可燃物种类、数量和分布形式。一般来说，可燃物越容易引燃，燃料数量越大，供氧量相对于燃料量不足（如停风、减风、巷道垮塌等），空气预热温度越高，则发生富燃料类火灾的可能性越大。巷道周长和断面积之比越小（巷道断面越小），越容易发生富燃料类火灾。

当火源燃烧时，如火势大、温度高，火源将产生大量炽热挥发性烟气，不仅供给燃烧带消耗，还能与被高温火源加热的主风流汇合形成炽热烟流，预热火源下风侧较大范围的可燃物，使其继续生成大量挥发性烟气；另一方面，燃烧位置的火焰通过热对流和热辐射加热紧邻可燃物使其温度升至燃点。由于保持燃烧的可燃物和热源这两种因素的持续存在和发展，此类火灾使燃烧在更大范围进行，并以更大速度蔓延致使主风流中氧气几乎全部耗尽，剩余氧浓度可低于3%。所以，此类火灾蔓延受限于主风流供氧量。

富燃料类燃烧火灾火源分带如图1-5所示，沿风流方向分为4个带。各带烟流的平均温度（t_f，℃）、氧浓度[$\varphi(O_2)$，%]和碳化物总组分（$\sum w(C)$，%）对应显示在图的上半部分。

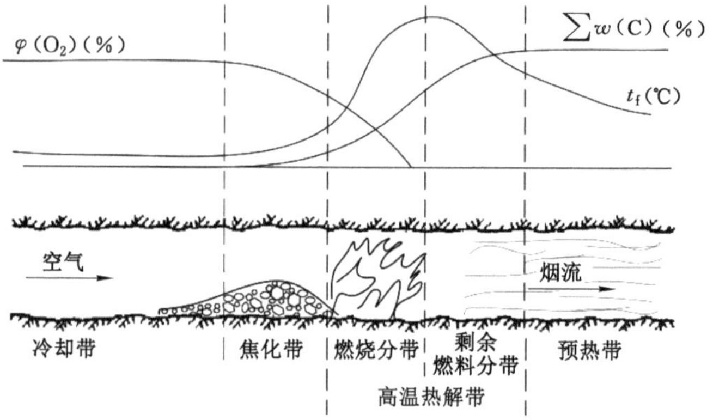

图1-5　富燃料类燃烧火灾火源分带示意图

① 冷却带。火源燃烧已经掠过该带，火焰已熄灭。仅存在受迫对流传热，无氧化反应发生，巷道壁温下降但仍高于风流温度，使流经该带的风流温度缓慢上升，风流的氧浓度不变且不含碳化物。

② 焦化带。可燃物的高温焦化残余物——焦炭，与风流中的氧发生氧化反应，继续燃烧，属于表面燃烧形式。流经该带的风流温度上升，碳化物浓度增长，氧浓度开始较小。

③ 高温热解带。分为燃烧和剩余燃料2个分带。在燃烧分带，可燃物热解生成的挥发性气体在风流中燃烧，烟流浓度达到最高值，碳化物浓度继续升高，烟流中氧浓度几乎降到零。因氧气缺乏，燃烧停止，部分剩余炽热挥发性气体流向下风侧，该分带燃烧属于热解燃烧。在剩余燃料分带，高温挥发性气体与燃烧产生的热共同作用加热该分带可燃物，使其热解生成大量挥发性气体，并混合于烟流中顺风流动。在该分带，热解过程吸热，氧化放热反应停止，温度开始下降，氧浓度接近零。

④ 预热带。含有挥发性气体的高温烟流向巷壁传热，温度继续下降，同时烘干、预热下风侧巷道壁，为火源蔓延创造条件。该带的传热过程以受迫对流传热为主，在接近高温热解

带的区域也存在热辐射现象。

(2) 富氧燃烧

富氧燃烧是指用比通常空气(含氧 21%)含氧浓度高的富氧空气进行燃烧，又称为非受限燃烧或燃料控制型燃烧。由于氧气充分，火源燃烧产生的挥发性烟气在燃烧中已基本耗尽。燃烧产生的火焰以热对流和热辐射的形式加热邻近可燃物至燃点，保持燃烧的持续和发展。燃料的供给量相对较少，氧气剩余(火灾发生时下风侧氧浓度一般保持在 15%以上)，所以这类燃烧的特点是耗氧量少、火源范围小、火势强度小和蔓延速度较低。

富氧类燃烧火灾火源分带如图 1-6 所示，此类火灾在冷却带和焦化带与富燃料类燃烧火灾相似，只是因火势较小，焦化带中氧浓度降低较少。在燃烧带，由于富氧燃烧时温度较低，分解的挥发性气体量较少，故全部在该燃烧带中燃尽；无显著的高温热解带，也不存在剩余燃料分带。在燃烧带中风流氧浓度的减少远小于富燃料类火灾，风流温度和碳化物浓度也低于富燃料类火灾。

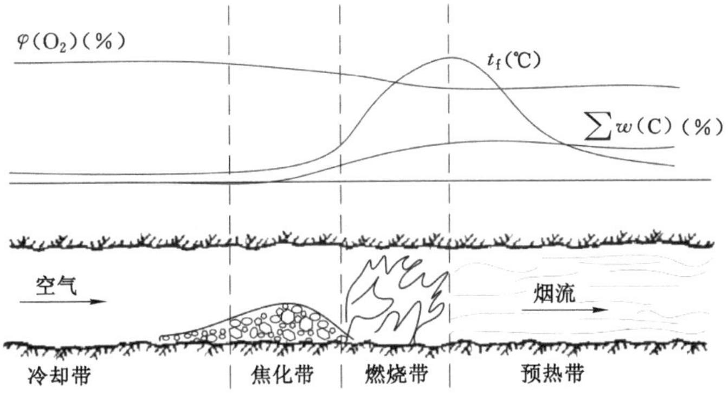

图 1-6　富氧类燃烧火灾火源分带示意图

在有良好通风的条件下，绝大多数火灾在初期时属于富氧燃烧。随着燃烧的持续，当甲烷、氢气等可燃气体和水蒸气从煤、木材和其他可燃材料中释放出来时，由于没有足够的氧气来支持这些可燃气体燃烧，此时燃烧就变成富燃料燃烧。燃烧从富氧燃烧向富燃料燃烧的转变，是一个很重要的过程，一旦转变为富燃料燃烧，表明火势大、供风不足，预示着发生灾难的危险性和严重性大大增加，在该环境下必须及时撤离包括救护队员在内的所有人员。

3. 轰燃与回燃

火灾在其发生、发展和蔓延过程中，出现一些关键性的特殊燃烧形式，它对火灾进程具有重要的作用。轰燃和回燃是受限空间火灾中对火灾过程产生突然而巨大影响的两种特殊火行为。

(1) 轰燃

轰燃是指受限空间火灾局部缓慢燃烧发展到空间内所有可燃物突然全面快速燃烧的特殊火行为，其特点是在一定受限空间中所有的可燃物几乎同时被点燃，如图 1-7 所示。轰燃是火灾由初期阶段向旺盛阶段转变的最显著特征之一。

轰燃的出现是燃烧释放的热量大量积累的结果。井下可燃物荷载分布较多的地点比较容易发生轰燃。

图 1-7　轰燃前后火场对比图

(2) 回燃

回燃是指富燃料燃烧产生的高温不完全燃烧产物(烟气)遇新鲜空气时发生的快速爆燃现象,其特点是死灰复燃。

回燃发生的必要条件有两点:一是存在前导燃烧,形成大量未燃的高温可燃组分;二是这种高温可燃组分与新鲜空气的突然接触。

王德明等采用实验模拟和理论分析的方法证明了煤矿井巷火灾过程中同样存在回燃现象。在矿井火灾中常出现的再生火灾或次生火灾通常就是指回燃现象。回燃是伴随着下行通风风流的逆转而发生的,回燃能使井巷网络火灾过程出现能量爆发,进而导致火灾的扩大,其强度取决于巷道中初始热解产物的浓度。

煤矿井巷发生富燃料类燃烧火灾后,其下风侧烟流常为高温预混可燃气体,由于其含氧量少,不足以构成燃烧。当高温烟流在流动过程中与旁侧支路的新鲜风流交汇时,便在巷道连接处发生回燃,即形成新的火源点。新火源的燃烧又会消耗大量氧气再次使高温烟流中氧气的含量不足,高温可燃烟气继续向前流动,如果在巷道附近又有新鲜空气涌入,在连接口附近又会再次发生回燃而形成又一个新的火源点,这种在矿井下远离火源点形成的一个或多个再生火源的现象被形象地称为火源发展的"跳蛙"现象,如图 1-8 所示。回燃的出现加快了火灾蔓延的速度,发生回燃的地点易发生爆炸。

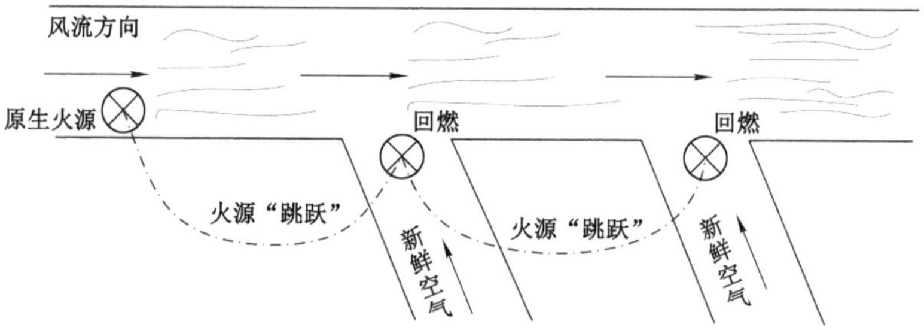

图 1-8　富燃料类燃烧火灾中"跳蛙"现象示意图

三、矿井可燃物及燃烧产物

(一) 可燃物

矿井中的可燃物是指在井下环境中遇到外在点火源后能够发生燃烧、爆炸或在一定条件下可以自燃的物质。煤矿中的可燃物包括煤矿开采的对象(煤炭)、伴煤而生的瓦斯和矿井建设开采过程中使用的各种可燃材料(坑木、输送机胶带、电缆、高分子材料、油料等),根据可燃物相态不同,可以分为固体、液体和气体可燃物。矿井常见可燃物及其燃烧形式如表 1-2 所示。

表 1-2　常见矿井可燃物及其燃烧形式

可燃物		燃烧形式
固体	煤、坑木、胶带等	初期为分解燃烧，后期为表面燃烧
气体	瓦斯等	扩散燃烧、预混燃烧
液体	油料等	蒸发燃烧

1. 固体可燃物

煤矿井下常见固体可燃物有煤、坑木、胶带等。下面对这些常见可燃固体的燃烧特性分别予以介绍。

(1) 煤

煤炭是主要由植物遗体经煤化作用转化而成的富含碳的固体可燃有机沉积岩，含有一定量的矿物质，其含碳量为 70%～96%，相应的灰分不大于 50%。

① 分子结构

煤是分子量不同、分子结构相似但又不完全相同的一组“相似化合物”的混合物，其主要组成元素是碳、氢、氧、氮和硫。煤的结构十分复杂，一般认为它具有高分子聚合物的结构，但又不同于一般的聚合物，它没有统一的聚合单体。煤的大分子是由多个结构相似的“基本结构单元”通过桥键连接而成的。这种基本结构单元类似于聚合物的聚合单体，它可以分为规则部分和不规则部分。规则部分由几个或十几个苯环、脂环、氢化芳香环及杂环(含氮、氧、硫等元素)缩聚而成，成为基本结构单元的核或芳香核；不规则部分则是连接在核周围的烷基侧链和各种官能团。随着煤化程度的提高，构成核的环数增多，连接在核周围的侧链和官能团数量则不断变短和减少。

煤是有着庞大内部表面积的多孔状聚合体。从孔的结构来看，微孔(直径<1.2 nm)和过渡孔(直径为 1.2～30 nm)占总表面积的绝大多数，而其他孔所占的比表面积的比例微乎其微(不足 1%)。煤的孔结构和比表面积主要取决于煤的变质程度和成煤环境，同时受构造破坏程度的影响，但煤的破坏对微孔和过渡孔不起作用，而主要是使大孔(直径>30 nm)的数量增加，引起总的比表面增大，增大的量值受破坏类型和破坏程度控制。

② 发热量

煤的发热量是指单位质量的煤完全燃烧后所放出的热量，用 kJ/g 或 MJ/kg 表示。它是煤最重要的质量指标，也是煤质分析及煤炭分类的指标。常见煤种的燃烧热值见表 1-3。

表 1-3　常见煤种的燃烧热值

煤种	燃烧热值/(kJ/g)	煤种	燃烧热值/(kJ/g)
年轻褐煤	24～28	年老褐煤	28～30.6
贫煤	34.8～36.4	瘦煤	35～36.6
肥煤	34.3～36.8	焦煤	35.2～37.1
长焰煤	30～33.5	气煤	32.2～35.6
年轻无烟煤	34.8～36.2	年老无烟煤	32.2～34.3
典型无烟煤	34.3～35.2	泥炭	20～24

③ 燃点

燃点是可燃固体被加热到一定温度，遇明火发生持续燃烧时的最低温度，是表示可燃物着火燃烧难易程度的重要指标。表 1-4 给出了各种不同变质程度煤的燃点范围。

表 1-4 常见煤种的燃点

煤种	燃点/℃	煤种	燃点/℃
褐煤	260～290	肥煤	340～350
长焰煤	290～330	焦煤	370～380
气煤	330～340	无烟煤	400～500

④ 热分解

煤燃烧后的产物主要以气态形式存在，如 CO、CO_2 等，也包括液态的水和固态的焦炭等物质。煤受热后，首先干燥而后可燃性气体开始析出。在一定的温度和供氧条件下，可燃性气体在煤颗粒周围着火燃烧，形成光亮的火焰。

在煤的低温氧化阶段，也会在不同的温度出现种类不同、浓度随温度变化的气体，如 CO、CO_2、CH_4、C_2H_4、C_2H_6 等。这些气体的出现呈现出很强的规律性，利用这些规律可以预测预报煤的自然发火。

(2) 坑木

随着矿井巷道支护与开采新技术的推广，矿井生产中坑木的使用量在逐渐减少，但是作为传统的支护材料，坑木质量较轻、容易加工架设、具有可缩性、经济方便，故仍在巷道、竖井、采煤工作面、特殊巷道等井下空间被使用。

① 组成

坑木的主要成分是碳(50%)、氢(6.4%)和氧(42.6%)，还有少量的氮(0.01%～0.2%)，以及其他元素(0.8%～0.9%)，但不含其他燃料中常含有的硫元素。

② 热分解

由于井下高温环境或火源的加热，坑木发生分解。在不同的温度下坑木分解的气体成分和含量不同：130 ℃时，首先是水的蒸发，接着开始微弱的分解；到 150 ℃时开始显著的分解；200 ℃时纤维素开始分解；270～380 ℃开始剧烈的分解。坑木在不同温度下分解产物的体积及各种气体成分的百分比见表 1-5。

表 1-5 坑木分解时产物体积及各种气体成分的百分比

气体组成	分解温度/℃					
	200	300	400	500	600	700
每 100 kg 产生气体的总量/m^3	0.4	5.6	9.5	12.8	14.3	16.0
$w(CO_2)$/%	75.00	56.7	49.36	43.20	40.98	38.55
$w(CO)$/%	25.00	40.17	34.00	29.01	27.20	25.91
$w(CH_4)$/%	—	3.76	14.31	21.72	23.42	24.94
$w(C_2H_2)$/%	—	—	0.86	3.68	5.74	8.50
$w(H_2)$/%	—	—	1.47	2.34	2.66	2.81

③ 燃烧特点

坑木的燃烧可以分为有焰燃烧和无焰燃烧两个阶段。有焰燃烧是坑木受热分解出的可燃气体的燃烧，与煤析出的可燃气体燃烧一样，它的特点是燃烧速度快；燃烧量大，占整个坑木燃烧质量的70%；火焰温度高，燃烧时间短，发展猛烈。可燃气体消耗殆尽时，坑木中的碳才开始出现无焰燃烧，即表面燃烧。

(3) 胶带

随着对煤矿生产安全、高效运输的要求越来越高，带式输送机已成为煤矿井下的主要运输工具。输送机胶带作为带式输送机的主要部件之一，在煤矿井下的使用量逐步增大，因此，胶带火灾的防治也越来越受关注。

① 分类

我国煤矿现在使用的阻燃输送带的结构主要分为织物纤维芯与钢丝绳芯两大类。其中织物纤维芯又分为整体编织芯体和分层叠合芯体两种。而绝大多数煤矿井下使用的是钢丝绳芯阻燃输送带。

钢丝绳芯阻燃输送带的特点是抗张强度高、伸长率小、张紧行程短、成槽性和动态性能好，主要应用于煤矿井下主巷道的长距离、高负荷、高速度输送机上。钢丝绳芯阻燃输送带的构造及在矿井下的使用情况分别如图1-9和图1-10所示。

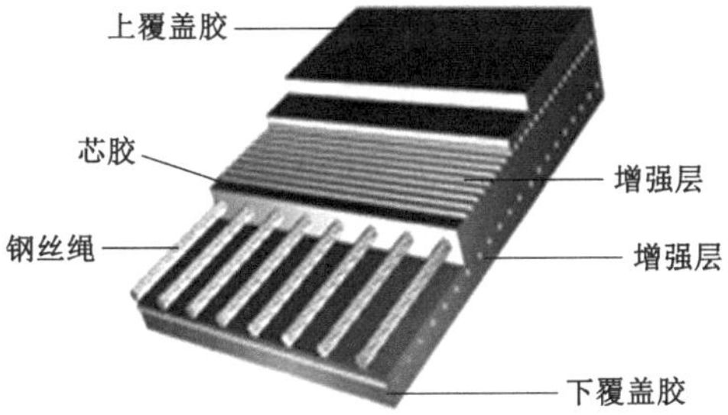

图1-9　钢丝绳芯阻燃输送带内部剖面图

图1-10　钢丝绳芯阻燃输送带在矿井下的使用

② 燃烧特性

中国矿业大学曾利用锥形量热仪对煤矿井下常用的阻燃聚氯乙烯(PVC)输送带、非阻燃橡胶(CR)输送带以及坑木等材料的热释放性能、CO生成速率等燃烧特性进行了试验，试验结果表明：非阻燃CR输送带的热释放速率远远大于阻燃PVC输送带和坑木，其最大热释放速率和平均热释放速率分别比后两者大55%和40%左右；阻燃PVC输送带的CO生成率远远大于坑木和非阻燃CR输送带，随着辐射能量的增加，PVC输送带中CO生成率变化微小，其平均数值为0.120 3 kg/kg，比坑木和CR输送带大90%和80%，这说明PVC输送带虽阻燃效果明显、产生热量相对较少，但其着火后产生有毒有害气体的数量多，危害性大，故仍需进一步改进阻燃胶带的防火性能。

2. 气体可燃物

煤矿井下常见气体可燃物有甲烷(CH_4)、乙烷(C_2H_6)、乙烯(C_2H_4)、一氧化碳(CO)、硫化氢(H_2S)、氢气(H_2)等。在矿井中，危害最大的可燃气体就是瓦斯，它的爆炸往往会造成大量的人员伤亡、设备和通风设施的破坏、巷道坍塌，给矿井带来灾难性后果。

(1) 燃烧速度

气体燃烧速度比固体和液体快。影响气体燃烧速度的因素主要包括：气体的组成和结构、燃烧方式、可燃物的浓度等。

(2) 燃烧热

燃烧热是燃烧能量的来源。常见可燃气体的燃烧热如表 1-6 所示。

表 1-6　矿井下常见可燃气体的燃烧热

可燃气	热值		可燃气	热值	
	kJ/kg	kJ/m³		kJ/kg	kJ/m³
甲烷	55 720	57 873	乙炔	49 850	57 873
乙烷	51 664	65 605	一氧化碳	10 155	12 694
丙烷	50 208	93 720	硫化氢	16 778	25 522
丁烷	49 370	121 340	氢气	141 960	12 770
乙烯	49 857	62 354			

(3) 燃烧温度

燃烧温度是指可燃物所产生的热量将燃烧产物加热到的最高温度。一般情况下燃烧温度指的是火焰温度。决定火焰温度的最主要因素是燃烧热及燃烧产物。

因为燃烧过程中有热量的散失，所以实际测得的燃烧温度要比理论的燃烧温度低。

3. 液体可燃物

煤矿井下的液体可燃物主要是各种油料。与固体和气体可燃物相比，液体燃料火灾发生的频次和造成危害的程度都较小。

(1) 燃烧速度及影响因素

液体燃烧的初始阶段是蒸发，而蒸发需要热量，因此速度较慢，且液体的燃烧速度主要取决于液体的蒸发速度。可燃液体的燃烧速度还与它的组成和结构有关，含碳、氢、硫、磷等可燃元素越多，燃烧的速度也就越快。

(2) 液体的闪点

液体的闪点是指在一定条件下，易燃和可燃液体释放出足够的蒸气，在液面上能够发生闪燃的最低温度。闪点是衡量燃烧液体火灾危险性的一个重要参数，根据物质的闪点，可以区分各种液体燃烧危险性的大小。液体的闪点越低，它的危险性也就越大。例如，煤油的闪点为 28.0～45.0 ℃，其在室温(20 ℃)条件下与明火接近时不能立即燃烧，这是因为低于闪点温度时，蒸发出来的煤油蒸气量少、浓度低，在液面上不会形成煤油蒸气和空气的混合气，因而遇到火源的瞬间不能发生燃烧。由此可见，只有液体处于闪点以上温度时，才有着火的危险。

(二) 燃烧产物

1. 燃烧产物的组成

燃烧产物是由燃烧生成的气体、液体和固体物质组成的，其中主要以气态形式存在，通常称为烟气。燃烧产物有不完全燃烧产物和完全燃烧产物之分。

火灾烟气从物质组成来讲是一种很复杂的混合物，主要包括三个部分：① 可燃物热解或燃烧产生的气相燃烧产物，如 CO_2、CO、水蒸气等；② 未完全燃烧的液、固相分解物和冷凝物微小颗粒；③ 未燃的气态可燃物和卷吸混入的大量空气。

燃烧产物会对人和环境造成很大的危害，主要表现在三个方面：① 缺氧、窒息作用；② 毒性、刺激性和腐蚀性；③ 高温气体的热损伤作用。

烟气的生成量和成分主要由可燃物的性质和燃烧状况决定。一般来说，只有极少数碳氢化合物燃烧的火焰不发光且基本上不产生烟，大分子燃料燃烧时就会明显发烟。而不同的燃烧状况会影响烟气的生成量、成分和特性。当燃烧不完全时，烟气中含有大量的可燃组分，在一些通风不畅的场合，在高温条件下一旦遇新鲜空气就会燃烧，甚至爆炸，即发生回燃。

2. 烟气的主要成分及其危害

烟气的毒性对人体的危害最大。目前，已知的火灾中有毒烟气的成分有数十种，其中最为常见的有以下几种。

（1）一氧化碳（CO）

CO 是一种无色、无味的有毒气体，能与空气均匀地混合。CO 能燃烧，当空气中 CO 浓度在 13%～75%时有爆炸的危险。

许多火灾事故的调查都证实，造成人员大量伤亡的有毒气体成分主要是 CO。CO 对人的危害主要取决于空气中 CO 的浓度和与人接触的时间，如表 1-7 和图 1-11 所示。

表 1-7　CO 中毒症状与浓度的关系

CO 浓度/%	主要症状
0.02	2～3 h 内可能引起轻微头痛
0.08	40 min 内出现头痛、眩晕和恶心； 2 h 内发生体温和血压下降，脉搏微弱，出冷汗，可能出现昏迷
0.32	5～10 min 内出现头痛，眩晕； 0.5 h 内可能出现昏迷并有死亡危险
1.28	几分钟内出现昏迷和死亡

矿内爆破作业、煤炭自燃及发生火灾或煤尘、瓦斯爆炸时都能产生 CO。

《煤矿安全规程》规定其最高容许浓度为 0.002 4%。

（2）二氧化碳（CO_2）

CO_2 在常温下是一种无色无味气体，不燃烧也不支持燃烧。CO_2 气体也会造成人员的呼吸中毒，当人处在 CO_2 体积分数为 10%的环境中时还会有生命危险。

《煤矿安全规程》规定：采掘工作面的进风流中，CO_2 的浓度不超过 0.5%；采区回风巷、采掘工作面回风巷风流中 CO_2 的浓度超过 1.5%时，必须停止工作，撤出人员，采取措施，进行处理；矿井总回风巷或一翼回风巷中，CO_2 的浓度超过 0.75%时，必须立即查明原因，进行处理。

不同体积分数的 CO_2 对人体的影响见表 1-8。

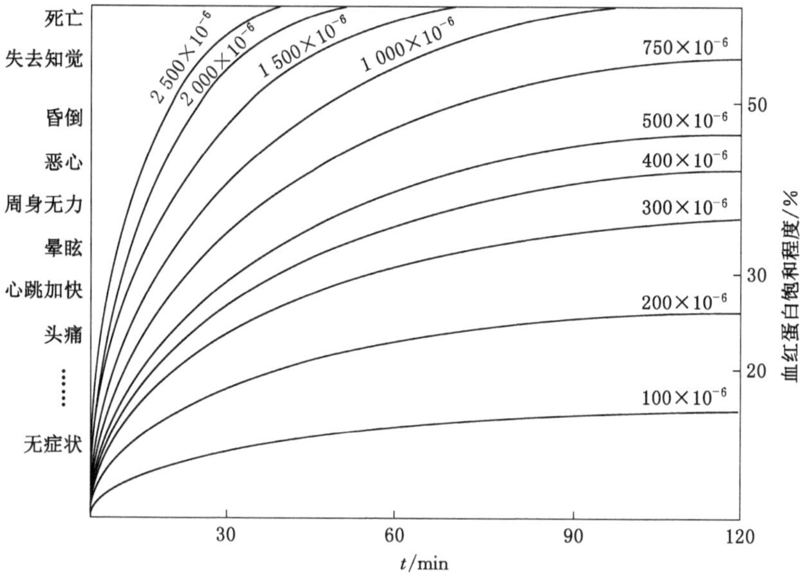

图 1-11 不同浓度和不同作用时间的 CO 对人体健康的影响

表 1-8 不同体积分数的 CO_2 对人体的影响

CO_2 体积分数/%	对人体的影响
0.55	6 h 内对人体不会产生任何痛苦
1～2	引起不适感
3	呼吸中枢受到刺激、呼吸频率增大、血压升高
4	感觉有头痛、耳鸣、目眩、心跳加快等症状
5	感觉喘不过气，30 min 内引起中毒
6	呼吸急促，感到非常难受
7～10	数分钟内失去知觉，以致死亡

(3) 二氧化硫(SO_2)

SO_2 具有强烈的硫黄气味和酸味，易积聚在巷道底部，易溶于水。在 20 ℃时，1 体积的水能溶大约 40 体积的 SO_2，因此，灭火时可用水喷雾溶解烟雾中的 SO_2 以减轻 SO_2 的毒性。不同体积分数的 SO_2 对人体健康的影响如表 1-9 所示。

表 1-9 不同体积分数的 SO_2 对人体健康的影响

SO_2 体积分数/%	对人体的影响
0.000 5	长时间作用无危险
0.001～0.002	气管感到刺激、咳嗽
0.005～0.01	1 h 内无直接的危险
0.05	短时间内生命有危险

矿内含硫矿物氧化、燃烧及在含硫矿物中爆破都会产生 SO_2，有时含硫矿层也会涌出 SO_2。

《煤矿安全规程》规定：矿内空气中的 SO_2 浓度最高允许为 0.000 5%。

(4) 氮的氧化物

氮的氧化物主要是一氧化氮(NO)和二氧化氮(NO_2)。NO 是无色不能助燃的烟气。NO_2 为红棕色、助燃烟气，并有气味、有毒。NO_2 中毒具有潜伏期。氮的氧化物的中毒症状与浓度的关系如表 1-10 所示。矿内 NO_2 的主要来源是井下爆破作业。

《煤矿安全规程》规定：氮氧化合物的浓度不得超过 0.000 25%。

表 1-10　不同体积分数的氮氧化合物对人体的影响

氮氧化合物体积分数/%	对人体的影响
0.004	长时间作用无明显反应
0.006	短时间内气管即感到刺激
0.01	短时间内刺激气管，咳嗽，继续作用有生命危险
0.025	短时间内可迅速致死

(5) 硫化氢(H_2S)

H_2S 是无色、有臭鸡蛋味的毒性气体。当空气中的浓度达到 0.000 1%时可以嗅到，但浓度较高时，因神经中毒麻痹，反而嗅不到。H_2S 能在空气中燃烧，爆炸浓度极限为4.3%～46%。

矿内含硫矿物氧化、燃烧都会产生 H_2S，易积聚于旧巷的积水中。H_2S 毒性较大，吸入少量时会引起头痛、晕眩，吸入大量时可致死，H_2S 中毒症状与浓度的关系如表 1-11 所示。

《煤矿安全规程》规定：井下空气中的 H_2S 含量不得超过 0.000 66%。

表 1-11　不同体积分数的 H_2S 对人体的影响

H_2S 体积分数/%	对人体的影响
0.01～0.015	经几小时，有轻微的中毒症状
0.02	经 5～8 min，强烈刺激眼睛、鼻子和气管
0.05～0.07	经 1 h，严重中毒
0.1～0.3	致死

第三节　自 燃 理 论

自燃是指可燃物在没有直接火源作用下，由于自身内部的物理、生物、化学反应，温度不断集聚升高，达到燃点发生燃烧的现象。煤自燃是最典型的一种自燃现象。对研究煤自燃有重要指导意义的自燃理论有谢苗诺夫热自燃理论、弗兰克-卡门涅茨基(Frank-Kamenetskii，以下简称 F-K)热自燃理论和链锁自燃(爆炸)理论。

一、谢苗诺夫热自燃理论

1. 基本出发点

任何反应体系中的可燃混合气体，一方面它会进行缓慢氧化而放出热量，反应的放热使得体系温度升高，温度的升高又会促进反应加速，因而化学反应的放热速度和放热量是促进着火的有利因素。另一方面，体系又会通过器壁向外散热，使体系温度下降，因而散热是阻碍着火的不利因素。

热着火理论认为，着火是反应放热因素与散热因素相互作用的结果。如果在某一系统中，反应放热占优势，体系就会出现热量积聚，温度升高，反应加速，最终发生自燃；相反，如果散热因素占优势，体系温度下降，不能自燃。

2. 谢苗诺夫热自燃理论分析方法

设有一个内部充满混合可燃气的容器，容器体积为 V，表面积为 S。为简化分析，谢苗诺夫采用“零维”热力模型，即认为容器内可燃混合气的温度和浓度均匀分布，只考虑过程随时间的变化并做出如下假设：

① 初始的混合气体温度和容器壁温 T_0 相同，在反应过程中，容器壁温 T_0 及外界环境温度始终保持不变，而混合气体的瞬时温度为 T，容器壁温与混合气体温度相同。

② 容器内各点的温度、浓度和化学反应速度相同。

③ 混合气体与容器壁之间有对流换热，表面传热系数为 h，它不随温度的改变而变化。

④ 在着火温度附近，由于反应所引起的可燃混合气的浓度变化忽略不计。

单位时间内化学反应释放的热量 q_r 为：

$$q_r = VQw = VQK_0 c^n e^{-\frac{E}{RT}} \tag{1-1}$$

式中 Q——可燃混合气体的反应热，J/kg；

V——容器体积；

w——化学反应速度，kg/(m³·s)；

c——可燃混合气体中反应物的物质的量浓度；

n——反应级数；

$K_0 e^{-\frac{E}{RT}}$——根据 Arrhenius 定律写出的反应速度常数；

T——某时刻容器内可燃混合气体的温度，K。

单位时间内容器壁的散热量 q_1 为：

$$q_1 = hS(T - T_0) \tag{1-2}$$

式中 hS——散热强度。

由式(1-1)可知 q_r 是混合气体温度 T 的指数函数，大小取决于 Arrhenius 因子；由式(1-2)可以很明显看出 q_1 是混合气体温度 T 的线性函数。将 q_r 与 q_1 随温度变化的曲线画在同一张图上，如图 1-12 所示，当压力(浓度)不同时，得到一组放热曲线；当改变 T_0 时则得到一组平行的散热曲线(如图中虚线所示)；当改变 hS 时，则得到一组不同斜率的散热曲线。

系统化学反应在产生热量的同时通过器壁散失热量，总的能量守恒方程为：

$$c_V \rho V(\mathrm{d}T/\mathrm{d}t) = q_r - q_1 \tag{1-3}$$

式中 c_V——可燃混合气比定容热容，J/(kg·K)；

ρ——可燃混合气密度，kg/m^3。

分析 q_r 与 q_1 随温度变化的关系，就可导出着火的临界条件。对图 1-12 中的一对曲线 q_{r1} 与 q_1 进行分析，可以得出自燃的临界条件。在一定 T_0 和压力时，不同的散热强度（hS）条件下，q_r 与 q_1 随温度变化的曲线如图 1-13 所示。

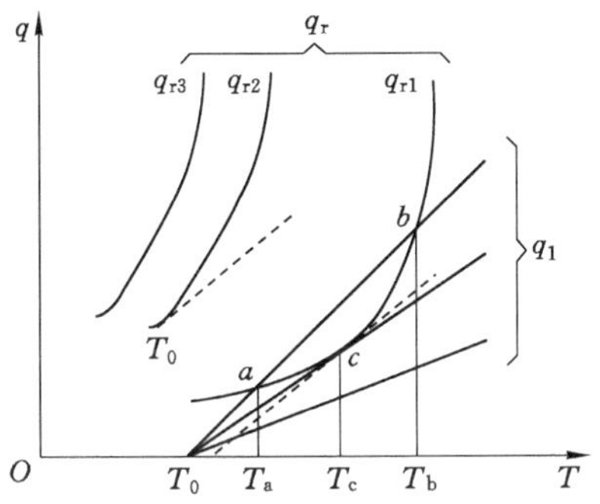

图 1-12　q_r 与 q_1 随温度变化曲线

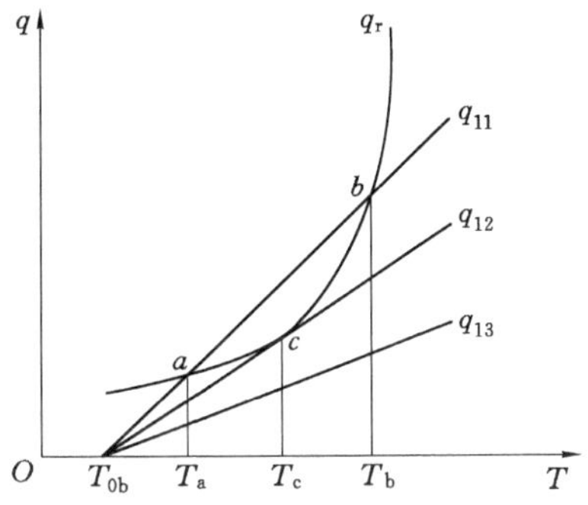

图 1-13　q_r 与 q_1 随温度变化关系

当散热强度（hS）较大时，如图 1-13 中的 q_{11}，q_r 与 q_{11} 曲线交于点 a 和点 b。起初，可燃混合气的初温等于环境温度 T_{0b}，混合气体及容器壁面与环境之间没有热量交换，但此时容器内的化学反应在进行，随着化学反应的进行，反应放出的热量使混合气体的温度升高，于是容器壁面就与环境间存在温差，这样就有了热损失，由于此时的反应放热量总是大于散热量，因此混合气体的温度不断上升达到 T_a，此时 $q_r=q_{11}$。如果系统受到某种扰动使温度高于 T_a，散热量大于放热量（$q_{11}>q_r$），温度降低，系统回到点 a。反之，如果系统受到某种扰动使温度低于 T_a，放热量大于散热量（$q_r>q_{11}$），温度升高，系统也回到点 a。点 a 是稳定点，实际上是反应速率很小的缓慢的低温氧化工况，不能导致自燃。由此可见，$q_r=q_1$ 不是自燃的充分条件。一般燃料在空气中长期安全储存，都属于这种工况。对于交点 b，虽然 $q_r=q_{11}$，但点 b 不是稳定点，因为当温度低于 T_b 时就会因 $q_{11}>q_r$ 而回到点 a，如果当温度略高于 T_b 时就会因为 $q_{11}<q_r$ 使反应急剧加速，直到容器内的可燃混合物燃烧完为止。值得说明的是，在自燃的情况下，点 b 的工况是不可能出现的，因为从点 a 到点 b 的过程中反应的散热量一直大于放热量，因此系统内的温度不可能自动升高，只有当加入外界能量时，从点 a 到点 b 的这一过程才可能实现。

当散热强度（hS）较小时，如图 1-13 中的 q_{13}，q_r 与 q_{13} 曲线相离。从 T_{0b} 开始，可燃混合气反应放出的热量始终大于通过容器壁向环境散发的热量（$q_r>q_{13}$），容器内可燃混合气体的温度不断升高，化学反应速度随温度的升高而加快，最终导致可燃混合气体自燃。

当散热曲线为 q_{12}，q_r 与 q_{12} 曲线相切。q_r 与 q_{12} 曲线相切于点 c，从 T_{0b} 开始，可燃混合气体反应放出的热量大于向环境散发的热量（$q_r>q_{12}$），容器内可燃混合气体的温度不断升高，当升高到 T_c 时，$q_r=q_{12}$。点 c 是不稳定点，如果散热强度（hS）稍小一点，就是上述第（2）种情况，则反应放出的热量始终大于散发的热量，最终导致可燃混合气体自燃；如果散热强度（hS）稍许大一点，如第（1）种情况，就会使反应停留在低温的氧化区，不能自燃。因此很明显，曲线 q_r 与 q_1 相切是可燃混合气体自燃的临界条件。点 c 为着火点，相应的 T_c 为自燃温度（或自燃点），相应的，T_{0b} 为临界环境温度。值得强调的是，T_c 与 T_{0b} 均不是可燃物质的物性参数，而与容器尺寸、形状及散热情况相关。

根据以上分析，谢苗诺夫给出了热力着火临界条件的数学表达式：

$$VQK_0c^n\exp\left(-\frac{E}{RT_c}\right)=hS(T_c-T_{0b}) \tag{1-4}$$

$$\left(\frac{E}{RT_c^2}\right)VQK_0c^n\exp(-E/RT_c)=hS \tag{1-5}$$

从上述表达式中，可以得到临界着火温度与容器壁的壁面温度（混合气体的初始温度）T_{0b}之间的关系：

$$T_c=T_{0b}+(RT_{0b}^2/E) \tag{1-6}$$

一般情况下，活化能 $E=(1\sim2.5)\times10^2$ kJ/mol。例如一种碳氢-空气混合物，它的初始温度为 700 K，总的活化能大约为 160 kJ/mol，则由式(1-6)可知温度升高约为 25 K。这说明在着火的情况下，自燃温度 T_c与临界环境温度 T_{0b}相差不多，由于自燃温度的测量一般比较困难，在实际应用中常把 T_{0b}当作自燃温度。因此，在许多情况下，把 T_c看作是 T_{0b}还是 $T_{0b}+(RT_{0b}^2/E)$，最终的计算只有很小的差异，故

$$T_c\approx T_{0b} \tag{1-7}$$

3. 谢苗诺夫热自燃理论的适用性

谢苗诺夫热自燃理论假设体系内各点温度相等。对于气体混合物，由于温度不同的各部分之间存在着对流，可以认为体系内部各点温度均一；对于毕渥数 Bi（表征表面对流传热能力和固体内部导热能力相对大小的参数）较小的堆积固体物质，也可以近似认为物体内部温度分布均匀。这两种情况下的自燃均可由谢苗诺夫自燃理论进行分析。但当毕渥数较大时（$Bi>10$），燃烧物质体系内部各点温度相差较大，在这种情况下，谢苗诺夫自燃理论中温度均一的假设将不成立。

为了解决这个问题，Frank-Kamenetskii 考虑了大毕渥数条件下物质体系内部温度分布的不均匀性，提出了 Frank-Kamenetskii 热自燃理论，该理论以体系最终是否能够得到稳态温度分布作为自燃着火的判断准则，给出了热自燃的稳态分析方法。

二、Frank-Kamenetskii 热自燃理论

该热自燃理论基于如下假设（符合煤低温氧化时的情况）：

① 反应速率常数由 Arrhenius 方程进行描述，即：$k=Ae^{(-E/RT)}$。
则反应放热速率可用下式表示

$$q=Q\cdot A\cdot\rho\cdot e^{-\frac{E}{RT}} \tag{1-8}$$

式中，q、Q、A、ρ、E、R 分别为放热速率、反应热、指前因子、反应物浓度、反应活化能和气体常数；T 为温度。

② 物质着火前，反应物消耗量很少，假定反应物浓度 ρ 为常数，这也符合煤低温氧化的实际情况。

③ 体系的毕渥数相当大，因此可以认为体系的边界温度与环境温度 T_a 一致。

④ 体系热力参数为常数。

按照该理论，物体内部的稳态温度分布取决于物体的形状以及表征物体内部化学放热和通过边界向外传热的相对大小 δ 值。当物体的形状确定后，其稳态温度分布仅取决于 δ 值，当 δ 大于某一临界值 δ_{cr}时，即 $\delta>\delta_{cr}$时，物体内部不能得到稳态温度分布，体系自燃着火。

其中：

$$\delta_{cr}=\frac{x_{oc}{}^2 E\cdot Q\cdot A\cdot \rho}{kRT_{a,cr}^2}\cdot \exp(-E/RT_{a,cr}) \tag{1-9}$$

δ_{cr}仅取决于体系的外形。当$\delta=\delta_{cr}$时，与体系有关的参数均为临界参数，此时的环境温度称为临界自燃温度$T_{a,cr}$，体系沿x轴方向的长度为x_{oc}。

描述煤自燃过程的基本动力学方程为：

$$(\rho c_p)_{coal}\frac{\partial T}{\partial t}=k\nabla^2 T-(\rho c_p)_{O_2}v\frac{\partial T}{\partial x}-H_w\frac{dC_w}{dt}+Q\rho A e^{-E/RT} \tag{1-10}$$

式中 c_p——比定压热容，J/(kg·K)；

k——热传导系数，W/(m·K)；

v——氧气在煤样中的流速，m/s；

H_w——干燥热或湿润热，J/m^3；

C_w——煤的含湿量，%；

dC_w/dt——干燥或者湿润速率，s^{-1}；

∇——哈密顿算子。

在式(1-10)等号右边的四项中，第一到第三项分别为传热项、对流换热项和水分蒸发热或者湿润热，这三项都是影响煤自燃的外在因素，第四项是煤低温氧化产热的动力学表达式，也是煤低温氧化过程煤体温度不断上升的内在动力。该方程完整地表达出煤自燃过程是热量产生与热量散失这对矛盾的发展过程，是煤自燃的基本动力学方程，并且能够对影响煤自燃的内外因素做出解释。

对式(1-9)两边取对数，得：

$$\ln\left(\frac{\delta_{cr}\cdot T_{a,cr}^2}{x_{oc}^2}\right)=\ln\left(\frac{EQA\rho}{kR}\right)-\frac{E}{RT_{a,cr}} \tag{1-11}$$

此式表明，对特定的物质，右边第一项为常数，左边是$1/T_{a,cr}$的线性函数。对于许多系统，这种线性关系是成立的。对于给定几何形状的材料，$T_{a,cr}$和x_{oc}（即试样特征尺寸）之间的关系可通过试验确定。

以F-K理论为基础建立的临界点火温度法已经被用于标准化评价煤的自然发火危险性。这个标准化测试方法被提出以来得到了广泛的应用，然而这种方法还存在缺陷。这个缺陷在于：计算任何大型材料和小试样的δ_{cr}时都采用相同的活化能E，并且由于E出现在指数项中，E微小的不确定性将对计算结果造成明显的影响。尽管标准化测试的提出者已经设定了一个活化能范围：77～90 kJ/mol，然而，当某种材料的活化能超出这个范围或未知时，测试结果就未必可靠。如果实际活化能高于此范围，测试结果偏向安全的一方，测试没有意义；如果实际活化能低于此范围，测试结果偏向灾害的一方。

针对这一缺陷，一些学者基于F-K理论和煤自燃动力学方程提出了几种改进的测试方法，如稳态分析法、单一临界点法等。

稳态分析法认为对于一定形状和尺寸的同种煤样体系而言，当环境温度大于某个临界环境温度$T_{a,cr}$时，煤样不会出现稳态温度，发生自燃；小于$T_{a,cr}$时，不发生自燃。

澳大利亚学者苏建蒂(Sujanti)用稳态分析法测定了一种维多利亚褐煤在给定形状和尺寸下的临界环境温度，实验结果如图1-14所示。从图中可以看出，当炉温在127 ℃以下时，煤样不会自燃，当炉温为 128 ℃时，煤样发生自燃。因此可以确定煤样在此形状尺寸堆积时，临界环境温度为(127.5±0.5) ℃。

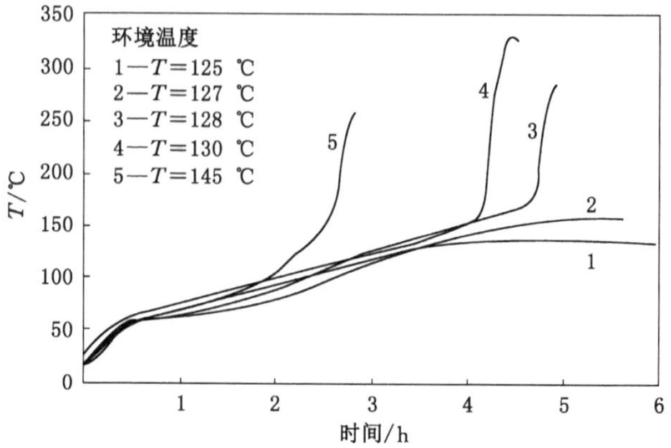

图 1-14　稳态分析法确定煤的临界环境温度

但是这种方法需要求得煤样在同种形状的多个尺寸网篮中的临界环境温度，以得到活化能 E，因此十分消耗时间和人力。因此，这种方法不能发展成为常规测试方法。

英国学者琼斯(J. C. Jones)提出了单一临界点法。将煤样放于某种尺寸某种形状(如等圆柱体)的不锈钢网篮中，网篮置于控温箱内。网篮几何中心置一温度探头，探头温度和控温箱温度可由计算机连续采集并记录。当网篮中样品的中心温度达到炉温时，样品其余部分的温度都可近似为炉温，在这一时刻，可以认为样品和炉子之间的热传导为零。列出这一时刻的煤自燃动力学方程，可忽略难以求解的传导热；煤温等于炉温，故对流换热项为零；此时通常煤样温度已大于 100 ℃，可不考虑水分蒸发热。因此式(1-10)可写成：

$$QA\exp[-E/R\ (T_0)_{cr}] = c\ (\mathrm{d}T/\mathrm{d}t)_0 \tag{1-12}$$

式中　$(\mathrm{d}T/\mathrm{d}t)_0$——样品温度达到炉温时的温升速率，K/s。

代入 δ_{cr}表达式得

$$\delta_{cr}\ [(T_0)_{cr}/r_0]^2\{kR/\sigma c(\mathrm{d}T/\mathrm{d}t)_0\} = E \tag{1-13}$$

方程左边中括号内的项可以通过实验直接获得。

对于煤和木材来说，k 和 c 都可以可靠地估算出。$(\mathrm{d}T/\mathrm{d}t)_0$ 可以从温度曲线直接获得，由此就可以计算出活化能 E。将 E 代入式中，可以得 A。将求得的 E 和 A 代入式(1-9)，即可求得堆积的临界尺寸 x_{oc}。

临界点的热释放速率为：

$$q = QA\exp[E/R\ (T_0)_{cr}] = \{\delta_{cr}kR\ [(T_0)_{cr}]^2\}/(\sigma E r_0^2) \tag{1-14}$$

可以用微型量热计测试出材料的热释放速率 q_1：如果 $q_1 > q$，则能着火，不安全；如果 $q_1 < q$，则不能着火，安全。

J. C. Jones 的方法很好地解决了标准化测试中因活化能带来的误差，使求得的 δ_{cr}与实际的 δ_{cr}更接近。

20 世纪末，Chen 等提出了一种新的金属网篮测试方法——非稳态测试法。该方法通过在煤样几何中心和偏离几何中心不远的位置放置 2 个测温元件，当 2 个测温元件所测温度相等时，导热项为零。此方法只要测试一种尺寸的样本在不同初始温度下的交叉点温度。

$$\ln\left(\frac{\partial T}{\partial t}\right)_{T=T_p}=\ln\frac{QA}{C}-\frac{E}{RT_p} \tag{1-15}$$

式中　T_p——交叉点温度，K。

根据 Chen 的思路和方法，中国矿业大学从氧化动力学角度出发，结合经典的 F-K 理论模型，采用网篮交叉点法预测采空区煤炭自燃的临界堆积厚度。此方法采用中国矿业大学安全实验室自行设计的实验设备测定，实验系统如图 1-15 所示。以新安煤矿、大湾煤矿和大黄山煤矿的煤样为例，采用该方法得到不同温度下测试煤样的自燃临界堆积厚度，如表 1-12 所示。

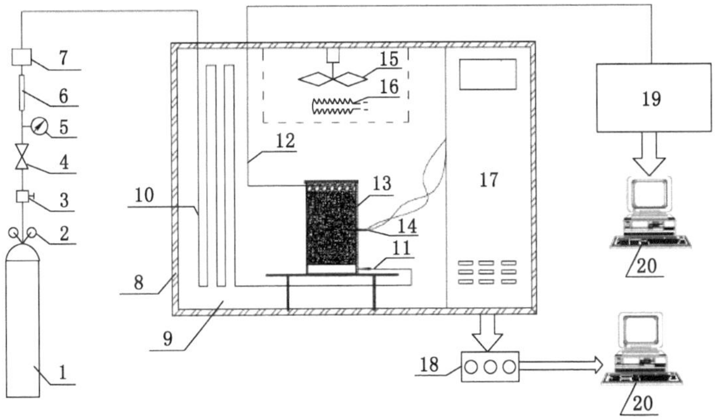

1—干空气瓶；2—减压阀；3—稳压阀；4—稳流阀；5—压力表；6—气阻；7—流量传感器；8—隔热层；9—控温箱；10—气体预热钢管；11—进气管；12—出气管；13—煤样罐；14—铂电阻温度传感器；15—风扇；16—加热器；17—控制器及显示键盘；18—数据采集系统；19—气相色谱仪；20—计算机。

图 1-15　稳态法确定煤的临界环境温度

表 1-12　不同温度下的自燃临界厚度

煤样	温度/℃			
	17	20	25	30
大湾煤矿	1.77	1.54	1.22	0.98
新安煤矿	1.44	1.25	0.99	0.79
大黄山煤矿	2.35	2.00	1.54	1.20

三、链式自燃理论

热自燃理论可以解释很多着火现象，但也有很多现象和实验结果，无法用热自燃理论解释，例如氢气和氧气反应的着火极限的实验结果正好与热自燃理论对双分子反应的分析结果相反。有一些可燃混合气在低压下，其着火的临界压力与温度的关系曲线也不像热自燃理论所描述的那样，即单调地下降且只有一个着火极限，而是着火界限呈半岛形，且有 2 个或 3 个，甚至存在更多的着火极限。如图 1-16 所示的

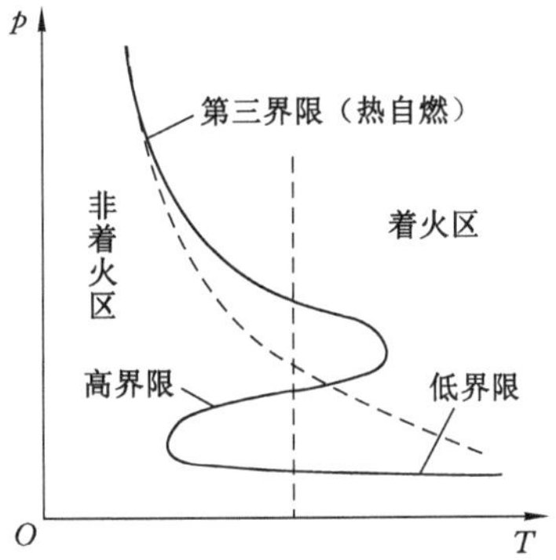

图 1-16　着火半岛现象

CH_4 与 O_2 反应的着火半岛，存在 3 个着火界限。这些实验结果说明，着火并非在所有情况下都是由于放热的积累引起的。而链锁自燃理论能解释其中的部分现象。

1. 链式自燃条件

通过链式反应逐渐积累自由基的方法可使反应自动加速，直至着火。在链式反应过程中，外加能量使链引发产生自由基后，链的传播会持续下去，自由基的数目因分支而不断增加，反应速度加快，最后导致爆炸。但是，在链式反应过程中，也有自由基消失和链锁中断的反应，所以链式反应的速度是否能得以增长以致爆炸，取决于这两者即自由基增长因素与自由基销毁因素相互作用的结果。

设 ω_1 为因外界能量的作用(即链引发)而生成自由基的速度，ω_2 为链传递过程中自由基的增长速度，ω_3 为自由基销毁速度，则自由基随时间的变化关系为：

$$\frac{\mathrm{d}n}{\mathrm{d}t} = \omega_1 + \omega_2 - \omega_3 = \omega_1 + fn - gn \tag{1-16}$$

式中 n——自由基浓度；

f,g——分支反应速度常数和链终止反应速度常数。

令 $\varphi = f - g$，初始条件为：$t=0$，$n=0$，$(\mathrm{d}n/\mathrm{d}t)_{t=0} = \omega_1$。对式(1-16)进行求解得：

$$n = \frac{\omega_1}{\varphi}(\mathrm{e}^{\varphi t} - 1) \tag{1-17}$$

如果令 α 表示在链传递过程中，由一个自由基参加反应而生成的最终产物分子数(如在氢氧反应中链传递时，消耗一个 H，生成两个 H_2O，则 $\alpha = 2$)，那么，反应速度(即产生最终产物的速度)为：

$$\omega = \alpha f n = \frac{\alpha f \omega_1}{\varphi}(\mathrm{e}^{\varphi t} - 1) \tag{1-18}$$

由于链的引发过程很难发生，通常温度下 ω_1 的值很小，对链的发展影响很小。因此链分支速度和链中断速度是影响链发展的主要因素。f 和 g 随着外界条件(温度、压力和容器尺寸)的改变而改变，这些条件对 f 和 g 的影响程度是不同的。由于分支过程是稳定分子断裂成自由基的过程，需要吸收能量，温度对 f 具有很大的影响，温度升高将导致 f 增大；而链终止反应是复合反应，不需要吸收能量，因此可将 g 近似看作与温度无关。随着温度的变化，φ 的符号会出现变化，从而找出着火条件。

在低温时，由于链的分支速度很小，而链的中断速度相对较大，因此 $\varphi < 0$。故式(1-17)可变换成：

$$\omega = \frac{\alpha f \omega_1}{-|\varphi|}(\mathrm{e}^{-|\varphi| t} - 1) = \frac{\alpha f \omega_1}{|\varphi|}\left(1 - \frac{1}{\mathrm{e}^{|\varphi| t}}\right) \tag{1-19}$$

当 $t \to \infty$ 时，$\frac{1}{(\mathrm{e}^{-|\varphi| t})} \to 0$，故：

$$\omega \to \frac{\alpha f \omega_1}{|\varphi|} = 常数 \tag{1-20}$$

这说明，当 $\varphi < 0$ 时，反应速度趋向某一定值，即自由基数目不能积累以加速反应。因此系统就不会自动着火。

当温度升高到某一数值时，如恰好使链分支速度等于链中断速度，即 $\varphi = 0$，则：

$$n = \omega_1 t \tag{1-21}$$

$$\omega = \alpha f \omega_1 t \tag{1-22}$$

这说明当 $\varphi=0$，反应速度随时间线性增加，而不是加速增加，所以系统不会着火。如图 1-17 所示，不断升高温度，可使 $\varphi>0$，反应速度随时间按指数增长，系统会发生着火。将上述三种情况放在同一张图中比较容易找到着火临界条件，即图中 $\varphi=0$ 的这条直线。所以 $\varphi=0$ 代表系统由稳态向自行加速的非稳态过渡的临界条件，为此可将 $\varphi=0$ 称为"链锁着火的临界条件"，而此时的混合气体温度称为链锁自燃温度。

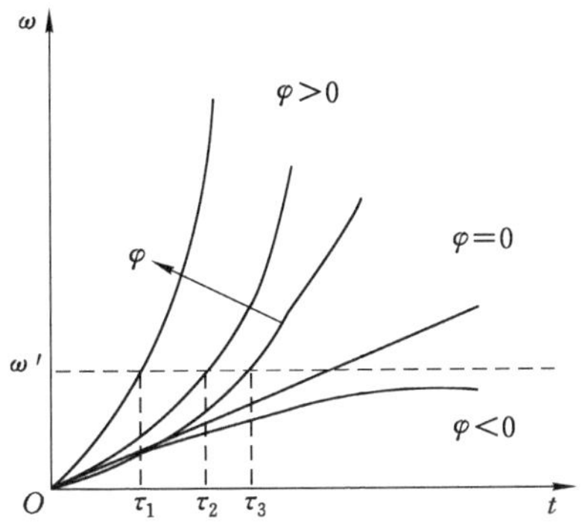

图 1-17 反应速度与时间的关系

2. 着火感应期

着火感应期为从反应开始到反应速度明显加快的瞬间所需要的时间 τ_i。从图 1-17 中可以明显地看出，当 $\varphi \leqslant 0$ 时，着火感应期 $\tau=\infty$，当 $\varphi>0$ 时，随着 φ 的增加，着火感应期 τ 减小，其关系可以由下式得到：

$$\omega = \frac{\alpha f \omega_1}{\varphi}(e^{\varphi \tau_i} - 1) \tag{1-23}$$

当 φ 较大时，则

$$\tau_i = \frac{\text{const}}{\varphi} \text{ 或 } \tau_i \varphi = \text{const} \tag{1-24}$$

上式表示 φ 增大时，着火感应期 τ 减小，图 1-17 中也表示出了这一规律。这一结论已为实验证实。链式自燃理论可以较好地解释着火半岛现象。

近年来，链式反应已被视为构成火灾的基本要素之一。在火灾燃烧过程中，火焰前沿的自由基链式反应保证了燃烧的持续，并控制着火灾的增长速度。煤自燃具有分子链式反应的特点，链式自燃理论对于指导煤自燃的过程机理和防治技术的研究有重要的作用。

第二章　煤自燃及其特性

自1686年英国学者普洛特(Plot)发表了第一篇有关煤自燃的论文以来,研究者已经从宏观和微观角度对煤自燃特性开展了大量研究,掌握了煤自燃的产热、产物特性,并从官能团、自由基以及分子反应动力学的角度探索了煤自燃机理。

第一节　煤自燃过程及影响因素

一、煤自燃过程

煤在低温环境下与空气中的氧发生氧化作用,当氧化产热速率大于向环境的散热速率时,煤体温度缓慢而持续上升,最终达到煤的着火点而自发燃烧起来的现象和过程称为煤的自燃(或煤的自然发火、煤的内因火灾)。煤炭自燃过程大体分为准备期、自热期和燃烧期3个阶段,如图2-1所示。

准备期煤体温度变化不明显,氧化进程十分平稳缓慢,主要为煤中的一些含氧游离基,如羟基(—OH)、羧基(—COOH)和羰基($>$C=O)等吸附氧气生成更多的、稳定性不同的游离基。该阶段煤的重量略有增加,着火点温度降低,氧化性被活化。因环境起始温度低,煤的氧化速度慢,产生的热量较小,因此达到煤炭自燃的时间较长。这个时期的长短取决于煤的自燃倾向性的强弱和外部条件。

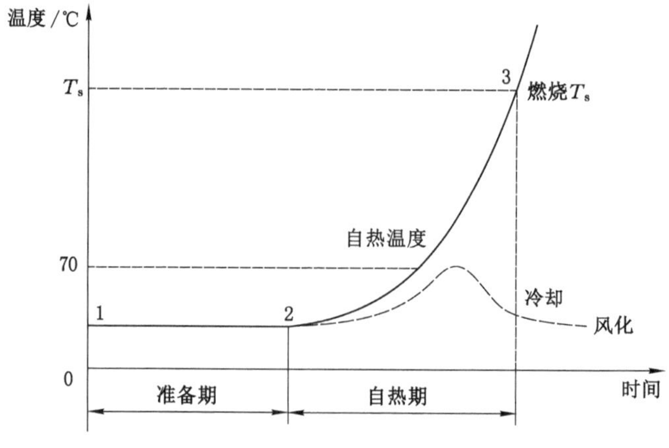

图2-1　煤炭自燃过程

煤的自燃过程就是煤氧化产生的热量大于向环境散失的热量而导致煤体热量聚集，使煤的温度上升而达到着火点的过程。首先经过准备期，煤的氧化速度增加，不稳定的氧化物分解成水（H_2O）、二氧化碳（CO_2）、一氧化碳（CO）。氧化产生的热量使煤温继续升高，超过煤自热的临界温度（一般为 60～80 ℃）后，煤温急剧加速上升，氧化进程加快，开始出现煤的干馏，产生芳香族碳氢化合物（C_xH_y）、氢气（H_2）、更多的一氧化碳（CO）等可燃气体，这个阶段为自热期。

临界温度也称自热温度，是能使煤自发燃烧的最低温度，通常取值为 70 ℃。一旦达到了该温度点，煤氧化的产热与煤所在环境的散热就失去了平衡，即产热量将高于散热量，就会导致煤与环境温度的上升，从而加速了煤的氧化速度并又产生更多的热量，直至煤自燃。

煤的自热温度与煤的产热能力和蓄热环境有关，对于具有相同产热能力的煤，煤的自热温度也是不同的，主要取决于煤所在的散热环境。如浮煤堆积量越大，散热环境越差，煤的最低自热温度就越低。因此，应注意即使是同一种煤，其自热温度不是一个常量，受散热（蓄热）环境影响很大。自热期的发展有可能使煤温上升到着火温度（T_s）而导致煤自燃。煤的着火温度由于煤种不同而变化，无烟煤一般为 400 ℃，烟煤为 320～380 ℃，褐煤为 270～350 ℃。如果煤温不能上升到临界温度，或能上升到这一温度但由于外界条件的变化更适于热量散发而不是聚集，煤炭自燃过程自行放慢而进入冷却阶段，继续发展，便进入风化状态，使煤自燃倾向性能力降低而不易再次发生自热，如图 2-1 中虚线所示。

对于煤炭自燃的起因和过程，人们在 17 世纪就开始了探索研究。1686 年，英国学者普洛特（Plot）发表了第一篇有关煤自燃的论文，他认为煤中含硫化矿物的氧化是造成煤堆自燃的原因。其后至现在的几百年中，为解释煤炭自燃的起因，各国学者先后又提出了细菌作用、酚基作用、自由基作用、煤氧复合作用等假说。目前，煤氧复合作用假说被研究者普遍认可。

煤氧复合作用假说认为煤自燃的主要原因是煤与氧气之间的物理、化学复合作用的结果，当煤表面暴露于空气中时，首先是煤粒表面对空气中氧的物理吸附，产生物理吸附热，同时煤中原生赋存的瓦斯气体组分释放，水分蒸发，产生瓦斯解析热和水分蒸发潜热。随着煤体温度的逐渐升高，物理吸附过渡到化学吸附，产生化学吸附热，化学吸附会自动加速成化学反应，并产生 CO、CO_2、H_2O 等产物，放出氧化反应热，并促使反应的进一步加速直至发生自燃。该假说已在实验室的实验及现场的实践中得到不同程度的证实。

煤自燃实质是煤体氧化放热和向环境散热这对矛盾运动的结果。当放热大于散热时，煤体热量得以积聚，温度升高，最终导致自燃。随着科学研究手段越来越先进和对煤炭微观结构不断深入了解，研究工作者认识到煤氧复合反应并非单纯一种结构和一步反应，而是多种结构多步反应混杂进行。随着量子化学理论的发展和量子化学计算方法以及计算技术的进步，为深入探索煤的结构和反应性之间的关系成为可能。中国矿业大学采用量子化学技术提出了煤自燃的 13 个基元反应，如表 2-1 所示，并将煤自燃发展中的基元反应分为三种反应模式：煤中的官能团结构单元（含氧和脂肪烃类）与氧气的反应、煤中自由基与官能团结构单元的反应、自由基与氧气作用及自由基间的结合反应。同时，根据煤中各活性结构单元的反应性分析，构建了煤自燃链式循环过程，如图 2-2 所示。

该过程认为煤自燃过程中碳自由基主要通过结合氧气形成过氧化物继续反应，过氧化物又是最容易自发产生煤自燃中关键性·OH 的主要来源；引发煤自燃的三个初始基元反应包括：碳自由基（R·）夺脂肪烃上氢；氧气夺—CH 上氢；R·结合氧气形成过氧化物，考虑到 R· 作为大分子自由基的非流动性，氧气夺—CH 和过氧化物的形成在煤原始状态下更易存在。煤自燃的 13 个基元反应中煤自燃中间产物·OH 所主导的有 5 个自发并放热的基元反应，·OH 在煤自燃基元反应过程中是连接煤中原生活性基团与次生自由基活性基团的关键，并促使煤放热升温。

表 2-1　煤自燃基元反应机理

序号	反应过程	基元反应机理
1	氧气夺脂肪烃 R_3H 结构氢的基元反应	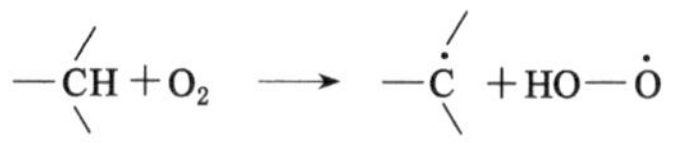
2	羟基自由基夺脂肪烃氢生成水的自由基链式增长基元反应	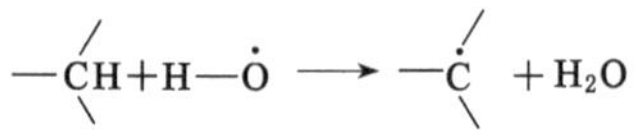
3		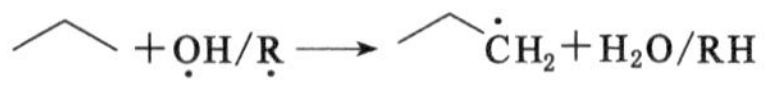
4	氧气夺羧基氢的基元反应	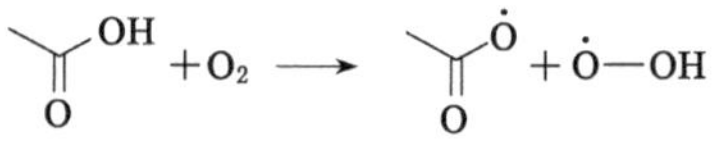
5	羟基自由基夺羧基氢的基元反应	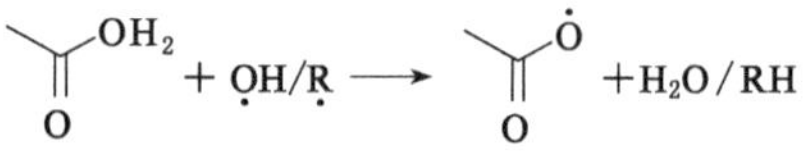
6	羧基自由基脱二氧化碳的基元反应	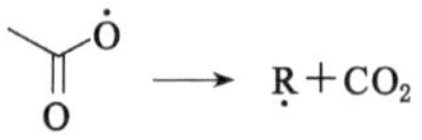
7	氧气夺羟基氢的基元反应	$-OH+O_2 \longrightarrow -\dot{O}+\dot{O}-OH$
8	羟基自由基夺羟基氢的基元反应	$-OH+\dot{O}H/\dot{R} \longrightarrow -\dot{O}+H_2O/RH$
9	氧气夺醛基氢的基元反应	
10	羟基自由基夺醛基氢的基元反应	
11	醛基自由基脱一氧化碳的基元反应	
12	脂肪烃自由基与氧气的自由基反应 含氧自由基与氧气的自由基反应	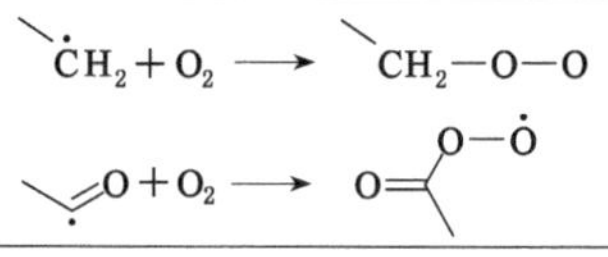
13	过氧化物分解的基元反应	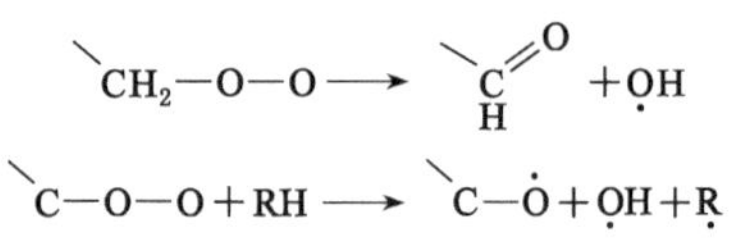

注：① 由于有机硫含量较少且在直接氧化过程中所需活化能值较高，因此在构建基元反应过程中予以忽略；

② 由于—CH_2/CH_3 直接被氧气夺氢需要较高的活化能，在煤氧化自燃过程中发生概率较小，且氧气夺氢的过程与—CH 具有相似性，因此在构建煤自燃的基元反应中未被单独列出。

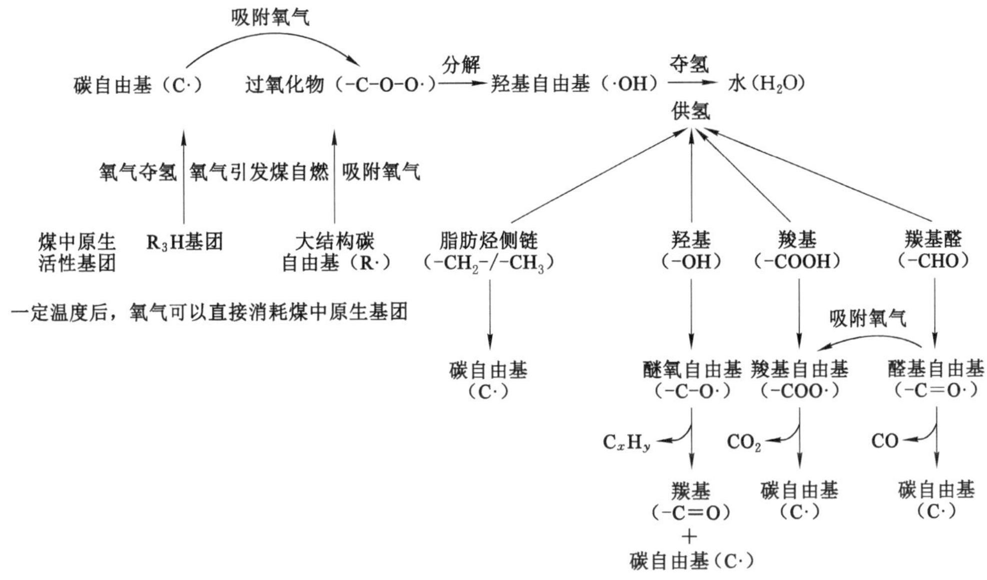

图 2-2　煤自燃中化学反应示意图

二、影响煤自燃的内在因素

煤自身的氧化放热性受煤种、煤岩结构、还原程度、煤中矿物质及煤体水分的影响。煤氧复合发生在表面分子活性结构上，则煤的分子结构、孔隙率、破碎度、煤体硬度等都会影响煤的氧化放热性。

1. 煤化程度

一般煤的煤化程度越低越容易自燃，煤化程度越高的煤，其自燃倾向性越小。通过热分析技术对国内不同煤种的 70 个煤样进行了氧化自热过程研究，发现煤的氧化放热量是按照褐煤＞长焰煤＞气煤＞肥煤＞焦煤＞瘦煤＞贫煤＞无烟煤的趋势呈有规律的变化。尽管煤的自燃性是随着煤的变质程度增高而降低，但不能以煤化程度作为判断煤的自燃危险性的唯一标志。因为，在生产实践中人们发现，煤化程度相同的煤，自燃的难易程度也不同。

2. 煤岩成分

煤岩成分有丝煤、镜煤、亮煤和暗煤，不同的煤岩成分有着不同的氧化性，氧化趋势按下列顺序降低：镜煤、亮煤、暗煤、丝煤。在低温下，丝煤吸氧最多；但是，随着温度的升高，镜煤吸氧能力最强，其次是亮煤，暗煤最难于自燃。丝煤吸氧量强主要是其结构松散，着火温度低，仅为 190～270 ℃。在常温条件下，丝煤是自燃中心，起着点火源的作用。河南理工大学张玉贵在考察了平庄褐煤和阜新长焰煤自燃过程后，认为镜煤的燃点低，自燃倾向性高，薄层丝煤与镜煤条带组成的煤层极易自燃，丝煤的易碎性降低了煤的粒度，增加了本身及相邻镜煤的孔隙率，加大了煤氧接触面积，增加了煤层的自燃倾向性。

3. 煤的瓦斯含量

瓦斯（主要为 CH_4，还含一部分 N_2、少量 CO_2 和其他气体）是煤在形成过程和在地层保存过程中的伴生物。煤与瓦斯在一般温度条件下不发生反应，否则煤就不可能与瓦斯共存于煤层之中了。从煤氧化角度来说，瓦斯相当于惰性气体。因此，瓦斯或者其他气体含量较高的煤，由于其内表面受到隔离（由于煤层中的瓦斯压力一般比大气压力高），氧气不易与煤表面发生接触，也就不易同煤进行复合。即使氧气能够达到煤体，瓦斯的稀释作用使氧气浓度降低，使煤氧发生反应的强度降低，产生热量的强度降低，煤发生自燃的危险性也相应减小。我国许多高瓦斯矿井自然发火程度都比较低，例如，四川绿水洞煤矿、淮北朱庄煤矿等。一般认为，当煤中残余瓦斯量大于 5 m^3/t 时，煤往往难以自燃。但是随着瓦斯的放散，煤自燃性将会提高，自然发火的危险性同一般的煤也就没有区别了。因此，瓦斯含量也不应该作为煤层自燃危险性的判断标准。

4. 煤的含硫量

硫在煤中以二硫化亚铁即黄铁矿（FeS_2）、有机硫以及硫酸盐的形式存在。煤中无机硫和有机硫的氧化反应不同。有学者认为在 25 ℃时黄铁矿的氧化显著，而在 80 ℃时有机硫的氧化较明显，在 105 ℃的湿空气下有 20%的总硫被氧化，其中黄铁矿中硫的 4%被氧化，有机硫中的 16%被氧化。对煤自燃起主导作用的是黄铁矿，它的比热小，与煤吸附相同的氧量其温度的增值比煤大 3 倍。黄铁矿的分解产物氧化铁（Fe_2O_3）比煤的吸氧性更强，能将吸附的氧（O_2）转让给煤粒使之发生氧化自燃。在湿空气中黄铁矿的氧化产热更多，对煤的自燃起到的加速作用更明显。然而，只从含硫量的多少来判断煤的自燃倾向性是片面的。不含硫的煤亦能引起自燃，但是，煤中的硫含量会在一定程度上影响煤的自燃。由于硫氧化能力相对来说要比煤强，因此在其他成分相差无几的情况下，含硫多的煤在同样条件下易于氧化、易于自燃。但是若煤中硫的含量不大（一般低于 2%），对煤自燃的影响有限。

5. 煤的粒度与孔隙结构

完整的煤层和大块堆积的煤一般不会发生自燃，一旦受压破裂，呈破碎状态存在，煤才可能自然发火。这是因为氧气不能够进入完整煤层的煤体，大块的煤能够充分与氧接触的表面积有限，氧化产生的热量相对较小，不足以使煤块升温，并且由于大块煤堆积的大缝隙导致对流传热明显，热量不易于积聚。一些学者认为，当煤的粒度过于小时，氧气难以进入堆积的煤体内部，影响了煤的充分氧化。因此，推测煤自燃有一个最优粒度，该粒度也就是在煤氧化产热和热散失相对最大时候的粒度，并且该粒度随其他影响因素的变化而变化，一般认为粒度在 1 mm 左右时煤的氧化性较强。同时，较为破碎的煤的自燃点（着火点）也会显著降低，比如当烟煤的粒度直径为 1.5～2 mm 时，其着火点温度大多在 330～360 ℃，粒度直径小于 1 mm 以下时，着火点温度可能降低到 190～220 ℃。但是也有一些学者认为，当煤的粒度下降到一定粒度以下时（比如 1 mm），煤的氧化能力就与粒度无关了。另外，如果将一定粒度的煤混合，其氧化性会显著增加，这一现象的原因是显而易见的，不同粒度的组合不但使氧易于进入煤体内部，而又不易形成对流传热，结果充分发挥了小粒度煤易于氧化产热、大粒度煤粒易于使氧达到煤体内部的优点，该现象在现场已经得到了充分证实。

孔隙越发育的煤，其内表面积越大，单位质量吸附氧气的能力越大，利于反应的进行，而且孔隙发育的煤的导热性也相对较差（孔隙中充满气体，气体导热性比无孔隙的实体煤差），因此，孔隙越发育的煤，往往越易于自燃，如褐煤。

6. 煤的水分

煤的水分分为内在水分和外在水分，煤的内在水分是吸附或凝聚在煤颗粒内部直径小于 10^{-5} cm 的毛细孔中的水分，煤的外在水分是指附着在煤的颗粒表面以及直径大于 10^{-5} cm 的毛细孔中的水分。一般来说，煤的内在水分在 100 ℃以上的温度下才能完全蒸发于周围空气中，煤的外在水分在常温状态下就能不断蒸发于周围空气中，在40～50 ℃温度下，经过一定时间，煤的外在水分会完全蒸发。在煤的水分还没有全部蒸发之前，煤的温度很难上升到100 ℃，因此，煤的含水量对煤的氧化进程有重要影响。煤的含水量对其氧化进程的影响表现在两个方面。一方面水分起到催化作用，另一方面，在一定条件下，水分又可以起到阻化作用。煤中水分对煤炭自燃到底是起阻化抑制作用，还是起催化作用，应根据具体条件而定。

(1) 水分对煤炭自燃的催化作用

水分对煤炭自燃的催化作用主要包括3个方面：一是润湿热，水分与煤体表面相互作用并释放出一定量的润湿热从而促进煤自燃初期的氧化，润湿热随煤中初始水分含量的增加而降低；二是汽化潜热，当干煤炭被通以潮湿空气时，水蒸气在发热区周围产生凝结，放出汽化潜热，增加了煤温与环境的温度，从而加速了煤炭自燃的进程；三是反应热，水分在蒸发阶段参与了自由基的形成，对过氧化络合物的形成和分解起着重要的催化作用。煤中水分蒸发后，增加了煤表面的氧化活化中心。在含硫煤中，水分对黄铁矿(FeS_2)的氧化起着重要作用。

(2) 水分对煤炭自燃的抑制作用

水分可以抑制煤的低温氧化。煤炭中水分增加，其吸氧量减少。凝缩在煤体内微小毛细管空隙中的水分以及吸附在煤炭表面的水分覆盖了煤炭表面，阻止了空气中氧气与煤接触，降低了煤对氧的吸附能力，抑制了煤的氧化反应。同时，水的作用改变了煤的热物理参数。煤中的孔隙被水充满后，热导率将大大提高，由于水的热导率是空气的24倍，这将有利于煤中热量的散失。此外，含水煤的热容量比干燥煤的热容量大，所以湿润煤温度升高速度比干燥煤要慢，这就抑制了煤体自然发火的发展。

(3) 长期浸水对煤自燃的影响

煤样在长期被水浸泡的过程中，会吸水溶胀，表面的有机和无机化合物会溶解，导致脱水风干过程中煤的比表面积、孔隙和结构会发生变化，自燃特性与原煤差异较大。在一定水分范围内，煤的初始放热温度、着火点温度和峰值点温度均随水分的增加而降低，低温氧化阶段放热量和总放热量均随水分的增加先增加后减小。当煤中水分含量在一定范围内时，该水分范围内的煤比原煤更容易自燃。浸水时间对自由基种类有很大影响。以褐煤为例，由于褐煤的变质程度最低，褐煤的表面及内部孔隙结构发达，煤中所含的水分含量较大，挥发分含量较大；因此，褐煤的吸水溶胀作用比较明显，使得煤体内部非常复杂的交联网状结构由于溶胀作用而发生细微的破裂，特别是煤中氢键的断裂产生了新的自由基种类。在水中浸泡时间越长，吸水溶胀作用越明显，发生破裂的分子结构就越多，这样必然产生更多新的自由基。再加上较高的水分与含量较多的挥发分等杂质，在新自由基产生的过程中也发挥着一些作用，使褐煤在一定的浸水时间范围内，浸水时间越长，郎德因子(g)值越大。

三、影响煤炭自燃的外在因素

煤炭自燃倾向性取决于煤在常温下的氧化能力，其是煤层发生自燃的基本条件。然而在生产中，一个煤层或矿井的自然发火危险程度并不完全取决于煤的自燃倾向性，还受外界条件的影响，如煤层的地质赋存条件、开拓、开采方法及通风等。这些外界条件决定着煤炭接触到的空气量和与外界的热交换。

煤层地质赋存条件主要是指煤层厚度、倾角、煤层埋藏深度、煤层的地质构造及围岩性质等。总的来说，较厚的煤层是一个增大火灾危险性的因素。开采厚煤层的矿井，内因火灾发生次数比开采中厚和薄煤层的矿井多。究其原因，一是因为厚煤层难以全部采出，遗留大量浮煤与残柱，而遗留在采空区的煤，尤其是碎煤，由于导热能力弱，常常会造成局部储热；二是采区回采时间长，大大超过了煤层的自然发火期；三是煤层容易受压破裂而发生自燃。煤层倾角对煤炭自燃也有重要影响，开采急斜煤层比开采缓斜煤层易自燃。因为倾角大的煤层受到地质作用影响比较大，煤层在开采过程中比较容易破碎，形成的煤粒度比较小。同时，倾角大的煤层频繁发生自燃还因为急倾斜煤层顶板管理困难，采空区不易充严，煤柱也不易保留，漏风大。采空区上部煤柱经一定时期的自燃更易下滑，煤层顶板的性质也影响煤炭自燃过程。煤层顶板坚硬，煤柱易受压碎裂。坚硬顶板的采区空垮落充填不密实，垮落后有时还会形成与相邻正在回采的采区、地面连通的裂隙，漏风将无法杜绝，为自燃提供了条件。大同矿区的自燃就具有此特征。若顶板易于垮落，垮落后能够严密地充填采空区并很快被压实，火灾就不易形成，即使发生，规模也不会很大。

采掘技术因素对自燃危险性的影响主要表现在采区回采速度、回采期、采空区丢煤量及其集中程度、顶板管理方法、煤柱及其破坏程度、采空区封闭难易等方面。好的开拓方式应是少切割煤层，少留煤柱，矿压的作用小，煤层的破坏程度低，所以岩石结构的开拓方式，如集中平硐、岩石大巷、石门分采区开拓布置能减少自燃危险性。长壁式采煤法中留煤皮假顶，留刀柱支持顶板，以及回采率较低的水力采煤，也均不利于防止自燃。一个采区或工作面回采速度慢，拖的时间长，使采空区遗煤经受氧的作用时间大大超过煤层的自然发火期，就难于控制自燃发生。因此，应力求采用进度快的生产工艺。

通风因素的影响主要表现在采空区、煤柱和煤壁裂隙漏风。如果漏风很小，供氧不足，则能抑制煤炭自燃。如果漏风量大，大量带走煤氧化后产生的热量，则也很难产生自燃。决定漏风大小的因素有矿井、采区的通风系统，采区和工作面的推进方向，开采与控顶方法等。开采自燃煤层时，合理的通风系统可以大大减少或消除自然发火的供氧因素，无供氧蓄热条件，煤是不会发生自燃的。所谓合理的通风系统是指：矿井通风网络结构简单，风网阻力适中；主要通风机与风网匹配，通风设施布置合理，通风压力分布适宜。

第二节　煤自燃产热与耗氧产气特性

一、煤自燃产热特性

1. 初始放热温度

现有研究认为 50 ℃前煤与氧之间的作用主要以煤对氧气的物理吸附和化学吸附为主。由于外在水分的存在，煤在反应的前期也可能存在吸热现象，主要体现在外在水分的蒸发；当外在水分蒸发完全，煤体内的热量开始逐渐积聚，温度不断上升，煤样反应体系开始全面进入了放热状态。放热作用是煤体温度升高并最终导致煤炭自燃发生的主要原因，认识煤氧化过程中的放热量特性，首先应该找到煤的初始放热温度。表 2-2 是采用微量热仪测试得到的不同含水量煤的初始放热温度。

煤的实验初始放热温度受水分的影响很大：水分含量越大，煤样的初始放热温度越高，与煤的自燃倾向性无关。如水分含量较少的新桥无烟煤，虽然其属于高变质程度的煤，自然发火危险性较低，但其在相对较低的温度下体系便处于放热状态；相反，非常容易发生自燃的北皂褐煤，到 43.38 ℃时体系才进入放热状态。

表 2-2　不同含水量煤的实验初始放热温度

煤样	新桥无烟煤	杨柳焦煤	大佛寺不黏煤	嘉祥气煤	义马长焰煤	北皂褐煤
初始放热温度 T_i/℃	27.38	30.63	36.38	28.24	37.62	43.38
含水量 M_{ad}/%	0.95	1.11	6.19	2.82	12.15	25.05

因此，初始放热温度只能在一定程度上反映不同煤样体系进入放热状态的温度，并不能体现出煤样是否容易发生自燃。研究表明，煤对氧的物理吸附过程就可以放出热量，但是这种热量的产生量非常小；同时，煤中含有的水分蒸发时虽然会吸收外界的热量，但在煤矿井下的实际情况中，经过一段时间的蒸发吸热后，井下煤体一旦开始进入到放热阶段后，热量便会开始不断地积聚，这就是煤体进入到自燃发生起始状态。而在较低温度的情况下，煤体由于物理、化学吸附过程以及水分作用如润湿热等会释放一定的热量，同时水分蒸发又会吸收热量，因此在这一阶段的热力学作用相对比较复杂。

2. 总放热量

总放热量是反映煤氧反应能力的重要参数。表 2-3 是不同煤绝热条件下从 40 ℃升温到 200 ℃所需要的时间以及在相同升温速率的条件下煤样氧化升温到 190 ℃时所放出的总热量。可见，总放热量从少到多的顺序与绝热氧化时间从长到短的顺序一致。这说明同一升温条件下煤的总放热量能够在一定程度上反映出不同煤样自燃能力的强弱。不同氧化能力的煤总放热量差别很大，如新桥无烟煤，虽然在 27.38 ℃时，体系已经进入了放热状态，但是其整个氧化过程中的总放热量却很少，只有 698.251 J/g，而与其具有鲜明对比的北皂褐煤，虽然其在煤温达到 43.38 ℃时才进入放热状态，但是其氧化过程的放热量非常大，达到了 4 001.871 J/g，将近新桥无烟煤的 6 倍。

表 2-3　煤样的总放热量

煤样	新桥无烟煤	杨柳焦煤	大佛寺不黏煤	嘉祥气煤	义马长焰煤	北皂褐煤
总放热量/(J/g)	698.251	1 546.978	2 636.489	2 971.291	2 983.042	4 001.871
绝热氧化时间/h	278.3	93.15	67.3	16.9	11.13	3.69

二、煤自燃耗氧与气体产物变化特性

1. 煤自燃的耗氧特性

氧气是煤自燃的一个主导因素，煤与氧接触的开始阶段，耗氧量比较低，主要是物理吸附与化学吸附耗氧。随氧化温度的上升，耗氧量逐渐增加，主要为化学反应耗氧。

(1) 煤物理吸附氧特性

煤在－80 ℃就可以与氧气发生物理吸附。煤的物理吸附是可逆的，吸附力主要是范德瓦耳斯力。物理吸附可以是单层，也可以是多层。现有研究表明常温下，煤在 1～2 min 即可达到吸附平衡。煤发生物理吸附时吸附分子和固体表面组成都不会改变，但会放热，吸附热与气体的液化热相近，一般为 3.41 kJ/mol。

煤物理吸附氧气的过程最主要的作用之一是为氧化反应输送氧，但并不是煤的物理吸附氧气越多，低温氧化能力就更强。原因在于煤物理吸附氧是动态的，如果某一种煤氧化反应能力较强，而其物理吸附氧气能力相对较弱，但是物理吸附的动态过程更快，也就是说在单位时间内物理吸附氧气量也能够满足氧化反应的需要。

(2) 煤的化学吸附与化学反应耗氧特性

煤与氧发生物理吸附后，在一定蓄热条件下，煤温度有所升高，当上升到一定温度时，物理吸附逐渐减弱，化学吸附增强。发生化学吸附时吸附分子与固体表面间有某种化学作用，即它们之间有电子的交换、转移或共有，从而可导致原子的重排、化学键的形成与破坏。化学吸附速度与化学反应类似，吸附需活化能，速度比较慢，属单分子层吸附，而且是不可逆的，有明显的选择性，解吸困难。吸附产生的热量较大，近似于反应热，煤的化学吸附热一般为 80～420 kJ/mol。

一般煤温大于 50 ℃后煤以耗氧为主，其主要表现为化学吸附和化学反应。随着温度的升高，煤的化学耗氧量逐步增加。在煤低温氧化过程中氧气消耗量与温度之间近似呈指数关系，如图 2-3 所示。开始阶段耗氧量较少，随氧化温度的上升，耗氧量开始较大幅度增加。容易自燃的褐煤耗氧量增加的速度最快，不易自燃的无烟煤增加的速度最慢。

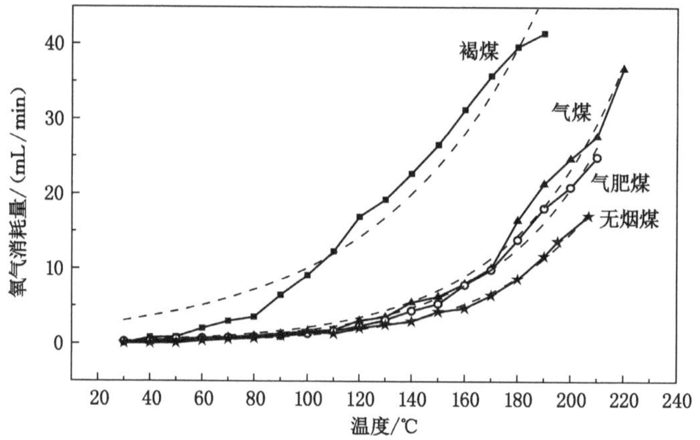

图 2-3　氧气消耗量与煤氧化温度之间的关系

注：实线为实测曲线，虚线为按 $y=a\cdot\exp(b\cdot x)$ 模型拟合的曲线

2. 煤自热的气体产物变化特性

煤低温氧化过程产生的气体产物主要有 CH_4、C_2H_4、C_2H_6、C_3H_8、C_2H_2、CO 和 CO_2 等。图 2-4 至图 2-8 为不同煤气体产物浓度随氧化温度的变化。煤自燃过程中不同气体产物的变化规律如下。

(1) CO、CO_2 气体析出随氧化温度升高，由缓慢增加变至急剧增加。在初始阶段就可以检测到较少 CO 气体，其产生主要因为破碎的煤样表面暴露在空气中，分子内的活性基团与氧气接触发生氧化所致。CO 产气量相对较小，随着温度升高，CO 浓度不断增加。CO 浓度开始急剧上升的拐点温度为：褐煤为 80～90 ℃；气煤和气肥煤为 120～130 ℃；无烟煤为 160～170 ℃。分析微观结构可知，变质程度越低的煤样中，非芳香结构所包含的侧链和桥键越活跃，越容易与氧发生氧化分解，能够越早释放 CO，提前进入加速氧化阶段；反之亦然。

(2) 乙烯(C_2H_4)的析出同样随温度的升高，由缓慢增加至急剧增加，C_2H_4 气体浓度按

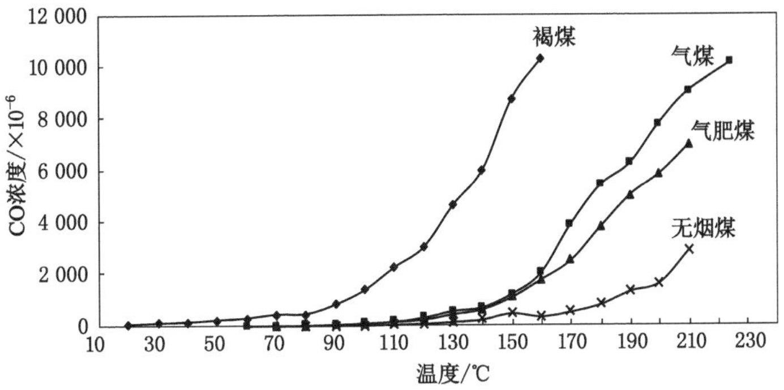

图 2-4 不同煤氧化过程中生成 CO 浓度随氧化温度变化曲线

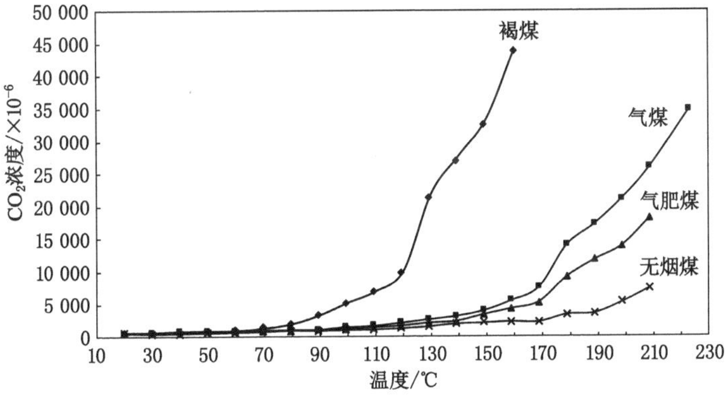

图 2-5 不同煤氧化过程中生成 CO_2 浓度随氧化温度变化曲线

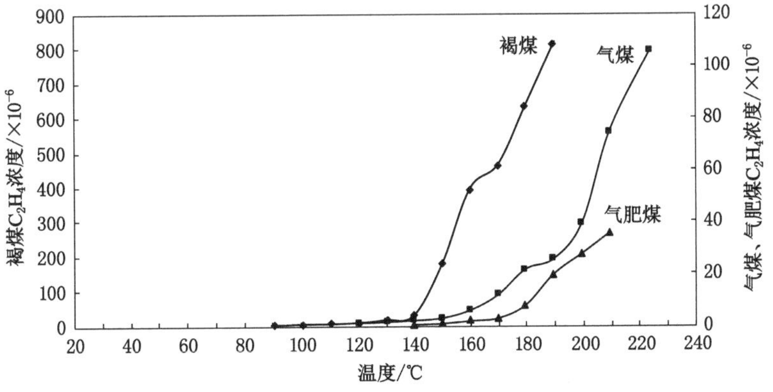

图 2-6 不同煤氧化过程中生成 C_2H_4 浓度随氧化温度变化曲线

褐煤>气煤>气肥煤变化。气煤和气肥煤原煤样含有乙烷(C_2H_6)气体，而且随氧化温度升高，析出 C_2H_6 气体浓度增加，这可能是因为随氧化温度增加，一方面原煤样吸附气体加快脱附，另一方面，煤氧化也产生 C_2H_6 气体；褐煤在 120 ℃析出丙烷(C_3H_8)气体，而气煤在 150 ℃左右析出 C_3H_8 气体，褐煤与气煤氧化生成的 C_3H_8 气体随氧化温度增加而增加。同时气肥煤原煤样含有 C_3H_8 气体，随氧化温度增加，析出 C_3H_8 气体浓度也增加。

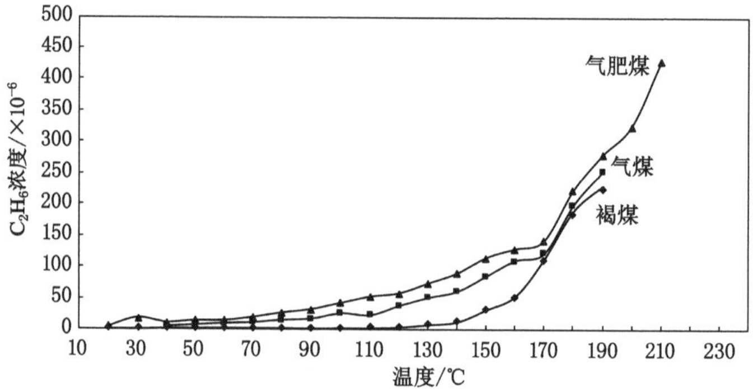

图 2-7　不同煤氧化过程中生成 C_2H_6 浓度随氧化温度变化曲线

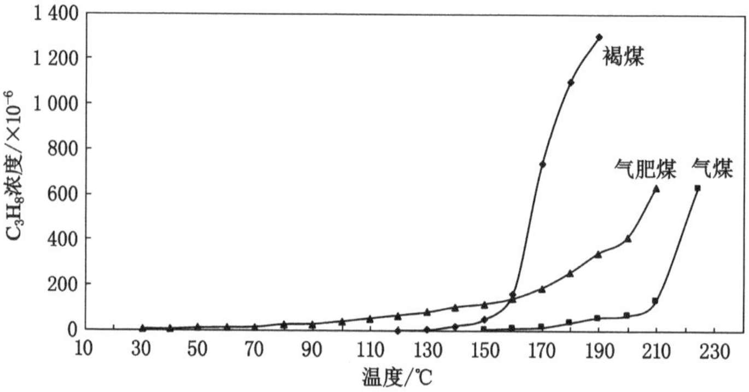

图 2-8　不同煤低温氧化过程中生成 C_3H_8 浓度随氧化温度变化曲线

对于某一煤样来说，不同气体产物开始产生的温度点不同，在不同阶段的浓度也不相同。CO 的出现温度通常低于烯烃，烯烃的出现温度低于炔烃，标志性气体中炔烃出现的温度最高。因此，普遍认为，出现 CO 之前是蓄热阶段；在 CO 出现温度与 C_2H_4 出现温度之间的是氧化自热阶段，C_2H_4 出现温度到 C_2H_2 出现温度之间是深度氧化。

对于不同煤样来说，同一气体产物开始出现的温度点以及随后该气体的浓度大小和变化趋势也不同。越易自燃的煤，如低变质程度的褐煤，出现同一种气体产物的温度越低，在同样温度下该气体的生成量越大；越不易自燃的煤，如变质程度高的无烟煤，出现同一种气体产物的温度越高，且在同样温度下生成量也越小。

第三节　煤自燃化学结构变化特性

一、煤的分子结构模型

自 20 世纪初开始研究煤结构以来，人们已经提出了多种煤分子结构模型。如由 Fuchs 提出随后由 Krevelen 修正的 Fuchs 模型、Given 模型、Wiser 模型、本田模型、Shinn 模型、Solomon 模型等。对于这些前期提出的煤化学结构模型，虽然它们之间均存在不同程度的差异，但仍有一些观点在大多数结构模型中得到了共识：① 煤的化学结构主要是芳香结构的聚合体。② 不同的芳香基团之间通过桥键进行连接。③ 桥键形成于多种不同的化学结构，其中大部分为脂肪性结构。④ 煤结构中含有 O、N、S 等结构，N 主要以杂环和芳香环外联基团两种形式存在，其中以杂环形式为主；S 主要以杂环、硫醚键和芳香环外联基团等形式存在。⑤ 煤结构中含有游离相的结构，它们被认为是与煤主体化学结构之间存在非紧密关系的小分子结构，或是被镶嵌在煤主体化学结构中，或是通过氢键或范德瓦耳斯力与煤主体化学结构之间保持不同程度的弱联系。⑥ 煤化学结构中含有一定种类和数量的自由基，其反应活性存在差别。

按照形成时期的不同，煤中的基团可以分为原生基团和次生基团两类。原生基团是指在漫长的成煤过程中形成并存活下来的基团。各种变质程度的煤中都含有原生基团，其浓度与煤变质程度存在较大关系。一般认为，煤中的原生基团主要有三种来源：① 成煤过程中有机沉积物的沉积变质作用、空气氧化作用或酶化作用；② 煤中化学键在 200 ℃左右的环境下经历数百万年发生热裂解；③ 煤中化学键在长达数百万年的天然辐射环境下发生断裂。其中煤中化学键的热裂解被认为是煤中基团的最主要来源。除了原生基团，煤自燃过程还存在大量的次生基团。次生基团是指煤体被开采，与空气接触后发生自热反应所产生的基团。次生基团应该包括成煤过程完成之后因外界环境或外力等因素而形成的所有基团。

二、煤自燃过程的官能团变化

1. 煤的主要基团类别

（1）含氧基团

含氧官能团对于煤的性质影响最大，也是煤自燃过程的主要反应物之一。煤结构中的大部分含氧基团是具有反应活性的。煤中的含氧基团主要分为羟基、羧基、甲氧基、羰基和非活性氧。羟基、羧基、羰基是含氧基团的主要存在形式，以这三种形式存在的氧几乎与煤中可直接测知的含氧总数相等。随煤变质程度加深，不同基团的衰减速度差别较大。泥炭至含碳量为 90%的高阶煤，其中羟基氧含量由 8%持续减小至 0.5%。羧基和甲氧基主要存在于泥炭和褐煤中，含碳量 83%的煤中已几乎不存在羧基和甲氧基。羰基是煤中广泛存在的官能团，存在于各个变质程度的煤中，含碳量为 83%的煤中羰基氧含量仍高达2.5%～4%。除了上述几种含氧基团之外，煤中其他的 O 主要以非活性氧的形式存在，非活性氧指煤中不易发生化学反应或者热分解的含氧基团，非活性氧的主要存在形式为醚键，还有一部分为杂环氧。当含碳量达到 92%时，几乎所有的 O 都以非活性氧的形式存在。

（2）烷基侧链

烷基侧链是煤化学构型中外围部分的主要存在形式。随着煤变质程度的加深，烷基侧链的长度会迅速减小，烷基碳在碳总数中所占的比例也随之减小。

煤中的烷基侧链主要以甲基侧链的形式存在，而且随着煤变质程度的加深，甲基侧链在烷基碳中所占比例也会增加。对于含碳量为 80%的煤，甲基碳占煤中含碳总量的 4%～5%，约占烷基碳总量的 75%；而对于含碳量为 90%的煤，则分别占 3%和 80%。除甲基侧链外，煤中的烷基侧链还包括乙基侧链、丙基侧链等，碳原子数越多的烷基侧链所占的比例越小。

（3）含硫基团

煤中硫的存在形式分为无机硫和有机硫，无机硫主要以 FeS_2 的形式存在。一般来说，煤中有机硫的含量大约为每 100～300 个 C 原子对应含有 1 个 S 原子，高硫煤的这一比例则为约每 50 个 C 原子对应含有 1 个 S 原子。煤中的含硫基团主要以—SH、—SR、—S—S—R、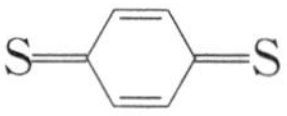 和  等形式存在，其中前三者的总和占煤中有机硫总量的 90%。对于含硫基团的反应活性，Iyengar 和 Attar 等研究发现，煤中的含硫基团在空气或者 HNO_3 的作用下，会发生氧化反应生成 H_2S、SO_2 和—SOH 等。对于煤中含硫结构对煤自燃过程的影响，目前仍存在广泛争议。

(4) 含氮基团

相对于含硫基团，含氮基团的准确测定更为困难，目前只能根据煤热解或化学裂解的产物进行推断。Schultz、Birkofer、Montgomery、Winans 和 Sternberg 等学者分别采用不同技术手段对煤中含氮基团进行了分析。研究结果表明每 75～100 个 C 原子对应含有 1 个 N 原子，这些 N 原子主要以 $N\equiv R_3$、C—N ═C 等形式存在，还有一小部分 N 原子以═NH、—NH_2、—NO、—NO_2 或者—C≡N 等形式存在。煤中的含氮结构一般非常稳定，在煤自燃过程中发挥的作用很小。

2. 不同煤种官能团含量变化规律

图 2-9 是褐煤到无烟煤的 15 个不同煤种的红外光谱测定结果，其中 3 200～3 600 cm^{-1}，2 925 cm^{-1}、2 854 cm^{-1}、2 960 cm^{-1} 和 2 890 cm^{-1} 波数分别表示了煤中羟基和脂肪族烃 C—H 振动的波数范围。在 1 490～2 000 cm^{-1} 区域内的 1 730 cm^{-1}、1 700 cm^{-1} 和 1 660

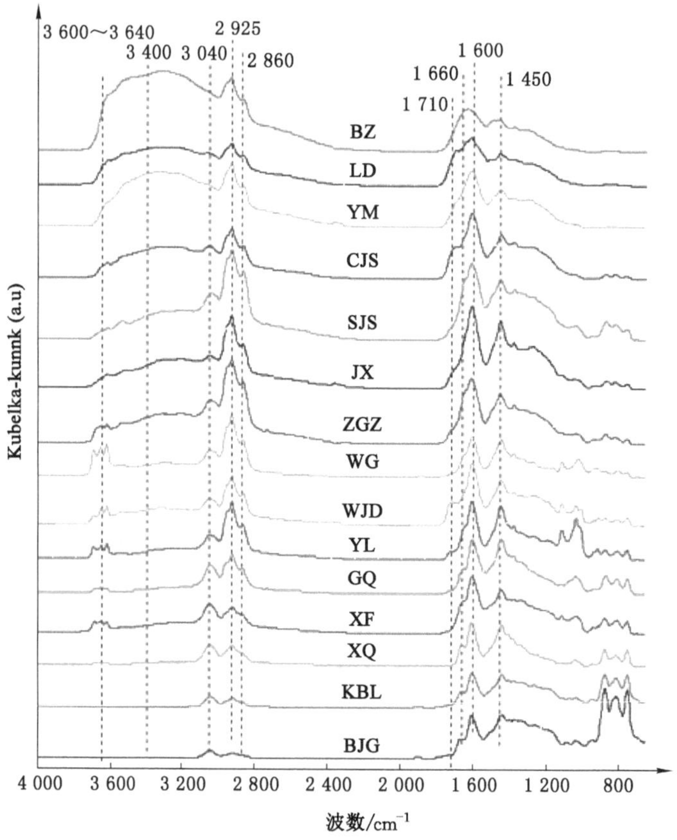

图 2-9　不同煤阶煤的红外谱图

cm^{-1}分别表示醛基、羧基和酮羰基的C═O振动。波数范围1 490～1 620 cm^{-1}主要是苯环中的C═C振动。

表2-4是依据图2-9得到的不同煤种官能团的变化，伴随着煤阶的升高，芳香环含量呈现增长趋势，含量均在50%以上，亚甲基和缔合羟基含量的减少量大于其他基团的减少量。煤的含水量降低，缔合羟基红外吸收峰减小。

表2-4　不同煤种官能团的含量　　单位：%

煤种	官能团种类					
	O—H	$—CH_3$	$—CH_2—$	—COOH	—C═O	Benzene(C═C)
BZ	11.89	14.38	13.98	2.06	4.31	53.37
LD	11.44	12.85	13.54	2.50	9.45	50.23
YM	13.41	12.87	14.38	1.09	5.35	52.91
CJS	9.41	16.76	10.52	2.19	8.07	53.04
SJS	4.37	18.86	11.50	0.72	4.54	60.00
JX	5.70	18.94	10.78	0.94	4.84	58.81
ZGZ	5.52	18.33	10.60	0.75	6.82	57.98
WG	4.49	16.08	11.59	0.12	4.14	63.57
WJD	4.83	15.81	11.17	1.37	4.45	62.38
YL	2.46	16.62	8.62	0.39	3.29	68.62
GQK	1.21	16.77	7.41	0.02	5.98	68.62
XF	3.06	14.20	6.06	0.01	6.99	69.67
XQ	1.15	16.19	4.49	0.00	4.98	73.19
KBL	0.01	7.93	1.84	0.52	5.41	84.28
BJG	0.00	4.36	0.94	0.00	4.30	90.40

注：煤样主要来自第三纪成煤期的山东北皂矿(BZ)，侏罗纪成煤期的鄂尔多斯柳塔矿(LT)、河南义马矿(YM)、河北葛泉矿(GQ)和陕西陈家山矿(CJS)，以及我国主成煤期的石炭-二叠纪的贵州三脚树矿(SJS)、山东嘉祥矿(JX)、河北赵各庄矿(ZGZ)、安徽五沟矿(WG)、甘肃魏家地矿(WJD)、安徽杨柳矿(YL)、河南新丰矿(XF)、河南新桥矿(XQ)、宁夏卡布梁矿(KBL)和宁夏白芨沟矿(BJG)。

3. 煤低温氧化主要官能团变化

煤的主体是在三维空间内高度交联的非晶质的高分子聚合物，煤的每个大分子由许多结构相似而又不完全相同的基本结构单元聚合而成。基本结构单元的核心部分主要是缩合芳香环，外围连接有烷基侧链和各种官能团。烷基侧链主要有$—CH_2—$、$—CH_2—CH_2—$等。官能团以含氧官能团为主，包括酚羟基、羧基、甲氧基和羰基等，此外还有少量含硫官能团和含氮官能团。基本结构单元之间通过桥键(如次甲基键、醚键等)联结为煤分子。

煤在低温氧化过程中，主要体现在煤分子结构上的变化，比如煤氧化后煤体中的含氧官能团会有比较明显的增加。部分易于氧化的官能团和活性结构在氧的作用下从煤体脱离而形成指标气体，使得这部分的官能团在煤体中含量不断减小。煤在低温氧化过程中煤分子结构的变化可以从红外光谱测试中证明。

煤中存在的主要基团包括：芳烃、脂肪烃及一些含氧官能团。煤在低温氧化过程中，随着氧化温度升高，含氧官能团的谱峰逐渐增大，在氧化初期，氧化样中首先出现的是羰基和羧基官能团；反映脂肪结构的吸收峰强度随氧化程度的加深而减弱；芳香烃结构随氧化温度的增加而变化较小。

不少学者用红外光谱对煤氧化作用机理进行了研究，但还没有取得一致的认识，甚至还存在较大的分歧。有些研究成果已得到证实和认可，国内外这些研究成果总结如下：

① 在煤的低温氧化过程中，煤的芳香环结构相对比较稳定，不易受氧化作用的影响，受到影响的仅仅是煤中的非芳香环结构。

② 吸附在煤表面的氧气能与煤中的某些活性部位形成化学键。这些活性部位可能是—CH_3、—CH_2—、酚—OH、羰基（ $>$C=O ）、过氧结构，究竟是哪些，尚未达成一致。

③ 煤中的脂肪烃结构最易与氧气作用形成具有含氧官能团的物质，如过氧化物、含酚羟基（—OH）、羰基（ $>$C=O ）、含—COOH 的物质及腐殖酸。在煤氧化作用初期，首先形成过氧化物，而过氧化物可能与煤中富氢部分反应生成比较稳定的氢化过氧化物。氢化过氧化物在低温下具有相当的稳定性，受热后易分解，其分解产物量（CO、CO_2 等）随温度升高而增加。需要指出的是，有些学者认为，含酚羰基（—OH）的氢氧键断裂形成了羰基（ $>$C=O），其后才形成羧基（—COOH）。

④ 煤气相氧化时在 70 ℃以下速度很慢，只能生成过氧化物基团和少量酸性基团，基本没有腐殖酸生成；反应温度在 70～150 ℃时，反应加速，过程变为扩散控制，析出气体中 CO_2 比 CO 多，有腐殖酸生成；150～250 ℃时腐殖酸产率达到最高值；超过 250 ℃，由于脱羧和其他氧化反应使腐殖酸产率下降。在气相中进行深度氧化时反应选择性很差，苯羧酸产率很低，大量生成的是 CO_2 和 H_2O。

三、煤自燃过程的自由基变化

自由基是含有未成对电子的分子、原子或分子的一部分。它由成对电子断裂而成，如 H·、HO·、R·、·O·，通常是在链式反应中产生，或需要外在能量（如光、热等）的激发。自由基中心原子上未成对电子的存在，使其具有强烈地取得电子的倾向，这就是自由基的活性所在。它可以参加多种反应，如加成反应、氧化还原反应、脱氢反应等，寿命通常都非常短，在有机化学中为一种活性中间体。

煤的低温氧化过程可以看成是自由基产生与变化的过程。在煤低温氧化过程中，氧分子与煤表面的活性基团发生物理吸附和化学吸附，在分子间力作用下，氧分子中的一个键削弱甚至断开，形成—O—O—与甲基、次甲基等反应，又形成烃类自由基，而烃类自由基再与氧分子反应，生成过氧化物自由基，煤中富氢部分与过氧化物自由基反应，生成氢化过氧化物，后者遇热后又可分解成两个自由基，如此连续反应，自由基不断产生与结合，反应不断进行下去直至煤炭自燃。

电子自旋共振（ESR）研究的对象是具有未成对电子的物质，是比较常用的自由基测定方法。外加恒定磁场把电子自旋能级分裂为 2 个亚能级，其能量差正比于磁场强度 H，当垂直于 H 方向上的外加微波能量等于 2 个亚能级能量差时，电子就吸收微波能量由低能级跃迁到高能级，电子自旋共振波谱仪把这种能量的变化记录下来，获得共振波谱，从而能够观察到电子自旋共振现象。含有顺磁中心自由基的煤样，在适当的磁场、频率场中，将产生

ESR 现象，根据 ESR 波谱的特征可对其进行研究。

顺磁共振波谱中，主要的参数有三个：自由基浓度、郎德因子(g)、线宽。自由基浓度(N_g)即每克样品中自由电子的数量，是最主要的参数。顺磁样品中的自由基浓度用单位质量或单位体积中所含未成对电子的数目(自旋数)表示，如自旋数/克，自旋数/毫升。g 因子(郎德因子值)，决定了 ESR 波谱中谱线的位置，煤种不同，其郎德因子不同，同时它又是反映自旋轨道干扰程度的一个直接因素。吸收峰的宽度(ΔH)可由波谱直接读出，它相当于仪器关闭入射波后，电子从自旋的激发的高能级回到低能级的时间(即弛豫时间)，是描述粒子之间相互作用的参数。

自由基含量测定是从微观角度认识煤氧作用过程的一种方法。自由基变化规律如下：

① 随着煤变质程度的加深，煤中自由基浓度加大，原煤中无烟煤的自由基浓度最大，气肥煤、气煤、褐煤次之。

② 煤体破碎程度越大、氧化温度越高、氧化时间越长，煤自由基浓度越大，如褐煤、气煤和气肥煤自由基浓度随氧化温度增加而增加。

③ 煤与氧气作用的难易程度取决于煤氧化后自由基浓度的相对增加率而不是原煤中的自由基浓度。褐煤自由基浓度相对增加率最大，气煤次之，气肥煤再次之，无烟煤最小，低变质煤中自由基浓度大于高变质煤，弱还原性煤中自由基浓度大于强还原性煤。

④ 随变质程度降低，郎德因子(g)逐渐增大，但对同一种煤而言，随氧化温度的升高，g 因子几乎不发生变化。

⑤ 煤的变质程度从褐煤→气煤→气肥煤→无烟煤逐渐增加，并且煤的吸收峰宽的变化与煤中氢元素含量关系密切，随氢含量的增加，线宽先逐渐增大，而后迅速增加。

第四节　煤自燃倾向性与自然发火期

一、煤的自燃倾向性

(一) 自燃倾向性概念和意义

煤的自燃倾向性即煤自燃难易程度，是煤低温氧化性的体现，是煤的内在属性之一。煤的自燃倾向性与煤的氧化能力和氧化过程释热强度有关。易于氧化且在氧化过程释放热量多的煤自燃倾向性就强，也就易于自燃。煤自燃倾向性仅仅是煤的氧化性和热释放强度的问题，与影响煤自燃的条件如聚热环境、风速、空气湿度和空气中的氧气浓度等都没有关系。同样的煤在某一环境下可能比较容易自燃，而在另外一个环境下可能就自燃不起来，这不能说明该煤的自燃倾向性变化了。

不同煤层、不同矿井煤的自燃倾向性存在差异。煤自燃倾向性是煤矿防灭火等级划分的唯一依据，并且所有防灭火技术与措施都建立在煤自燃倾向性鉴定基础之上。煤的自燃倾向性分为容易自燃、自燃和不易自燃三类；新建矿井的所有煤层的自燃倾向性由地质勘探部门提供煤样和资料，送国家授权单位做出鉴定，鉴定结果报省(自治区、直辖市)煤矿安全监察机构及煤炭管理部门备案；生产矿井延深新水平时，必须对所有煤层的自燃倾向性进行鉴定；开采容易自燃和自燃煤层的矿井，必须采取综合预防煤层自然发火的措施。科学地鉴定煤自燃倾向性对于矿井防灭火和煤炭储运过程是至关重要的。

（二）自燃倾向性鉴定方法

世界上主要产煤国家对煤自燃倾向性的鉴定工作均十分重视，并已开展了较深入的研究。澳大利亚、新西兰和英国等国学者采用绝热温升速率研究了煤的自燃倾向性，建立了煤炭自燃的测定装置并取得了一系列的研究成果；美国原矿山局建立了自然发火实验台，利用绝热炉测试煤炭自燃倾向性；波兰建立了以测定煤的活化能和升温速率的法定的煤炭自燃测定方法和评价指标。世界主要采煤国家采用的煤炭自燃倾向性测试方法都是在模拟煤自然发火的基础上，测试煤氧化升温过程的特征参数，如最低自热温度（SHT）、释热速率（HR）、煤自热升温速率（R_{70}）和活化能（E）等。这些测试主要采用氧化实验炉的方法，即将煤样置于实验炉膛中通过煤自燃或程序升温方式，记录煤与氧气反应的升温历程来测试煤的自燃氧化能力。现将国内外广泛采用的几种煤自燃倾向性鉴定方法介绍如下。

1. 绝热氧化法

煤氧化过程中热量的散失主要由煤接触的环境因素所决定，而煤的氧化能力，或者说煤自燃倾向性则是煤本身具有的特性。绝热氧化法就是尽量消除环境散热对煤氧化升温的影响，将煤氧化产生的微小热量通过绝热装置和绝热措施保留在煤样中，煤样仅仅因为自身产生并积聚的热量而使其温度上升，以此来研究煤自燃特性的一种实验方法。

绝热加热的特点是提供了煤自热过程在不同温度阶段条件下所经历的全过程。绝热方式得到的最基本曲线就是时间-温度（t-T）曲线。美国、英国、澳大利亚等国普遍采用基于该方法的如下指标来评价煤自燃倾向性。

（1）R_{70}指标

为了能够定量比较不同煤样的自燃倾向性强弱，也就是氧化能力强弱，该分类方法采用煤样从 40～70 ℃的平均升温速率作为衡量煤样自燃倾向性强弱的指标。将粒径为0.2 mm的煤样在 150 ℃的氮气下干燥，冷却后装入真空的反应容器中，用带有进出气管和温度计的瓶塞密封。将容器放入带有风扇的绝热炉中，煤温达到 40 ℃后通入氧气，在煤自热的过程中自动记录温度直到煤温达到 70 ℃或氧化时间达 72 h，从温升速率直接测量出煤的氧化速率。

该方法自 1981 年以来在澳大利亚得到广泛应用，图 2-10 是澳大利亚学者比曼斯（B. B. Beamish）为新西兰煤样测定的自热曲线。

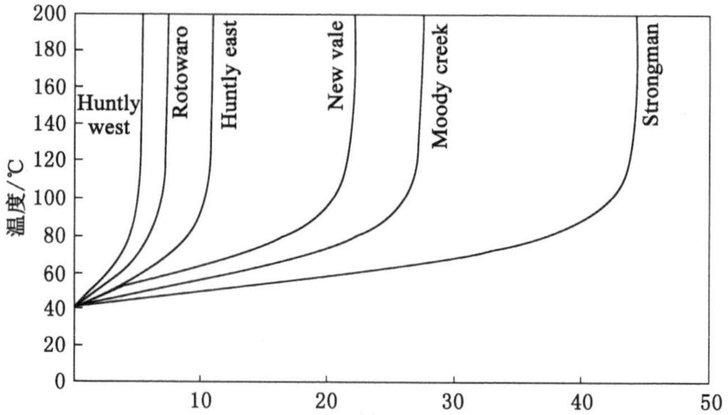

图 2-10 新西兰煤样的自热曲线

麦克曼（McCowan）等于 1987 年推荐了 R_{70}的分类指标：

R_{70}<0.5 ℃/h　不易自燃煤；

0.5 ℃/h<R_{70}<0.8 ℃/h　自燃煤；

R_{70}>0.8 ℃/h　容易自燃煤。

(2) SHT 指标

SHT(self-heating temperature)就是临界自热温度，是在实验室条件下，将煤样置于绝热炉中，在通入氧气的情况下，能够使煤自动升温的最低温度值。如果该温度值越低，那么该煤的自燃倾向性就越强。

美国原矿山局推荐的分类标准为：SHT<70 ℃，容易自燃煤；70 ℃<SHT<100 ℃，易燃煤；SHT>100 ℃，不易自燃煤

(3) 初始温升速率 IRH 和总温升值 TTR 法

绝热氧化法是在绝热条件下，用煤样自然升温来测定和评价煤的自然发火危险性的方法。英国诺丁汉大学对此的研究比较深入。根据煤在绝热测试中初始升温率(initial rate of heating，IRH)及总温度上升值(total temperature rise，TTR)，将煤的自然发火倾向性分成 4 类，见表 2-5。

表 2-5　初始升温速率和总温升值法的煤自燃危险等级分类

危险性分级	IRH/℃	TTR/℃
低危险性	<0.6	<2.5
中危险性	0.6～1.2	2.5～4.5
高危险性	1.2～2.0	4.5～7.0
非常危险性	>2.0	>7.0

绝热氧化法测试煤炭从常温开始的自然升温过程，较客观地表征了煤的自燃氧化行为，但煤在低温(低于 60～80 ℃)氧化阶段的初期产热量小，自然升温过程较长，且绝热的条件十分苛刻，无论是小型的还是大型的绝热氧化装置，都很难实现完全的绝热，较难形成测试标准。为防止热量的损失，一般都采用环境跟踪升温方式，目前国外跟踪煤样温度和加热的方式有油池和空气两种方式，英国、印度采用油池绝热加热的方法，澳大利亚、新西兰采用空气加热的方法。温度跟踪点若采用壁内温度，以实验炉的周边长进行选点，显然需要若干点方能有代表性；若温度跟踪采用的是煤样中心温度，由于煤的导热性差，煤体通过传导散热速度很慢，导致煤堆内部温度分布不均匀，尤其是大型的煤堆，其表面温度与煤堆中心温度相差较大，势必造成跟踪升温环境的加热设备给煤堆加热，加速煤的自燃。

2. 高温活化能方法

目前波兰采用了一种高温实验方法求出活化能来对煤自燃倾向性进行鉴定，通过测试煤在两个不同温度下的氧化速率来计算活化能。根据 Arrhenius 方程，氧化速率与活化能的关系为：

$$k = A\exp(-E/RT) \tag{2-1}$$

式中，k 为氧化反应速率，K/min；A 为指前因子，K/min；k；E 为活化能，J/mol；T 为绝对温度，K；R 为气体常数，R=8.315 J/(mol·K)。

设温度为 T 时氧化速率为 k，T'时氧化速率为 k'，当 T 和 T'相差不大时可忽略指前因

子的变化，代入式(2-1)整理得

$$E=\frac{R(\ln k-\ln k')}{(1/T'-1/T)} \tag{2-2}$$

式(2-2)中反应速率计算如下：通入温度为 $T_1=237$ ℃的空气，在氧化炉中测试煤样温度升到 $T_2=260$ ℃所需要的时间 τ，升温速率为

$$k=\frac{T_2-T_1}{\tau} \tag{2-3}$$

用同样的方法测试煤样从 190 ℃升温到 215 ℃所需的时间，升温速率为 k'，至此活化能的数值便可求解。

根据 1994 年生效的波兰国家标准 PN-93/G-04558 的规定，将 0.3～0.4 g 颗粒直径为 0.063～0.075 mm 的煤样放入氧化炉，以 25 dm^3/h 的流量分别在 237 ℃及 190 ℃两种温度下进行煤的氧化速率测试实验，并根据计算所得的活化能的大小将煤的自燃倾向性划分为 5 个类别，如表 2-6 所示。

表 2-6　基于活化能指标的煤的自燃倾向性分类

<table>
<tr><th>k/(℃/min)</th><th>E/(kJ/mol)</th><th>自燃倾向性分类</th><th>自燃倾向性描述</th></tr>
<tr><td rowspan="3">$k\leqslant 80$</td><td>$E>67$</td><td>Ⅰ</td><td>煤的自燃倾向性很小</td></tr>
<tr><td>$46<E<67$</td><td>Ⅱ</td><td>煤的自燃倾向性小</td></tr>
<tr><td>$E<46$</td><td rowspan="2">Ⅲ</td><td rowspan="2">自燃倾向性中等</td></tr>
<tr><td rowspan="2">$80<k\leqslant 100$</td><td>$E>42$</td></tr>
<tr><td>$E\leqslant 42$</td><td rowspan="2">Ⅳ</td><td rowspan="2">自燃倾向性大</td></tr>
<tr><td rowspan="2">$100<k\leqslant 120$</td><td>$E>34$</td></tr>
<tr><td>$E\leqslant 34$</td><td rowspan="2">Ⅴ</td><td rowspan="2">自燃倾向性非常大</td></tr>
<tr><td>$k>120$</td><td>非标准</td></tr>
</table>

对式(2-2)整理后得

$$\ln k'=\ln k-\frac{E(1/T'-1/T)}{19.149\ 4} \tag{2-4}$$

由此可知，如果确定了煤的活化能以及某一温度下的反应速率(在此取 $T=237$ ℃时的反应速率 k_{237} 作为基础反应速率)，就可以利用上式计算出任意温度下的反应速率。

基于高温活化能的计算方法，主要反映的是煤在高温条件下的氧化与自燃特性，测定结果的实际意义受到影响。同时，煤在氧化过程中发生的反应为复合反应(即两个或两个以上的基元反应)，非基元反应的活化能只具有表观意义，无明确物理意义，故活化能不能直接测定，只能通过计算得出，在目前对煤自燃机理认识尚不清楚的情况下，计算方法的可靠性就受到影响；国外有学者对煤的氧化过程开展微量热实验研究，发现放热速率的自然对数与煤温的倒数之间并不是直线关系，故认为一些煤的氧化过程不服从 Arrhenius 方程；并且，活化能只是影响反应速率的因素之一，并不能代表反应速率，指前因子对反应速率亦有重要影响；再者，煤的氧化过程是多级反应。

3. 色谱吸氧法

目前我国采用色谱吸氧法来鉴定煤的自燃倾向性。该方法是以 1 g 干煤在常温(30 ℃)、

常压(101 325 Pa)下的物理吸附氧量作为分类的主要指标,并综合考虑干燥无灰基挥发分及含硫量来对煤的自燃倾向性进行分类。具体如表 2-7、表 2-8 所示。

表 2-7　煤样干燥无灰基挥发分 $V_{daf}>18\%$ 时自燃倾向性分类

自燃倾向性等级	自燃倾向性	煤的吸氧量 $V_d/(cm^3/g$ 干煤)
Ⅰ	容易自燃	$V_d>0.70$
Ⅱ	自燃	$0.40<V_d\leqslant0.70$
Ⅲ	不易自燃	$V_d\leqslant0.40$

表 2-8　煤样干燥无灰基挥发分 $V_{daf}\leqslant18\%$ 时自燃倾向性分类

自燃倾向性等级	自燃倾向性	煤的吸氧量 $V_d/(cm^3/g$ 干煤)	全硫含量
Ⅰ	容易自燃	$V_d\geqslant1.00$	$\geqslant2.00$
Ⅱ	自燃	$V_d<1.00$	
Ⅲ	不易自燃		<2.00

注:煤样干燥无灰基挥发分 $V_{daf}=V_{ad}\times[100/(100-M_{ad}-A_{ad})]$,$V_{ad}$、$M_{ad}$、$A_{ad}$ 分别为工业分析仪器测得的挥发分、水分、灰分。

色谱动态吸氧方法利用现代色谱测试技术,测试手段较先进,但测试结果能否反映出煤的自燃倾向性一直受到国内有关防灭火专家的普遍质疑。该方法主要存在以下不足:

① 不能反映煤的内在氧化动力学特性。煤的物理吸氧量仅与煤的表面性质和物理孔隙结构有关,反映不出煤的内在自燃特性。煤的物理吸氧在常温下短时间内即达到吸附平衡,煤的吸附特性与煤的变质程度有关。无烟煤吸氧量大,但其自然发火倾向性弱,这与吸氧法的测试原理相悖。

② 采用多重指标,缺少科学性和系统性。由于高变质程度煤的吸附量与煤自燃倾向性变化相反,该方法不能实现完全依据吸氧量划分煤的自燃倾向性等级,必须根据煤种(干燥无灰基挥发分 V_{daf})和含硫量进行区分,相关的临界指标确定科学性不足,常会因单一指标(V_{daf}或全硫量)在临界点(V_{daf}为 18%,全硫量为 2%)允许误差范围内的波动导致煤自燃倾向性的结果差异很大。

4. 氧化动力学方法

煤的氧化动力学方法是以煤从低温氧化到自燃的动态发展全过程为研究对象,以热自燃理论和自由基链式反应理论为基础,以多参数综合测试方法为手段的一种科学的研究方法。煤自燃是一个复杂的非线性动态发展过程,煤在不同氧化阶段的反应特征及内在作用机制存在较大差别,仅从煤自燃过程的一个局部阶段出发来研究煤自燃倾向性是不全面的。因此,必须研究煤氧动态发展的整个过程,在深刻把握不同氧化阶段反应特性的情况下才能对煤自燃倾向性做出科学的判定。

煤的氧化自燃过程分为低温缓慢氧化过程和加速氧化过程,煤在低温氧化阶段的反应是一个热量的逐步积聚过程,温度的升高主要靠热量的积累,体现的是热自燃的特性;在煤的加速氧化阶段,温度的升高是热与自由基共同作用的结果,体现的是热自燃与自由基链式自燃机理。因此,研究煤的氧化动力学特性,需要应用热自燃理论和自由基链式反应理论。

热自燃理论阐述自热的产生机理。物质自燃之所以会产生主要由于分子热运动，分子发生有效碰撞生成产物放出热量或碰撞生成的活化络合物进一步分解生成产物放出热量，这些热量不断积累，使活化分子不断增加，温度不断增加导致反应的自行加速。自由基链式反应理论阐述链式反应的机理。物质的反应自动加速并不一定要靠热量的积累，也可以通过链式反应逐渐积累自由基的方法使反应自动加速，物质自燃是由于自由基作用的结果。煤炭自燃是一个温度逐步升高的过程，在煤与氧接触的过程中一部分煤、氧快速反应生成氧化产物，放出热量，一部分发生化学吸附生成不稳定络合物，不稳定络合物再分解成产物，同时放热。随着热量的积累、温度的提高，煤中活化分子的数量增多，分子热运动加快，产生更多的产物，放出更大的热量，同时温度的提高又促进了煤中每个链锁的基元反应，提高了自由基的增长速度，加快了反应进度，导致了进一步产热。同时温度的升高也导致了某些煤样自由基销毁的速度大于生成的速度。因此，煤炭自燃是一个热和自由基反应共同作用、相互促进的结果。

（1）测试参数

煤自燃倾向性的氧化动力学测定法通过测试在程序升温条件下煤样温度达 70 ℃时煤样罐出气口氧气浓度和之后的交叉点温度，得出煤自燃倾向性的判定指数，根据该指数对煤自燃倾向性的分类做出鉴定。

（2）测试条件

煤低温缓慢氧化阶段耗氧量较小，选择合适的煤样粒径对耗氧量的准确测试十分重要。煤样粒径不宜太大，太大会影响煤与氧气接触的表面积，氧浓度变化不明显；同时也不宜太小，太小增加了氧气进入煤体的阻力，使空气流通不畅，影响测试的重复性。煤炭自燃倾向性体现的是煤本身自热的内在属性，不应受外在水分的影响，因此待测煤样应为去除外在水分的空气干燥煤样。同时，空气干燥在去除煤样外在水分的基础上应尽量不要破坏煤自身结构。

（3）煤自燃倾向性分类及其指标

将测定的 C_{O_2} 和 T_{cpt} 按式(2-5)和式(2-6)求得无量纲量 $I_{C_{O_2}}$ 和 $I_{T_{cpt}}$，并代入式(2-7)得到煤自燃倾向性判定指数 I。

$$I_{C_{O_2}} = \frac{C_{O_2} - 15.5}{15.5} \times 100 \tag{2-5}$$

$$I_{T_{cpt}} = \frac{T_{cpt} - 140}{140} \times 100 \tag{2-6}$$

$$I = \phi(\varphi_{C_{O_2}} I_{C_{O_2}} + \varphi_{T_{cpt}} I_{T_{cpt}}) - 300 \tag{2-7}$$

式中 $I_{C_{O_2}}$——煤样温度 70 ℃时出气口氧气浓度指数；

C_{O_2}——煤样温度达到 70 ℃时煤样罐出气口的氧气浓度，%；

15.5——煤样罐出气口氧气浓度的计算因子，%；

$I_{T_{cpt}}$——煤在程序升温条件下交叉点温度指数；

T_{cpt}——煤在程序升温条件下的交叉点温度，℃；

140——交叉点温度的计算因子，℃；

I——煤自燃倾向性判定指数；

ϕ——放大因子，ϕ=40；

$\varphi_{C_{O_2}}$ ——低温氧化阶段的权数，$\varphi_{C_{O_2}}=0.6$；

$\varphi_{T_{cpt}}$ ——加速氧化阶段的权数，$\varphi_{T_{cpt}}=0.4$；

300 ——修正因子。

根据计算得到的煤自燃倾向性判定指数 I，按表 2-9 中的分类指标对煤自燃倾向性进行分类。

表 2-9　煤自燃倾向性的氧化动力学分类指标

煤自燃倾向性分类	判定指数 I
容易自燃	$I<600$
自燃	$600\leqslant I\leqslant 1\ 200$
不易自燃	$I>1\ 200$

该方法依据煤低温氧化复合反应和自由基链式反应的基本原理，通过测试煤在氧化加热阶段的耗氧量和交叉点温度这两个氧化动力学指标，对煤自燃倾向性进行了科学的分类。测试结果能科学地反映煤氧化自热特性和自热氧化历程，且实验操作简单、耗时短、可重复性好，对指导我国各类具有自然发火倾向性的煤层在开采及储运过程中有效防火，减少自燃火灾的发生率具有重要的理论与现实意义。

二、煤自然发火期

煤的自然发火期是煤炭自然发火危险性的时间量度，即煤体从暴露在空气环境之时起到自燃（温度达到该煤的着火点温度）所需的时间。煤的最短自然发火期是指煤矿矿井某一煤层自然发火观察和记录的数据中最短的一个时间值，故称最短自然发火期。通常所说的煤的自然发火期指的就是最短自然发火期。

尽管自燃倾向性高的煤，自然发火期往往就短，但二者有着明显的不同。煤的自燃倾向性只反映煤自燃的内因条件，而煤的自然发火期，不仅受内因条件的影响，还受煤炭自燃的地质、采矿、通风等外因条件的影响，因此更能表征一个矿井或煤层的自然发火特性。事实上，煤自燃倾向性的高低不能完全决定自然发火期长短，二者间没有必然的对应关系。一个弱自燃倾向性的煤层，对形成自然发火的内部条件并不充裕，但遇上许多不利的地质赋存条件，不合理的通风、采矿等技术因素，可能经较短的时间就发火，造成相当严重的自然发火局面。如果煤虽然有较高的自然发火倾向性，但缺少供氧和蓄热环境，那么煤就不会自燃，或者说，自然发火期很长。例如：回采推进速度快，采空区的煤很快进入窒息区，不会着火；采空区或其他区域丢的浮煤少，浮煤氧化产生的热量少，煤炭的蓄热就需较长时间，因此这些区域也不容易自燃。合理的开拓开采方法、良好的通风系统等外因条件可以在很大的程度上控制自燃火灾的发生，或者说，可以延长自然发火期。当前测试煤层自然发火期的方法有统计法、类比法、实验室测试法和综合法。

1. 统计法

此法适用于生产矿井。矿井生产建设期间，通过对煤层的自燃情况作认真的统计和记录，将同一煤层发生的各项自燃火灾逐一比较，以其发火时间最短者作为该煤层的自然发火期。根据《煤矿安全规程》执行说明，按如下规定分别统计煤层巷道和采煤工作面的最短自然发火期。对于煤层巷道，从揭露煤层之日起，至发生自然发火之日止，为该巷道的煤层自然发火期。对于采煤工作面，从工作面切割之日起，至发生自然发火之日止，为该采煤工作面的煤层自然发火期。

2. 类比法

此法适用于新建矿井，即通过与煤层的地质赋存条件和开采方法相似的生产矿井类比，估算煤层的自然发火期。值得注意的是，无论是统计法还是类比法确定煤层的自然发火期都应严格按定义进行，即出现火灾的日期与火源处煤层暴露于空气中的日期之差，否则难以保证防灭火措施的制定符合现场实际。

3. 实验室测试法

针对统计法得出的煤层自然发火期存在误差较大的不足，一些研究者提出在实验室通过直接测定煤自然发火时间来确定煤的自然发火期，在实验室测定得到的自然发火期可以精确到以“天”或“小时”为单位。该类方法一般都是在大型煤自燃实验炉中测试煤从常温状态通过氧化不断升温直至发火的时间。但应该指出的是，实验室的测试条件与矿井的实际条件差异较大，实验室也很难模拟矿井的地质、开采及通风管理等外因条件，因此实验室测试得出的煤自然发火期只能反映煤自燃倾向性在给定的实验条件下的时间量度。

4. 综合法

针对实验室测试方法的不足，相关学者提出了计算煤层自然发火期的综合法，其基本步骤为：先在实验室通过实验获取反映煤自燃内在特性的自燃倾向性参数，如升温速率、耗氧量、交叉点温度、活化能、煤氧化产物产生速率等，以此作为基数；然后，列出影响煤层自燃的外因条件因素，逐一对这些条件进行分类评分，有利于自然发火的列为正分，不利的列为负分。将基数与各项条件的评分加在一起，依其总和判定矿井或煤层的自然发火危险程度。这样把实验室的煤样测定数据与实际矿井煤层埋藏、开采和通风管理等现场条件相结合，从而获得一个评价煤层自然发火危险程度的综合指标。

波兰学者较早提出了评价煤自燃危险性的复合指标 PS(℃/min)，其值按式(2-8)计算：

$$\mathrm{PS} = \mathrm{SZ}^{a} + \sum S_i \tag{2-8}$$

式中 SZ^{a}——煤自燃倾向性参数，即表 2-6 中的升温速率 k，℃/min；

S_i——影响煤自燃的地质、采矿、通风管理等因素。

第三章　煤自燃预测预报

煤自燃不同阶段具有不同的特征，依据这些特征对煤自燃状态和态势进行识别和预判，有助于提高防治的针对性和有效性，可实现防患于未然和事半功倍的效果。本章从煤矿井下自然发火危险区域、漏风区域检测、煤自燃预测预报技术和隐蔽火源探测与判别方面系统介绍了煤自燃预测预报的研究进展与要求。

第一节　煤矿井下易自然发火区域

煤矿井下容易满足煤自然发火条件的区域称为煤易自燃危险区域，也叫易自然发火区。掌握煤矿井下易自然发火区域是实现煤自燃火灾高效预测预报的基础。

一、煤自然发火的条件

煤自然发火是一种复杂的物理化学现象，是多种因素共同作用的结果，当煤产生的热量大于散发的热量时，开始聚热增温，最终导致煤自燃。煤自燃的发生，必须同时具备下列三个条件。

(1) 煤呈破碎、松散的堆积状态。完整的煤层和大块煤无法和氧气充分接触并发生氧化反应，且热量散失严重，很难发生煤炭自燃。只有当煤受压破碎且堆积一定厚度时，煤才可能自然发火，堆积较薄的浮煤因产热量少和蓄热条件差而较难发生自燃。国内外一般认为浮煤粒度在 1 mm 左右时最易自燃；在浮煤堆积厚度方面，苏联学者曾提出浮煤自燃的临界堆积厚度为 0.4 m。实际上，浮煤自燃临界厚度是一个不确定值，它因煤自身氧化能力、煤体初始温度和漏风强度的不同而异。

(2) 适宜的连续不断供氧条件。氧气是煤发生自燃的必要条件，只有氧浓度较高的风流持续稳定地流经破碎煤体时，煤的氧化自燃过程才能够不断地发展下去，最终导致煤自燃发生。流经煤体风流的含氧量对煤自燃的发展过程有重要的影响，一般分为以下几种情况：① 风流中的氧气浓度小于 5%时，因氧气不足，煤炭自燃现象一般不会发生；② 风流中的氧气浓度≥5%而小于≤15%时，若满足一定的热量蓄积环境，煤将可能由缓慢氧化逐步发展到自燃；③ 风流中的氧气浓度大于 15%时，漏风严重，氧化产生的热量往往较难蓄积，也较难发生煤自燃。此外，只有在通风供氧条件连续且稳定的情况下，煤氧化自燃的过程才能够持续进行并最终可能造成煤自燃灾害，短时间非连续的通风供氧条件不会引起煤自燃。

(3) 良好稳定的蓄热环境以及足够的维持时间。煤在氧化过程中若没有很好的热量积聚环境，煤体就不会产生明显的温升而发生自燃。煤氧化产生的热量能否积聚主要取决于风流速度。由通风供氧条件可知：若风速过小，供氧量不足，煤不易氧化自燃；若风速过大，热量不易积聚，煤氧化升温过程难以持续稳定地发展下去，同样不易发生自燃。在通风或漏风条件下，使煤氧化放出的热量难以积聚而不致氧化升温的风速称为“临界风速”，其值目前尚无定论，一般认为风速为 0.1～0.24 m/min 时，煤最容易发生自燃。相关学者还从漏风量角度对煤的氧化蓄热环境进行了分析，认为漏风量持续为 0.4～0.8 $m^3/(min \cdot m^2)$ 时易导致自然发火。

煤自燃的三个必要条件为煤自燃的防治提供了科学依据，但是煤自燃的偶然性又为煤自燃的防治增加了难度，煤矿现场只有加强煤自燃的早期预测预报，才能实现煤自燃的有效防治。

二、煤矿井下容易自然发火的区域

影响煤自然发火的因素是非常复杂的，准确确定煤矿井下自然发火的危险区域是异常困难的，但根据煤自然发火的条件和煤矿生产实际经验，煤矿井下容易自然发火的区域还是有一定规律可循的，主要是一些既有堆积的浮煤又有通风供氧条件的区域，如采空区、“两道两线”、地质构造带、通风设施、瓦斯抽采孔附近等处。

（一）采空区

采空区是煤矿井下最易发生煤炭自燃的区域，据统计，国有重点煤矿采空区内发生的煤炭自燃占煤自然发火总数的 60%。采空区虽是自燃火灾的易发区域，但由于采空区空间范围特别大，其内部各地点的发火危险程度也不同，一般来说采空区内的自燃火灾一般发生在“三带”中的氧化带、停采线和开切眼位置。

1. 采空区“三带”

无论采用何种开采方式，回采工作面后方的采空区都存在漏风，漏风范围及风速的分布不仅受顶板岩性、顶板垮落方式的影响，而且还受工作面的推进速度和采空区垮落岩石压实时间的影响。一般来说，距工作面 25～35 m 以内漏风较大，30～60 m 范围内漏风较小，50～70 m 以外漏风已很小，100 m 以外则基本不漏风。但随着煤矿开采强度和工作面配风量的增加，以及受外部地表漏风的影响，不同的工作面采空区漏风规律也存在较大的差异性，如神东矿区因开采强度大、配风量大，其漏风强度普遍偏大。波兰学者从自然发火的角度出发将采空区划分为三个漏风带，即“散热带”、“氧化带”和“窒息带”，如图 3-1 所示。

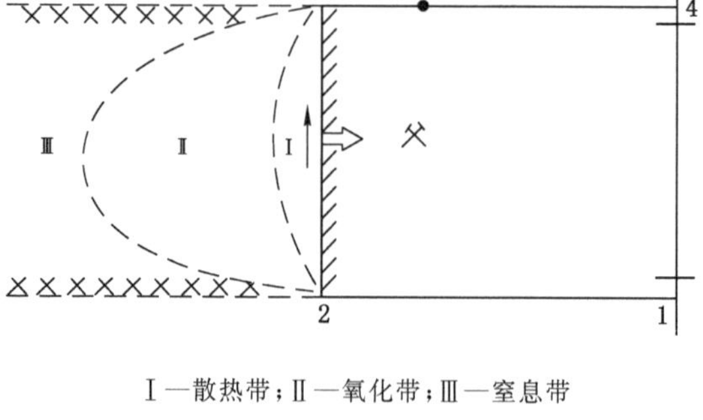

Ⅰ—散热带；Ⅱ—氧化带；Ⅲ—窒息带

图 3-1 采空区自燃“三带”分布图

(1) 散热带，如图 3-1 中Ⅰ区域。散热带紧靠工作面开采空间，该区域虽有遗煤堆积，但由于顶板垮落的岩块呈松散堆积状态，孔隙度大，且漏风强度大，煤氧化放出的热量被及时带走而无法聚积，再加上浮煤与空气接触时间尚短，所以一般不会发生自燃，故又称为不氧化带。该区域不是煤本身不燃而是由于散热大于产热导致的不自燃。

（2）氧化带，如图 3-1 中Ⅱ区域。该区域由于垮落岩块逐渐压实，孔隙度降低，风阻增大，漏风强度减弱，遗煤氧化产生的热量不断聚积，并可能最终导致煤自燃的发生，故称氧化带。氧化带的宽度受顶板岩性、垮落岩石块度、压实程度、工作面端点通风压差等因素的综合制约。

（3）窒息带，如图 3-1 中Ⅲ区域。氧化带之后的大部分采空区为窒息带，该区域内垮落岩块已基本压实，漏风基本消失，氧气浓度下降而无法维持煤氧化自燃过程的持续发展，不会发生自燃。如果氧化带已经发生煤自燃，那么随着工作面的推进，氧化带也会进入窒息带，已发展起来的遗煤自燃会因缺氧而熄灭。另外，窒息带的岩石导热会使煤体在处于氧化带时蓄积的热量逐渐散失，遗煤温度将逐步恢复至正常温度。

采空区“三带”的位置随工作面的推进而前移，氧化带的宽度和前移速度等是煤自燃防治工作的重要数据。氧化带的宽度越大，前移速度越慢，浮煤遗留在氧化带内的时间越长，则越容易发生自燃。因此，采取措施加快氧化带前移速度，缩小其宽度是防止煤自燃的重要手段。加快氧化带前移速度可通过加快回采速度来实现；控制氧化带宽度可通过以下方法实现：① 降低工作面风阻或者进出口端点的通风压差；② 对采空区洒浆以填充其中的孔隙，注浆促进再生顶板形成，增大采空区的漏风风阻。

2. 采空区“三带”的正确划分

采空区“三带”的正确划分能够为煤自燃防治工作的开展提供重要参考，《煤矿防灭火细则》第十四条明确要求“开采容易自燃和自燃煤层时，同一煤层应当至少测定 1 次采煤工作面采空区自然发火‘三带’分布范围，当采煤工作面采煤方法、通风方式等发生重大变化时，应当重新测定”。采空区自燃“三带”常用的划分方法主要有根据氧气浓度划分和根据漏风风速划分两种方法。

（1）根据氧气浓度划分

根据氧气浓度划分采空区“三带”是目前最常用的方法，相关的指标参数如下：

散热带：O_2 含量＞15%。该区域具备充足的供氧条件，但由于漏风大造成煤氧化自燃初期产生的微小热量随风散失，煤的氧化过程始终停留在缓慢发展阶段，不易发生煤自燃现象。应该指出的是，以氧气浓度作为界定散热带和氧化带的指标，并不是因为氧气浓度大于某一特定值而不能自然发火，而是由于该区域的漏风风速过大带走了氧化生成的热量。

氧化带：15%≥O_2 含量≥5%。该区域既具备充足的供氧条件，又由于漏风量较小，氧化蓄热环境较好，煤的氧化自热过程得以持续进行，最终导致煤自燃的发生。

窒息带：O_2 含量＜5%。该区域由于缺氧，煤氧化自燃过程将无法持续进行，故形象地称之为“窒息带”。

（2）根据采空区漏风风速划分

根据国内外学者对采场漏风的研究，采空区“三带”的范围根据采空区漏风风速一般可分为：① 散热带，流速＞0.24 m/min；② 氧化带，0.24 m/min≥流速≥0.1 m/min；③ 窒息带，流速＜0.1 m/min。

采空区的漏风强度能够在一定程度上反映自燃“三带”特性，但在现场实际测定过程中，由于采空区内设点困难、测量仪器精度不足、采空区风流方向的不可预见性等因素的影响，测定过程往往无法进行或结果可信度较低。因此，依据漏风进行“三带”划分的标准一般不被采用。

根据氧气浓度划分采空区“三带”得到了较广泛的认可，是目前测试“三带”最为简便的一种方法。该方法的关键是采空区内测点的设置，采空区测点设置的方法有两种，如图3-2所示。一种方法是局部布点测试法，采用该方法时沿采空区的走向设置测点，即在采空区进、回风顺槽内设置数个测点；另一种方法是全面布点测试法，此方法沿采空区的倾斜方向设置多个测点，一般仅适用于具有后护板的综采放顶煤的工作面。前一种方法设点简单，但所测数据具有局限性，不能代表整个采空区气体成分的分布；后一种方法设点工作量大，但所测数据能较为完整地体现采空区气体分布规律。

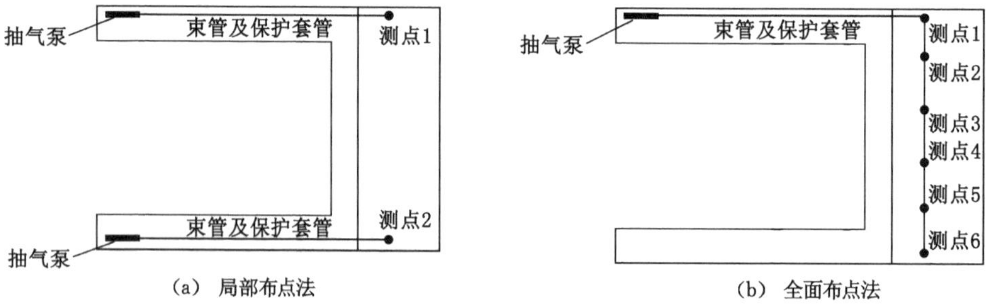

图3-2 测点布置示意图

3. 煤自燃“三带”的测定

(1) 测试系统

整个系统包括3个部分即气体采样点、测试束管与保护套管，真空抽气泵。其中采样点采用全面或局部布点法布设；为了防止采样束管进入采空区后被垮落岩石砸断，将束管插入直径为2～3寸的钢管作为保护套管；在束管端头安设抽气泵作为气体采集的工具。

(2) 测点及测试线路的保护

为了防止取样胶管被压实或被粉煤堵塞以致无法抽取气样，采用2寸钢管对预设取样管头进行充分保护，如图3-3所示。

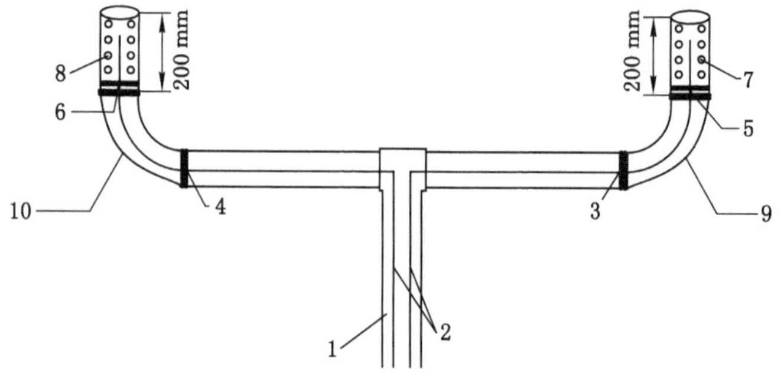

1—保护套管；2—预设取样束管；3，4—法兰盘；5，6—隔离密封；7，8—气孔；9，10—弯头。

图3-3 保护套管设置图

(3) 取样时间

正常情况下每日测取气体成分数据。若有异常，则根据具体情况而定，可在异常测点每日测取2～3次数据。通过束管系统或井下抽气泵直接抽取气样送入气相色谱仪分析，记录每日工作面的推进度，以便推算测点距工作面的距离，从而得出随工作面推进采空区的温度和 O_2、CO、CO_2、CH_4、C_2H_2 等碳氢气体的浓度变化规律。

（4）数据的记录与整理

对于测定的采空区气体成分和温度等参数，应及时进行记录整理，参数记录表如表 3-1 所示。

表 3-1　参数测定记录表

序号	检测点	取样时间	气体成分/%								温度	测点距工作面距离
			O_2	N_2	CO	CO_2	CH_4	C_2H_6	C_2H_2	C_2H_4		
1#												
2#												
3#												
4#												
5#												

（5）数据处理及分析

根据表 3-1 的数据可以绘制各种气体、温度随距离工作面深度的变化曲线并分析采空区散热带、氧化带和窒息带的变化规律。

（二）停采线和开切眼

采空区内停采线和开切眼位置受煤壁支撑作用的影响，顶板不易垮落，采空区内岩石的碎胀系数较高，孔隙度大、漏风通道较为顺畅，故在停采线和开切眼这些地点漏风严重，如图 3-4 所示；再加上停采线和开切眼附近由于回采工艺的影响，往往丢煤多，因此容易发生煤炭自燃。

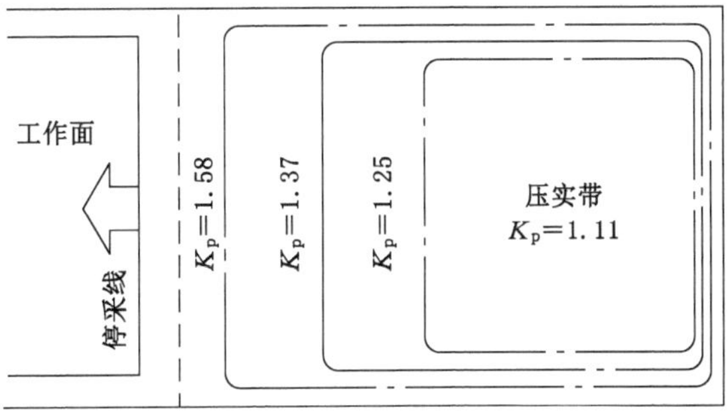

图 3-4　采空区顶板岩石碎胀系数 K_p 分布特征图

采用 U 形通风无煤柱后退式开采时，由于取消区段隔离煤柱，下一区段工作面的回风巷沿上一区段采空区掘进，该区段停采线的进风侧一般不设密闭。因此，从沿空掘巷开始直至工作面回采结束，停采线下端始终处于敞口状态，很难封闭；从开始掘进至工作面结束的整个采掘过程，回风巷的风流均向上区段停采线漏风。在这种情况下，采区上山两侧停采线的下端容易发生自燃。

对于无煤柱开采工作面，由于上区段停采线密闭不严密，漏入采空区的风流经过上区段采空区汇集形成漏风汇，其中A、B流线之间的风流速度变大，故使该区域形成一个适合浮煤氧化聚热的易燃风速区，并以环带状围绕漏风区，环带的两端分别与停采线和采空区上部边界相连；同时，由于靠停采线的一侧采空区气体氧气浓度较高，而另一侧氧气浓度较低，所以在停采线附近相对更容易发生自燃，如图3-5所示。

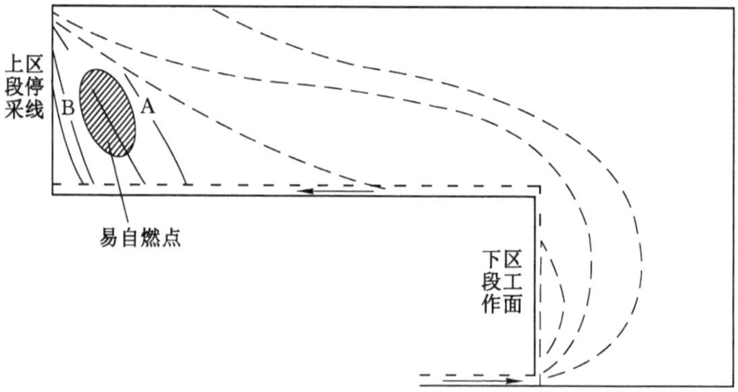

图3-5 上区段停采线易自燃发火点示意图

厚煤层采用分层开采或近距离煤层群多次开采时，上分层或上煤层的停采线位于下分层/煤层回采工作面进风巷的始端与回风巷的末端之间，即处于采场通风系统的始末端，该处风压差最大，容易形成持续时间较长的漏风通道。另外，在准备或回采下分层/煤层工作面时，工作面的进风巷均在上分层/煤层采空区下掘进，因此，通过进风巷顶板也会向上分层采空区产生连续漏风。而停采线处往往存在大量的丢煤，其在漏风状态下构成煤自燃的危险源。

图3-6所示为上分层/煤层停采线处的漏风状态图，由图可知，靠停采线的一侧的流线和风压等值线较密集，这说明该处漏风量较大，漏风压差大。该区域内，漏风风流流线的间距是变化的，流线始末端较密集，即风流速度大；中段稀疏，即风流速度小。根据煤自然发火的条件，可知其中某处的风流能够为煤自燃的发展提供适宜的通风供氧和蓄热条件，即存在“易自燃风速区”。当漏风量较大时，“易自燃风速区”靠近停采线中点处，反之则位于靠近停

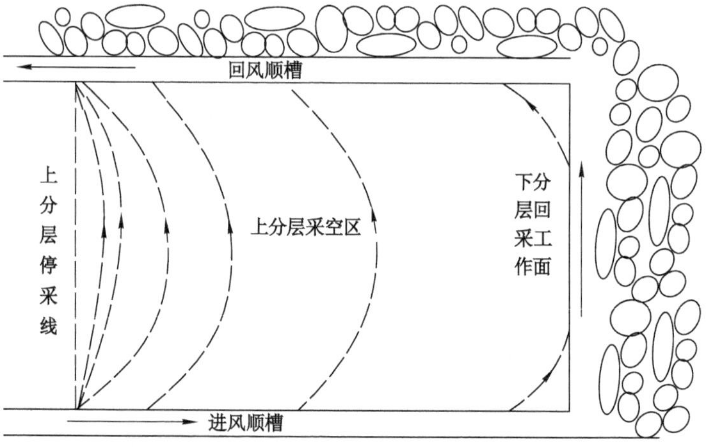

图3-6 上分层或上煤层停采线漏风状况

采线端点处。考虑到井下瓦斯涌出的影响，新鲜风流从停采线端点漏入后，沿风流前进的方向，瓦斯浓度将逐渐升高。若瓦斯涌出量较小，对漏风氧气浓度影响不大的话，靠停采线两端的“易自燃风速区”均容易发生煤炭自燃，否则，沿风流方向停采线下端的“易自燃风速区”可能会因氧气不足而沿风流反方向后移甚至不发生自燃。

开切眼处遗煤堆积情况与停采线处大致相同，受煤壁支撑作用影响，开切眼附近顶板垮落困难，往往存在漏风通道，该处也容易发生煤炭自燃。

（三）进风与回风巷

进、回风巷道长期处于风流之中，也是煤矿井下易自然发火地点之一，这在个别矿区表现得尤为严重，如义马矿区曾对553次自燃火灾进行统计，其中发生在进、回风巷道的火灾218次，占火灾总数的39.4%；兖州矿区历年来统计结果的这一比例则为40.9%。根据发生原因的不同，工作面进、回风巷道的煤炭自燃又可分为保护煤柱自燃、巷道高冒区自燃两种情况。

1. 保护煤柱自燃

如图3-7所示，留煤柱保护区段巷道或无煤柱护巷采用留窄小煤柱的沿空掘巷方式时，在采动压力和地应力的作用下，煤柱容易被压裂、破碎或坍塌，形成大量的浮煤堆积，加之工作面端头回柱后垮落不彻底，留下漏风通道，容易发生煤炭自燃现象。

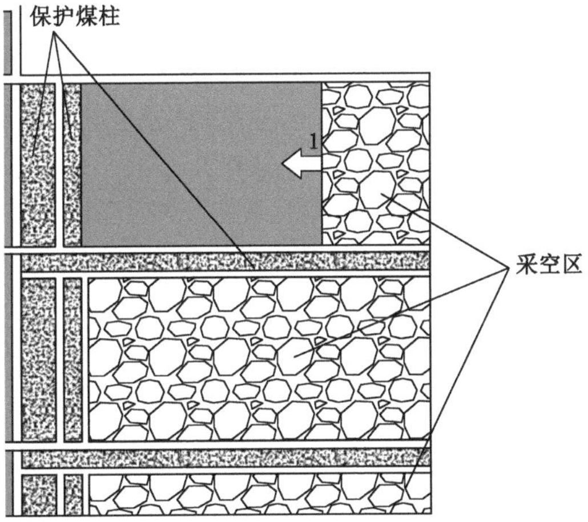

图3-7　保护煤柱承压破碎易自燃

厚煤层采用分层开采方式时，这一问题更加突出。分层开采时，往往将各分层巷道倾斜布置，煤柱压裂破碎后形成的碎煤在区段平巷处堆积起来，构成煤自燃隐患的物质基础。另外，该开采方式在煤层底板中设岩石集中平巷，通过联络巷与各分层的区段平巷连接，工作面推过后，落入采空区的联络巷容易形成采空区的漏风通道，漏入的风流大部分通过垮落的区段平巷流向工作面，易使区段平巷处的堆积遗煤发生自燃，特别是区段平巷与联络巷连接的部位，更容易发生煤炭自燃。

2. 巷道高冒区自燃

巷道冒顶空洞是巷道高冒区煤炭自然发火的必要条件，其形成主要与巷道施工质量、地质构造等因素有关。综放工作面的巷道一般都是沿煤层底板掘进，巷道顶部有比较厚的煤体。容易发生巷道冒顶的地点一般来说矿山压力都较显著，在巷道施工完毕后，煤体原有的压力平衡被破坏，造成局部压力集中。根据高冒区松散煤体的裂隙分布状态、煤体松散程度和垮落程度，高冒区可分为三个区域：破碎区、离层区和断裂下沉区（图 3-8）。在破碎区内，煤体已经充分破碎，应力完全释放，大约有 2～3 m 的浮煤呈自然堆积状态存在，巷道中的空气可以通过该区域的裂隙渗透进入松散煤体中，并在裂隙暴露的煤表面与煤发生氧化反应。另外，高冒处的破碎煤体从冒顶形成以后就暴露在空气中，而该工作面剩余巷道的施工和煤层回采周期非常长，远远超过了煤的自然发火期，所以有足够的时间维持煤炭氧化自燃过程的发展。因此，巷道高冒区容易发生煤炭自燃。

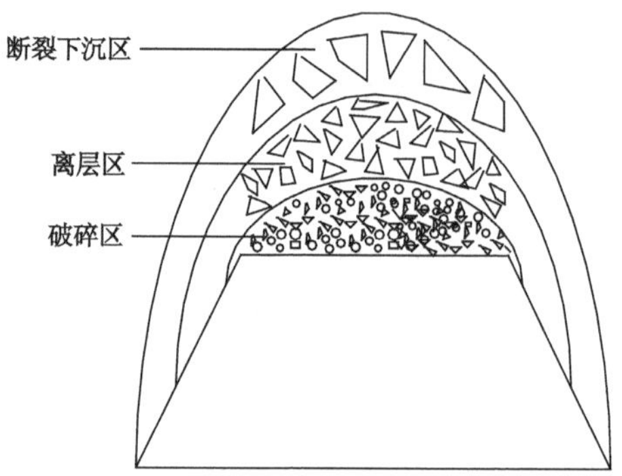

图 3-8　高冒区分区示意图

义马、鹤岗等矿区巷道高冒区自然发火严重。如义马耿村矿 12190 工作面下巷煤质松软，且矿压较大，巷道顶板形成了大面积的冒顶空洞，空洞下部堆积了 2～3 m 的浮煤；巷道又有一定的倾斜度，风流的动压差和位压差以及空洞内存在高温点时产生的热风压使得漏风量增大；该矿在巷道支护时曾加设一层彩条塑料布以减少漏风，当高冒空洞区内出现高温点时，塑料布阻止了热量的散发，反而有助于浮煤的氧化自燃过程的进一步发展，从而最终导致煤炭自燃的发生。

（四）地质构造带

煤矿井下常见的地质构造形式主要有褶曲、断层、破碎带、陷落柱、岩浆入侵地区等，它们破坏了煤层原有的连续性和完整性，给掘进施工和工作面回采带来了很大的困难，也给煤自燃防治工作带来了不利因素。其原因主要有以下 4 个方面：① 构造带处由于煤层受张拉、挤压等作用，裂隙大量产生，煤体破碎，厚度不均，容易形成"抛顶煤"导致大量浮煤的堆积，如图 3-9 所示，断层位置会导致大量丢煤；② 构造带附近漏风通道复杂，漏风严重，给煤氧化自燃提供了通风供氧条件；③ 构造带处一般具备良好的热量积聚环境；④ 构造带附近的回采速度一般比较慢，由此导致满足煤自燃条件的时期较长，也会增加自然发火的危险。这些因素综合作用导致构造带附近区域煤自燃现象频繁发生。

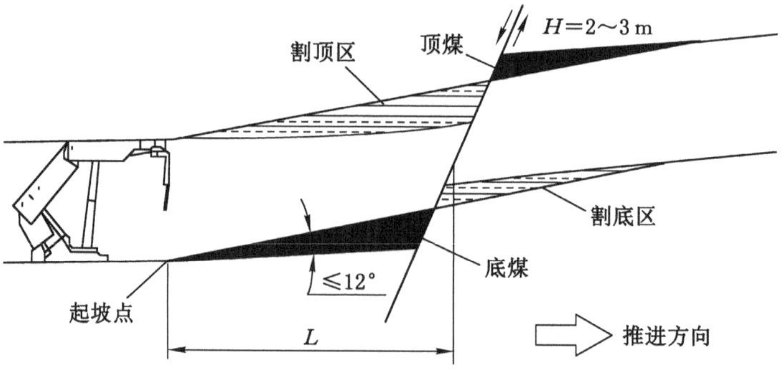

图 3-9　断层附近易自燃

（五）通风设施附近

风桥、风门、调风窗以及密闭等通风设施附近巷道周边煤体也是煤矿井下易自然发火地点之一，义马矿区统计数据表明通风设施附近区域的自然发火次数占发火总次数的11%。

对设置于煤巷中的通风设施（主要指风门和密闭墙），其上下侧的风压差随着局部风阻的增大而增加，为漏风的形成提供了有利条件。在通风设施安装及施工过程中煤巷周围形成了一定裂隙，之后在矿山压力的缓慢持续作用下，这些裂隙逐渐发育扩展，达到一定程度后，附近煤体具备了适宜的氧化蓄热条件，容易造成自然发火。对于假顶、高冒区等破碎带之下的通风设施，漏风情况更为严重，自然发火次数也相对频繁，如图3-10所示。

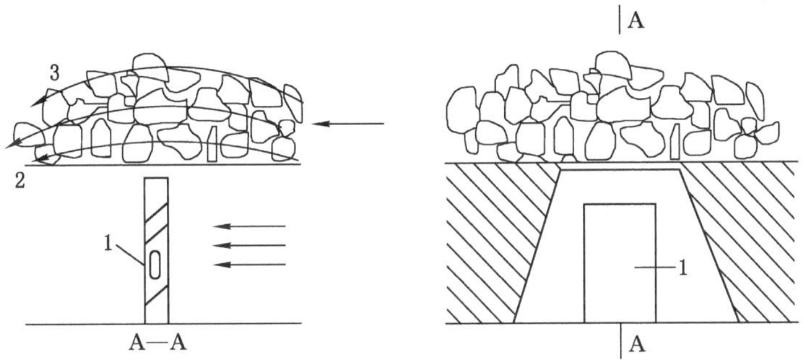

(a)　(b)

1—风门；2—高温显现侧；3—易产生高温区。

图3-10　假顶下设置通风设施后风流分布图

（六）瓦斯抽采钻孔

瓦斯抽采钻孔特别是煤层顺层抽放钻孔，由于布置较密，施工过程中破坏了煤体的完整性，一旦封孔效果不好，孔与外界漏风易造成钻孔内发生煤炭自燃。该类现象在高瓦斯矿井自燃煤层瓦斯抽采过程中时有发生。

第二节　矿井漏风检测方法

矿井漏风是引发煤自燃的主要因素，矿井漏风检测对煤自然发火的预测预报具有重要的意义。在煤矿井下，一般采用示踪技术探测漏风通道和漏风量。示踪技术就是选择具有一定特性的气体做标志气体，利用风流或漏风做载气，在能位较高的漏风源释放，在其可能出现的漏风汇采集气样，分析气体，确定标志气体的流动轨迹，判断漏风通道，根据标志气体浓度变化计算风量或漏风量的一种方法。

目前，通常采用六氟化硫（SF_6）作为示踪气体来检测井下漏风通道和漏风量。SF_6无色、无味、无嗅，是不燃惰性气体。它的物理活性大，在扰动的空气中可以迅速混合而均匀地分布在检测空间内。这种气体不溶于水，无沉降，不凝结，不为井下物料表面所吸附，不与碱起作用，是一种良好的负电性气体。SF_6的检出灵敏度高，使用带电子捕获器的气相色谱仪或SF_6检漏仪均可有效地检出（检测精度可达8×10^{-12}）。另外，SF_6在大气与矿井环境中的本底含量极低，约为$10^{-14}\sim10^{-15}$ g/mL。SF_6的这些性质，使得人们可以方便、准确地应用它进行矿井漏风检测。因此，SF_6是一种理想的示踪气体。

根据漏风检测目的的不同，SF_6 示踪技术测定井巷漏风分瞬时释放 SF_6 和连续稳定释放 SF_6 两种检漏方法。

一、瞬时释放法

瞬时释放法在漏风通路的主要进风口瞬时释放一定量的 SF_6 气体，然后在几个预先估计的漏风通路出口采取气样，通过分析气样中是否含有 SF_6 来具体确定漏风通道。例如，为检测图 3-11 所示联络巷的漏风情况，在联络巷前（岩石平巷中）A 处释放 SF_6，而在工作面进风侧 B 处和回风侧（回风平巷中）C 处采取气样，如图 3-11 所示。

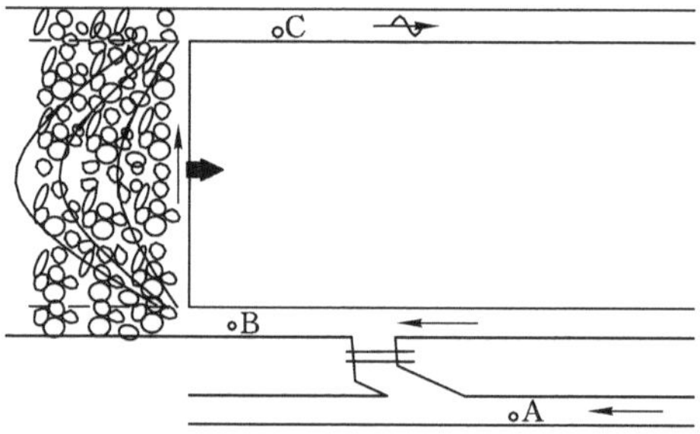

图 3-11　SF_6 瞬时释放法释放方式示意图

1. 测定方法与步骤

① 首先根据矿井通风系统图分析可能的漏风通道、漏风源、漏风出口。

② 在地面将 SF_6 气体装入球胆，带往选定的漏风源处释放 SF_6 气体。

③ 在漏风出口每隔一定时间用球胆或 15 mL 的医用针管采集气样。

④ 将采集的气样送实验室分析，测定 SF_6 浓度。测定的仪器为气相色谱仪，配有电子捕获检测器，以及 2 m 长的 5 Å 分子筛色谱柱。

⑤ 根据气样分析结果确定漏风状况。

2. 测定技术要点

① 准确把握第一次采样时间。在综合考虑 SF_6 的释放地点与采样地点的距离、漏风风流的速度和 SF_6 的扩散速度等因素的基础上确定第一次采样时间。一般来讲，小范围的漏风区域可在放样 5 min 以后开始采样，大范围的漏风区域不应超过 30 min。

② 合理安排采样间隔时间。同一采样地点需多次采取气样，两次采样的时间间隔初期可取 5～10 min，后期可以长一些。一般来讲，同一采样点采样 10 次左右就足以检测出 SF_6 的最高浓度点。

③ 及时分析样品。样品中 SF_6 的浓度随采样时间的增长而降低，所以采集到气样后应立即进行气样分析，最迟不能超过 24 h。

④ 保证地面分析测试环境空气清洁。开展测试工作前要先对分析仪器的环境进行通风，确保该环境内不得含有 SF_6。灌装 SF_6 的压气瓶一定不能与分析仪器放置在同一室内。

3. 漏风测定实例

东滩煤矿 $143_下08$ 东运输巷已掘进 550 m，东轨巷掘进 140 m 左右。为查明 $3_下$ 煤在极近距离顶板采空区下掘进巷道时的漏风通道及漏风风速，决定采用 SF_6 瞬时释放技术测定 $143_下08$ 东运输巷时的漏风路线。

（1）测点布置

SF_6 气体的瞬时释放点选择在压力较高的运输巷道靠近迎头侧，通过透 $3_上$ 采空区钻孔释放。采样点共 2 个，均布置在压力较低的轨顺内，同样通过透 $3_上$ 采空区的钻孔采集气样。具体测点布置如图 3-12 所示。

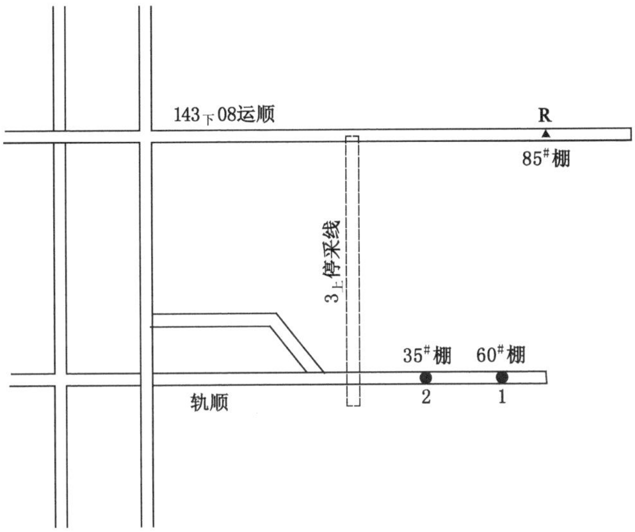

图 3-12　$143_下08$ 东顺槽掘进漏风测点布置

（2）测定方法

① SF_6 释放量的确定

SF_6 释放量不能太少，否则可能检测不到；也不能太多，否则将提高井下空气中 SF_6 的本底浓度，导致以后的实验不能在短期内进行。释放量估计一般可由下式计算：

$$Q_{SF_6} = KCT\sum_{i=1}^{n} q_i$$

式中　Q_{SF_6}——SF_6 的释放量，L；

K——单位换算系数，$K=1\ 000\ L/m^3$；

C——采空区内 SF_6 的平均浓度，m^3/m^3；

T——预定的采样累计时间，min；

q_i——每个漏风密闭的漏风量，m^3/min；

n——漏风密闭的个数，无因次。

其中 C 值取决于分析 SF_6 样品所用仪器的检测灵敏度，目前国产的气相色谱分析仪器检测灵敏度一般能达到 1×10^{-10} 以下，为使估算量不偏低，可取 1×10^{-7}。采样累计时间 T 是从释放 SF_6 开始到某一预定时间为止的时间。采样时间的长短，由释放点与采样点的距离及采空区的连通程度、密闭质量好坏等决定。

② SF_6 的释放与采集

直接从高压气瓶释放 SF_6，其释放量可以根据装在气瓶出口的转子流量计的读数与释放时间来计算；也可用球胆来释放，每个球胆内预先装有定量的 SF_6 气体。连续释放时间 10～20 min，释放过程必须记录 SF_6 释放的开始和终止时间、SF_6 释放量、示踪气体释放或检测时的工作面风量、风速等数据。

当 SF_6 气体释放 20 min 后开始用球胆采集气样，以后每隔 15 min 采集气样一次，2 h 后每隔 30 min 采集气样一次，累计采样 12 h。

③ 检测结果

采用电子捕获气相色谱仪分析采集的气样，结果如表 3-2 所示。

表 3-2　143下 08 东顺槽掘进漏风测定表　　单位：%

	8:55	9:10	9:25	9:40	9:55	10:10	10:25	10:40	10:55
1#(10-7)	—	—	—	0.01	0.21	0.36	0.68	1.03	1.71
2#(10-6)	—	—	—	0.02	0.04	0.11	0.34	0.92	1.91
	11:25	11:55	12:25	12:55	13:25	13:55	14:25	14:55	15:25
1#(10-7)	2.51	3.90	4.49	3.08	1.72	1.53	1.48	1.16	0.81
2#(10-6)	3.23	5.21	5.60	3.86	2.40	1.49	0.60	0.51	0.49
	15:55	16:25	16:55	17:25	17:55	18:25	18:55	19:25	19:55
1#(10-7)	0.64	0.48	0.36	0.21	0.18	0.12	0.09	0.04	—
2#(10-6)	0.60	0.63	0.70	0.79	0.60	0.48	0.39	—	—

根据 SF_6 测点到达峰值浓度时的时间 T_0 和测点到 SF_6 释放点的距离，即可计算漏风风速，如表 3-3 所示。

表 3-3　漏风风速计算表

测点号	X_0/m	T_0/min	V/(m/min)
1#	215	230	0.93
2#	230	230	1.0

二、连续稳定释放法

SF_6 瞬时释放法简单，易于实施，但不能用于漏风风量的定量测定。漏风风量的定量测定则需采用 SF_6 示踪气体连续定量释放的漏风测定技术。

1. 测定的原理

连续定量释放 SF_6 测定漏风的原理为：在需要检测的井巷风流中连续、定量、稳定地释放 SF_6 示踪气体，然后顺着风流方向，沿途布点采取气样分析 SF_6 气体的浓度变化。如果沿途不漏风或者向外漏风，则沿途各点风流中的 SF_6 浓度保持不变；如果沿途向内漏风，则沿途各点风流中的 SF_6 浓度变化呈下降趋势。通过对采样点的 SF_6 浓度变化的分析，即可求得漏风量，从而找出漏风规律。

如图 3-13 所示，设在 R 处释放 SF_6 气体，在 S 点处采取气样。若 SF_6 的释放流量为 q (mL/min)，若该气样经分析后的 SF_6 浓度为 C，则通过该采样点处巷道断面的风量 Q(m^3/min)可表示为：

$$Q = 1\,000 \times \frac{q}{C} \tag{3-1}$$

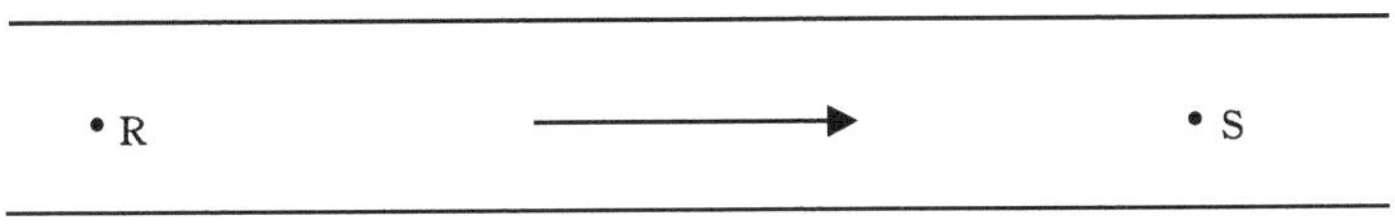

图 3-13　SF_6 连续定量测定漏风原理简图

据式(3-1)，通过多点采集气样的方式即可得出流经这些采样点处巷道断面的风量，风量之差即为巷道对应区间的漏风量。该方法的特点是不需测定巷道断面就可较准确地测出风量，而一般在工作面，由于巷道断面大，机电设备多，尤其是在运输机巷道，断面很难测准。

2. 释放装置

连续稳定释放方法实施的关键是要有一套能连续、稳定、定量释放 SF_6 的装置。该装置必须有很高的可靠性，保证释放流量稳定在某一设定值，且能灵活地调节释放量。图 3-14所示为中国矿业大学设计制作的 SF_6 示踪气体连续稳定释放装置。该系统由示踪气体钢瓶 1、减压阀 2、稳压阀 3、稳流阀 4 及流量计 5 等组成。释放系统经过二级稳压、一级稳流，保证释放 SF_6 气体的流量稳定、连续可调。该装置 SF_6 的流量范围为 20～200 mL/min。

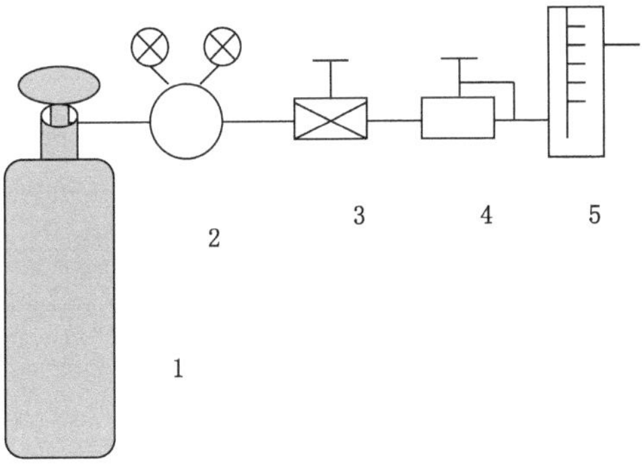

1—SF_6 储气瓶；2—减压装置；3—稳压阀；4—稳流阀；5—流量计。

图 3-14　连续稳定释放装置

3. 漏风测定实例

$143_{下}00$ 综采工作面走向长 1 306 m，倾斜宽 202 m，煤厚 3.4～4.1 m，煤层倾角 0°～10°。$143_{下}00$ 工作面西起开切眼(与 $143_{上}12$ 工作面切眼平齐)，东至设计停采线(与 $143_{上}00$ 综放工作面停采线重叠布置)，北邻 $143_{上}01$ 综放工作面采空区，南邻 $143_{上}12$ 综放工作面采空区，西邻 $143_{上}10$ 综放工作面采空区；上部为 $143_{上}00$ 综放工作面采空区。为了准确获得 $143_{下}00$ 工作面复合顶板采空区的漏风量，现场采用了 SF_6 连续稳定释放法。

(1) 测点布置

$143_{下}00$ 工作面的 SF_6 释放点以及气体收集点如图 3-15 所示。其中，R 代表 SF_6 释放点位置，S1、S2、S3 和 S4 代表 SF_6 气体收集点位置。为防止采煤工作面采煤工序的影响，R 点距离工作面应该不小于 40 m，这里取 50 m，S3 和 S4 距离 14300 工作面停采线约 20 m。

(2) 测试步骤

① 将装有 SF_6 气体的钢瓶带往选定的漏风源处，连接好装置。

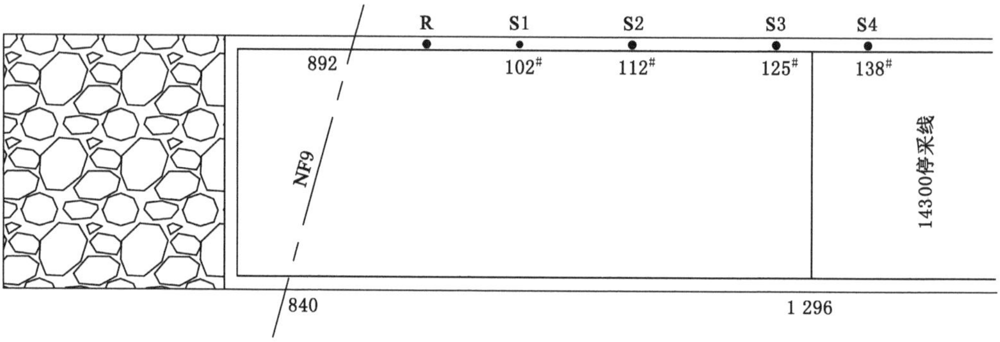

图 3-15　$143_{下}00$ 工作面漏风测点布置

② 以 60～100 mL/min 的流量释放 SF_6 气体；稳定释放 15 min 后，开始取样，每隔 5 min 取样一次，共取 3 次，分别在巷道左、中、右三点取样，取其平均值。

③ 将采集的气样送实验室分析，测定 SF_6 浓度。

④ 根据气样分析结果，填写表格(表 3-4)，并计算漏风量。

表 3-4　工作面 $143_{下}00$ 漏风测定表

测点	S1-运输巷 102# 收尺点		
SF_6 浓度值	左	中	右
	0.651 5	0.707 3	0.693 3
SF_6 平均值	0.684 0%		
测点	S2-运输巷 112# 收尺点		
SF_6 浓度值	左	中	右
	0.657 5	0.649 2	0.636 3
SF_6 平均值	0.647 7%		
测点	S3-运输巷 125# 收尺点		
SF_6 浓度值	左	中	右
	0.626 3	0.629 3	0.605 0
SF_6 平均值	0.620%		
测点	S4-运输巷 138# 收尺点		
SF_6 浓度值	左	中	右
	0.617 3	0.595 9	0.609 2
SF_6 平均值	0.607 5%		

(3) 技术要点

① 取样可以使用球胆或者 15 mL 的医用针管或球胆采集气样。

② 对每个球胆或者针管进行编号，注明测点位置及取样的时间。

③ 及时分析样品。样品中 SF_6 的浓度随采样时间的增长而降低，所以采集到气样后应立即进行气样分析，最迟不能超过 24 h。

④ 保证地面分析测试环境空气清洁。开展测试工作前要先对分析仪器的环境进行通风，确保该环境内不得含有 SF_6。灌装 SF_6 的压力瓶一定不能与分析仪器放置在同一室内。

⑤ 使用带电子捕获器的气相色谱仪对气样进行分析，检测精度可达 8×10^{-12}。

(4) 结果分析

根据表 3-4，用下式计算各段的漏风量。

$$\Delta Q_i = q(c_{i+1} - c_i)/c_{i+1}c_i$$

式中，q 为 SF_6 释放量，mL/min；c_i 为 SF_6 测点浓度；ΔQ_i 为漏风量，mL/min。

计算结果见表 3-5。

表 3-5 工作面 $143_{下}00$ 漏风量计算表

测段	1# ～2#	2# ～3#	3# ～4#
距离/m	100	130	130
漏风量/(m^3/min)	4.92	4.11	2.04

第三节 煤自燃预测预报指标

开采容易自燃和自燃煤层的矿井，必须开展自然发火监测工作，重点监测采空区、工作面回风隅角、密闭区、巷道高冒区等危险区域。煤的自燃特性研究表明温度、气体可用来判断煤自燃所处的阶段，对煤自然发火进行预测预报。

一、温度

温度是确定煤炭自燃发展阶段的最可靠、最直观的重要指标，测定矿内空气和围岩的温度是煤炭自燃早期识别与预报的一个基本方法。对于范围较小如巷道高冒区等易自燃区，采用直接测温法对煤自燃监测效果较好；而对于采空区等大范围区域，因煤的导热性较差，自燃引起的温度差异仅存在于很小的范围，若测点没有布置在温度异常区，很难捕捉到小范围的温差。

二、气体

煤炭自热过程中会产生 CO、CO_2、CH_4、C_2H_4、C_2H_6、C_3H_8、C_2H_2 等气体，且这些气体的生成浓度与煤体温度之间存在明显的对应关系，可作为判断煤自燃发展程度的指标。美国、英国、波兰、印度、日本、俄罗斯等主要产煤国家均对煤氧化自燃过程中的气体产物变化规律进行了系统地研究，并提出了各自的气体分析指标体系。我国《煤矿防灭火细则》第五十二条也明确提出“开采容易自燃和自燃煤层的矿井，必须确定煤层自然发火标志气体及临界值”。

煤自燃预测预报的气体指标可分为两类：煤氧化所产生的气体成分，也称为单一指标；煤氧化产生气体的浓度变化或气体之间的比值关系，也称为复合指标。目前常用的单一指标有 CO、C_2H_4、C_2H_2、耗氧量 ΔC_{O_2} 等，复合指标有格雷哈姆系数、链烷比、C/H、烃指数等。

（一）单一指标

1. 一氧化碳(CO)

一氧化碳在煤氧化自燃过程中出现较早、生成量较大、浓度增长速度也较快，其浓度与煤体温度之间存在明显的对应关系，是煤炭自然发火早期预测预报非常灵敏的指标气体。英国的张伯伦、加拿大的范恩、日本的田代襄和苏联的邱图等，曾将不同煤种置于不同的温度下进行氧化实验，并一致认为 CO 是煤自燃早期预测预报的良好指标。中国矿业大学通风防灭火团队利用自主研制的煤自燃特性测试系统对不同煤种氧化产物的变化特性进行了研究，将 50 g 粒度为 40～80 目(0.12～0.42 mm)不同变质程度的煤样装入煤样罐，煤样罐放入温度控制箱内，以 50 mL/min 的流量向煤样罐通入干空气，同时温度控制箱按 0.8 ℃/min 的升温速率进行程序升温，并利用气相色谱仪对煤氧化产物的成分和浓度进行分析，得到不同煤种 CO 产生量与煤样温度的关系曲线，如图 3-16 所示。研究结果表明：在常温下即有 CO 出现，CO 产生量随着煤温的升高而增加并呈近似指数关系；煤氧化初始阶段曲线斜率较小，CO 产量增幅不大；当煤样温度达到一定值后，趋势线斜率明显变大，CO 产生量急剧增加；剧烈氧化阶段 CO 浓度达到最大值。

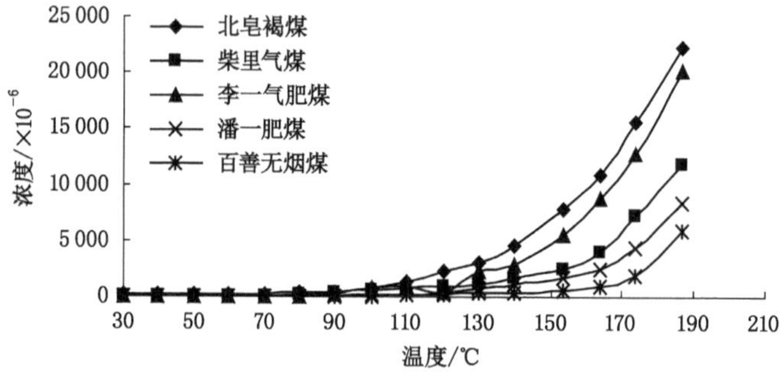

图 3-16　CO 产生量与煤温度的关系曲线

由于 CO 的初始产生温度比较低，持续温度范围宽，绝对生成量大，只要煤矿井下检测出 CO 气体持续存在，且浓度不断稳定增加，就可判断此测点风流的上风侧存在高温隐患点或存在自燃火源。

CO 指标在煤自燃预测预报方面起到了积极的作用，但是 CO 的检测温度范围较宽，从常温一直到进入激烈氧化阶段都能够检测到 CO，对煤自然发火发展阶段较难给出准确的判断。另外，由于煤自燃大部分发生在采空区或煤柱中，受漏风条件的影响极大，这对 CO 浓度的测定造成了误差，预报的可靠性也相应降低。为了减小这种因素的影响，可以采用 CO 的绝对生成量作为判定煤自燃发展阶段的指标，相应的计算公式如下：

$$H=C\cdot Q$$

式中　H——CO 的绝对产生量，m^3/min；

C——测点气样的 CO 浓度，10^{-6}；

Q——测点的风量，m^3/min。

平庄古山矿最早将 CO 的绝对生成量指标用于煤自燃预测预报，通过对 36 个回采工作面的长期观测，并确定相应的预测预报临界指标，见表 3-6。

表 3-6　古山矿煤自燃预测预报的 CO 指标

自然发火系数	安全值	加强观测值	自然发火预报值
$H/(m^3/min)$	<0.004 9	0.004 9～0.005 9	≥0.005 9

2. 乙烯(C_2H_4)

乙烯(C_2H_4)是煤氧化自燃发展到一定程度之后的产物，不同煤岩成分产生 C_2H_4 的初始温度存在差别，如丝煤在升温至 90 ℃左右即会产生 C_2H_4，而暗煤、亮煤、镜煤则需升温至 110 ℃以后才会产生 C_2H_4，这也说明不论煤岩成分结构如何，C_2H_4 都能够反映煤的氧化升温特性。图 3-17 所示为枣庄柴里矿煤层中四种煤岩成分氧化升温过程中 C_2H_4 生成浓度的变化曲线。

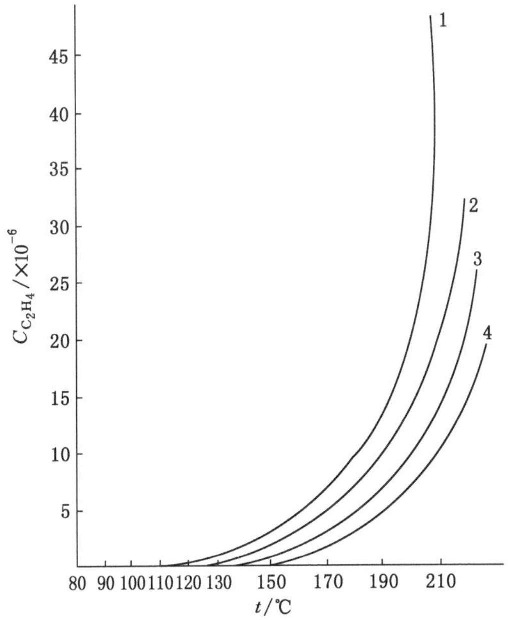

1—丝煤；2—镜煤；3—亮煤；4—暗煤。

图 3-17　柴里矿四种煤岩成分的 C_2H_4 生成浓度与温度关系

如表 3-7 所示，在实验室对煤氧化升温过程中 C_2H_4 的生成规律进行研究表明，生成 C_2H_4 的起始温度因煤种的不同而异，但这一温度往往都较高(100 ℃以上)；C_2H_4 的生成量均随煤温的上升而呈现出增加的趋势。因此，煤矿井下若检测到 C_2H_4 气体则说明煤体温度已经达到 100 ℃以上，此时应积极采取相应的防治措施。

表 3-7　不同煤种代表性煤样 C_2H_4 产生的临界温度值

煤种	褐煤	长焰煤	气煤	肥煤	焦煤	瘦煤	贫煤	无烟煤
C_2H_4 产生的临界温度/℃	110	120	120	130	150	150	150	160

3. 乙炔(C_2H_2)

乙炔(C_2H_2)是煤进入剧烈氧化阶段的产物。C_2H_2 出现较晚，产生的初始温度值也较高，研究表明煤样温度在达到 180 ℃之前往往不会产生 C_2H_2 气体。在煤自燃预测预报工作中，若监测到 C_2H_2 气体，则表明井下煤自燃已经发展到比较严重的程度，此时采取防灭火措施时一定要谨慎，防止引发爆炸事故而导致更大的灾难。

在煤自燃预测预报工作中，认为一旦在煤矿井下检测到 C_2H_2，则表明在监测区域内存在已经进入燃烧阶段的明火。

4. 耗氧量(ΔC_{O_2})

波兰学者最先提出以空气中的氧气浓度减少值(ΔC_{O_2})作为煤自燃预测预报的指标，并成功应用于波兰隆矿的煤自燃预测预报，图 3-18 所示即为该矿 1960 年 1 月 7 日发生煤自燃火灾前后的耗氧量变化曲线。

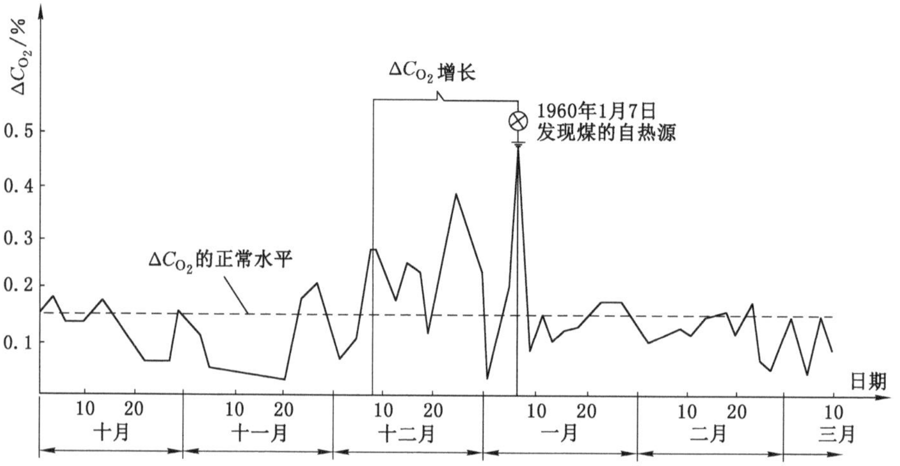

图 3-18 波兰隆矿发生煤自燃前后氧气浓度的变化趋势线

耗氧量的测算基于以下两个方面的假设：① 空气中的氧气含量为 20.93%，惰性气体的含量 79.04%(0.03%的 CO_2 气体不包括在内)，对于除氮气以外的其他惰性气体，一般情况下都简单地将其全视为氮气；② 火区中的氮气没有被消耗，也没有被增加(空气流动增加的氮气除外)。如果氧气没有被消耗，那么 C_{O_2}/C_{N_2} 的比值应该为 20.93/79.04=0.264 8，该比值受其他新加入气体的影响很小。因此，可以算出原始 O_2 含量为 $0.264\,8C_{N_2}$。那么，在测知氮气和氧气浓度的情况下，氧气的消耗量可表示为：

$$\Delta C_{O_2}=0.264\,8C_{N_2}-C_{O_2}$$

(二) 复合指标

1. 格雷哈姆系数(Graham's Ratio)

单一气体(如 CO)作为煤自燃预测预报的指标，容易受到新鲜风流的影响。1914 年，英国学者格雷哈姆(Graham)引入耗氧量(ΔC_{O_2})参数并提出了相应的复合指标，即格雷哈姆系数(Graham's Ratio)。

(1) 格雷哈姆系数的三种形式

格雷哈姆系数由煤氧化过程中 CO、CO_2 浓度的增加量和 O_2 浓度的减少量计算得到，其三种不同的组合方式如下：

$$R_1=\frac{+\Delta C_{CO_2}}{-\Delta C_{O_2}}\times 100\%$$

$$R_2 = \frac{+\Delta C_{CO}}{-\Delta C_{O_2}} \times 100\%$$

$$R_3 = \frac{+\Delta C_{CO}}{-\Delta C_{O_2}} \times 100\%$$

R_1 又称二氧化碳指数和 Yaung 比值，煤自燃过程中往往会产生大量的 CO_2，相应的 R_1 值也较大。由于煤矿井下 CO_2 来源较多，以及 CO_2 本身具有的易溶于水、易被固体吸附的特性，常对 CO_2 测定结果的准确度造成影响。当火灾由阴燃转为明火燃烧时，原来产生的 CO 将燃烧成为 CO_2，因此，如果同时出现 R_1 升高和 R_2 降低的现象时，就表明火灾还在进一步发展。

图 3-19 所示为 R_2 随煤温的变化关系，由图可知 ΔC_{CO} 和 ΔC_{O_2} 之间呈近似指数关系，R_2 值与煤体温度之间存在较好的对应关系，可用于判定煤自燃的发展阶段。由于煤矿井下的 CO 一般为煤的氧化自燃过程所产生，受其他因素的影响较小，且 ΔC_{O_2} 的引入减小了风流的影响，因此预测的准确度相对较高。

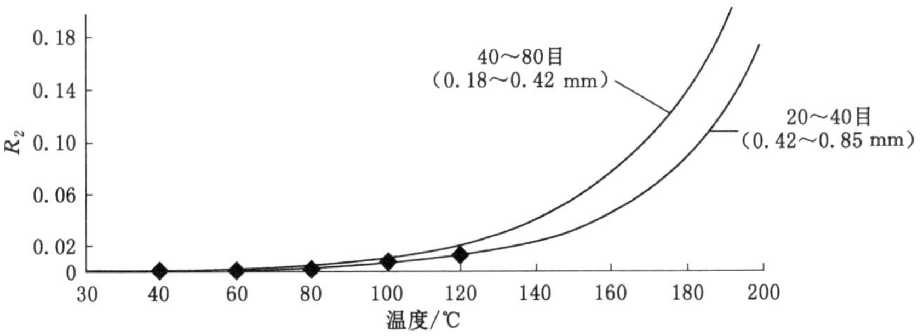

图 3-19　R_2 随温度变化的关系曲线

虽然引入耗氧量(ΔC_{O_2})参数减小了新鲜风流对 R_1 和 R_2 的影响，但流入的新鲜风量过大时仍会产生影响，使这两个指标的可靠性降低，而 R_3 指标则基本不受新鲜风流、瓦斯和注氮的影响。在火灾初期阶段，R_3 值随火灾的发展而变大；在充分燃烧阶段，若消耗氧气占比≥5%时 R_3 值保持为一个常数，如图 3-20 所示。另外，火灾形成富燃料燃烧时，C_{CO}/C_{CO_2} 值将会快速变大。因此，R_3 指标常被用于指示火灾的发展状况。

(2) 格雷哈姆系数的应用

应用格雷哈姆系数进行煤自燃的预测预报时，一般以 R_2 作为主要指标，以 R_1 作为辅助指标，R_3 则主要用于风流状态变化很大的情况。

正常情况下，R_2 值小于 0.5%，若 R_2 值持续上升并超过 0.5%的话，即表明该矿井中有自热现象发生，此时应积极采取措施防止灾害的发生；超过 1%时则说明煤矿井下已经发生煤炭自燃现象，此时应积极采取措施防止灾害扩大。现场实际应用过程中，由于煤矿井下情况复杂多变，差别较大，应根据实际情况选用不同的临界指标。

例如，针对潞安集团潞宁矿气煤，总结了格雷哈姆系数随煤自燃温度的变化规律。R_1 在 50 ℃左右时急剧下降，50 ℃之后处于 0.1～0.2，保持基本稳定，且不同进气氧浓度(体积分数)的数据基本重合，但前 3 个温度点数据重合性较差；R_2 呈近似指数上升，在 170 ℃前，4 组不同进气氧浓度的曲线不重合，且在相同温度下，进气氧浓度越高，R_2 值越低；在170 ℃

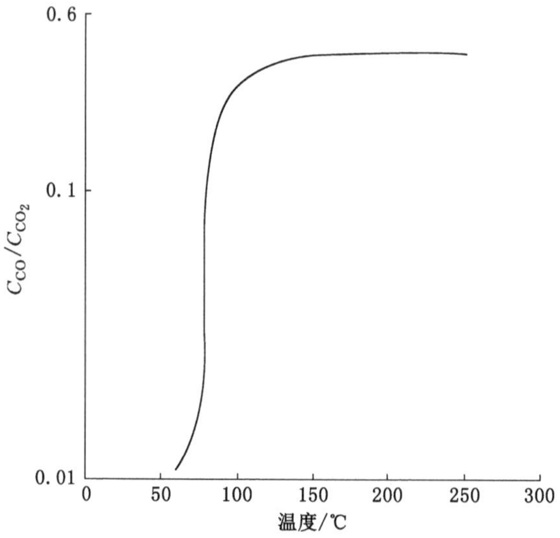

图 3-20 烟煤 C_{CO}/C_{CO_2} 比值随煤样温度的变化曲线

后，4 组曲线基本重合，且增速加快。R_3 在 180 ℃前近似线性上升，在温度达到 180 ℃左右之后，曲线开始趋于常数。

格雷哈姆系数自提出以来，在煤自燃预测预报中得到了较广泛的应用，一定程度上改善了煤矿现场的自燃预测预报现状，但是，格雷哈姆系数仍然存在一定的缺陷。首先，格雷哈姆系数在氧气消耗量很小的情况下精度很低，例如，当氧气消耗量 ΔC_{O_2} 小于 0.3%时，利用格雷哈姆系数得到的结果就不再可靠，这个缺点也存在于其他含有氧气消耗量的判别指标中；其次，格雷哈姆系数还受到那些不是因煤自燃而产生的 CO、CO_2 的影响，其中包括从其他采空区运移过来的 CO、CO_2 或进入火区的空气本身所携带的少量 CO、CO_2，如无轨胶轮车尾气等都会对格雷哈姆系数的应用产生影响。

2. 链烷比

煤在氧化升温过程中会释放出 CH_4、C_2H_6、C_3H_8、C_4H_{10} 等烷烃气体，它们的主要来源分为吸附烷烃气体的释放、氧化产生和裂解产生几个方面，释放规律与煤样温度和烷烃碳原子数有关。在煤氧化升温的不同阶段，各种烷烃气体的产生及浓度之间有一定的联系，可以通过它们之间的浓度比值对煤自燃的发展阶段进行判断，通常称这些比值为链烷比。

链烷比主要包括两类：一类是长链的烷烃气体与甲烷的浓度比值（$C_{C_2H_6}/C_{CH_4}$、$C_{C_3H_8}/C_{CH_4}$、$C_{C_4H_{10}}/C_{CH_4}$）；另一类是长链的烷烃气体与乙烷的浓度比值（$C_{C_3H_8}/C_{C_2H_6}$、$C_{C_4H_{10}}/C_{C_2H_6}$），但一般情况下，$C_{C_3H_8}$ 和 $C_{C_4H_{10}}$ 需要煤达到较高温度之后才能够测得。比如 $C_{C_2H_6}/C_{CH_4}$ 指标值，其大小由 C_2H_6 和 CH_4 的产生速率决定，图 3-21 所示为某一煤样在温升过程中 $C_{C_2H_6}/C_{CH_4}$ 比值的变化规律，可见 $C_{C_2H_6}/C_{CH_4}$ 呈上升趋势，80 ℃以后，C_2H_6 的产生速率大于 CH_4 的产生速率，比值上升较快，很快超过 0.2。100～130 ℃，其比值增加速度较为平稳，保持在 0.3 附近。130 ℃以后开始进入煤的加速氧化阶段，C_2H_6 的产生速率再次大于 CH_4 的产生速率，其值开始再次出现快速增长。对于该煤样，$C_{C_2H_6}/C_{CH_4}$ 超过 0.2，则说明煤体已经发生较为强烈的煤氧复合作用，试验条件下煤温超过自燃临界温度范围。若比值在 0.3 左右，则说明煤温已经接近或超过该煤样的干裂范围。

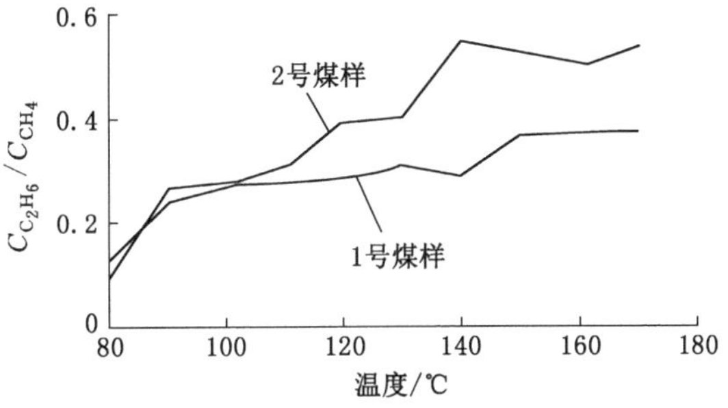

图 3-21　$C_{C_2H_6}/C_{CH_4}$ 随温度的变化曲线

链烷比在现场应用过程中，主要受到以下两方面因素的影响：① 煤本身吸附的烷烃量不同；② 吸附烷烃的释放时间。煤中吸附的大量烷烃气体改变了链烷比随煤温升高而变化的规律，再加上煤暴露在空气中释放时间的不同，链烷比表现出来的规律也不同，这就使得链烷比与煤氧化自燃发展阶段之间的关系并不明显。因此，对于采掘工作面这些新破碎、剥落的区域，采用链烷比作为指标进行煤自燃的预测预报存在一定的难度；但对于发生在采空区的煤自燃高温点，由于多为浮煤，破碎较为充分，且经过了较长的释放时间，所吸附的烷烃基本上已释放出来，应用链烷比指标对该类煤自燃现象进行预测预报比较合适。

3. C/H

C/H 表示煤氧化产物中碳和有效氢的比值，该指标最早由印度学者 Ghosh 和 Banerjee 提出，其数学表达式如下：

$$C/H=\frac{6(CO_2+CO+CH_4+\text{其他碳氧化物})}{2(N_2/3.78-O_2-CO_2+CH_4)-CO-\text{其他碳氢化物}+H_2}$$

印度的应用实践表明：该比值与格雷哈姆系数(Graham's Ratio)相比数值范围更大、灵敏度更高；和 ΔC_{O_2} 联用时，能够对火源的范围和强度进行判定；另外，利用 C/H 能够区分煤火和木材火，从而可判定气体成分的变化是否为煤自燃引起。但是，该比值受逸出瓦斯的影响较大，不适宜在高瓦斯矿井使用。

4. 烃指数

近年来，美国学者 Ann G. Kim 在实验室条件下对煤氧化自燃过程中的烃类气体产物进行了专门研究，研究结果表明：烃类气体产物成分及其浓度的变化与煤体温度之间关系明显。煤体处于正常温度时(约 13 ℃)，煤矿井下 CH_4 占烃类气体总量的 90%以上，这是由于 CH_4 相对分子质量较小，比较容易从煤体表面脱附；当煤体温度达到 150 ℃时，这一比例则降至 35%左右，而 $C_2\sim C_5$ 等烃类气体所占比例则相应增大。在发现这一规律的基础上，Ann G. Kim 提出了以烃指数作为预测煤自燃的指标，计算公式如下：

$$R_1=\frac{1.01[THC]-[CH_4]}{[THC]}$$

式中　[THC]——烃类物质总量，10^{-6}；当实际检测烃类物质总量为零时，默认该值为 0.01×10^{-6}，以防止出现分母为零的情况。

$[CH_4]$——甲烷气体的含量，10^{-6}。

根据计算式，烃类物质总量越大时，相应的 R_1 指标也越大，当烃类物质总量为零时，该值为 0；当烃类物质仅为 CH_4 一种时，该值为 10。根据不同情况下的对应比值，可对煤矿井下煤自燃发展状态进行判断。相应的判断指标如表3-8所示。

表3-8 烃指数指标的应用

烃指数 R_1	对应的煤体状态
0～50	正常
50～100	煤矿井下可能存在高温火源点
>100	井下存在高温火源点

烃指数具有测定精度高的优点，但这一指标同样存在易受井下其他区域气体影响的缺陷，烃类气体总量较小时这一缺陷表现得更为明显。为了克服这一缺陷，将这一指标限制在烃类气体总量达到 50×10^{-6} 以上时再使用。另外，大量研究结果表明：煤样温度在达到100 ℃以后，高阶烃类气体才开始大量产生。因此，烃指数用于煤自燃预测预报的及时性有待进一步研究。不过，该指标用于煤自燃火源点的探测倒不失为一个较好的手段，国外基于这一指标的火源探测技术（火灾诊断法）在本章第四节中将做专门介绍。

（三）指标的选用原则

煤自燃早期预测预报的指标种类较多，如何选用适宜的预测指标成为气体分析法能否发挥有效作用的关键。对于指标的选用，一般按以下原则进行：

① 灵敏性。煤矿井下一旦有发生煤炭自燃的趋势，或煤温超过一定值，该指标就会发生明显变化，且随煤温的升高变化趋势稳定。

② 规律性。同一煤层或采区的煤在热解时产生指标所涉及气体的初始温度基本相同或差别不大，生成量与煤温有较好的对应关系，且重复性较好。

③ 可测性。现有的仪器设备能够及时检测到指标所涉及气体的产生和变化，且方便准确。

过去相当长的时间内，煤自燃的预测预报采用的是单一CO指标，但现场应用实践表明，单一的CO指标还不能完全满足煤自燃预测预报的需要。目前，世界主要产煤国家采用的预报指标体系如表3-9所示，我国目前采用的是以CO、C_2H_4、C_2H_2 等为主的综合预测预报指标体系。

表3-9 主要产煤国家自然发火预测预报的指标体系

国　　家	预测预报指标	
	主要指标	辅助指标
中国	C_{CO}、$C_{C_2H_4}$、$C_{C_2H_2}$	$C_{CO}/\Delta C_{O_2}$、$C_{C_2H_6}/C_{CH_4}$
波兰	C_{CO}	$C_{CO}/\Delta C_{O_2}$
俄罗斯	C_{CO}	$C_{C_2H_6}/C_{CH_4}$
美国	C_{CO}	$C_{CO}/\Delta C_{O_2}$
印度	C_{CO}、$C_{CO}/\Delta C_{O_2}$	$C_{CO_2}/\Delta C_{O_2}$、C/H

气体分析法在煤矿现场的广泛应用，对煤炭自燃灾害的防治工作起到了一定的积极作用。但是，由于气体分析法主要通过分析煤矿井下气体成分及其浓度变化实现煤自燃的预测预报，而井下风流及复杂的环境不可避免地对这些参数的测定造成较大的影响，加之当前

监测技术手段的限制，误报或延迟报警现象经常出现。为减少误报的可能性，有必要对气样的可靠性进行判断。

（四）气样可靠性的判断

煤炭自燃预测预报的准确性和有效性主要取决于气样的准确采集及其分析，一般来说，可以采用以下两种方法对气样的可靠性进行分析。

1. 气体浓度变化趋势

一般来说，只要煤矿井下环境不发生剧烈的变化，如爆炸、巷道严重垮塌、防火墙被破坏造成积水或空气的流入流出、大气压力急剧变化引起大量新鲜空气或 CO_2、CH_4 流入等，井下气体组分的变化趋势应该是和缓平滑的。气样采集、分析完成后，若分析结果与该气体的整体变化趋势很不一致，则应考虑舍弃该气样的分析结果。应用气体浓度变化趋势判断气样的可靠性需要建立在操作者具备丰富防火经验和全面掌握煤矿井下情况的基础上，充分考虑各种因素之后才可做出舍弃某个气样分析结果的决定，防止误判而错失采取有效防火措施的最佳时机。

2. 特里克特比率（T_r）

一般来说，煤炭自燃产生的气体浓度之间存在一定的比例，特里克特比率（Trickett's Ratio）T_r 即是利用这种比例对气样结果进行分析筛选的，是判断气样可靠性的有效工具。特里克特比率的数学表达式如下：

$$T_r=\frac{CO_2\%+0.75CO\%-0.25H_2\%}{0.265(N_2\%+Ar\%)-O_2\%}$$

不同物质燃烧产生的气体产物所对应的 T_r 值也不同：① $T_r=0.4\sim0.5$，主要可燃物为瓦斯；② $T_r=0.5\sim1.0$，主要可燃物为煤、油或运输机胶带；③ $T_r=0.8\sim1.6$，燃烧的主要成分为木材。一般来说，T_r 值不会大于 1.6。因此，除了用于对气样的可靠性进行分析之外，特里克特比率 T_r 还可用于分析有哪些可燃物参与了燃烧。

将气样的分析结果代入上述公式进行计算，根据计算结果即可对气样的可靠性进行分析并做出取舍。对于煤自燃来说，当 T_r 值大于 1.0 时，则说明该气样值得怀疑，应综合分析现场情况后再对其做出取舍；而当气样分析得到的 T_r 值大于 1.6 时，则意味着气样因某种因素的干扰而失去使用价值，应予以舍弃。通过分析气样的可靠性，可以帮助决策者减少误判。

第四节　煤自燃预测预报与火源探测

准确感知煤自燃的各项指标，实现煤自燃的早期识别与预报是有效防治矿井内因火灾的基础，针对不同的预警指标所采取的方法一般有感觉法、测温法和气体分析法等，本节将分别对这些煤自燃预测预报方法进行叙述，并对煤自燃火源探测方法进行简单介绍。

一、人的直接感觉

利用人的感觉对煤自燃进行预测是最简便的方法，虽然常带有一定的主观性，但是这种方法有时也会发挥积极的作用。依据人体生理感觉预测煤炭自燃可分为以下几个方面：

① 嗅觉。气味是人最先能感受到的煤炭氧化自热特征，煤炭氧化自热达到一定温度后会出现煤油味、汽油味和不饱和碳氢化合物发出的轻微芳香气味。人们利用对这些气味的感应，可以判断附近某个区域的煤炭可能已经发生自燃。在煤炭自燃的不同阶段，煤自燃的标志性气体生成量和产生的气味强弱与煤温的关系如图 3-22 所示。

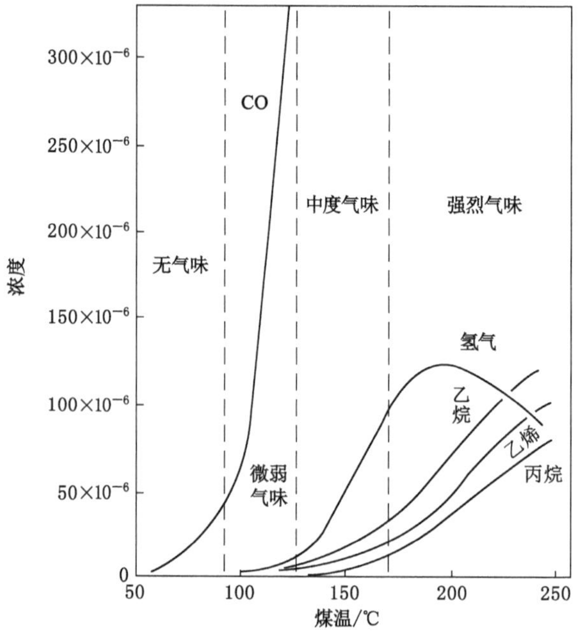

图 3-22　煤炭自燃指标气体与煤温的关系

② 视觉。由于煤炭自热产生的水蒸气会在空气中形成气雾或者在煤壁和其他不经常有水滴的物体表面上形成细小的水滴，通常表现为煤壁“出汗”、支架上出现水珠等，这些都可以作为煤炭发生自热的危险特征而被观察到。但是，当冷热两股风流交汇时，也能出现雾气或水珠，对这种情况应加以区别。浅部开采时，冬季在钻孔口或塌陷区有时发现冒出水蒸气或冰雪融化现象，这表征对应区域可能发生了煤自燃现象。另外，煤炭氧化自燃过程的最后阶段将出现烟雾，人们可根据这些现象对煤自燃现象做出判断和处理。

③ 感觉。煤炭自燃发展到一定阶段，可能会使环境温度升高和使附近空气中的氧气浓度降低，而且会释放出大量的 CO、CO_2、SO_2、H_2S 等有毒有害气体，人们吸入后往往出现头疼、疲乏、昏昏欲睡、四肢无力等生理反应。根据这些反应，同样能够对煤自燃做出一定的判断。

④ 从煤炭自热点或自燃区域流过的水或空气，其温度通常较高，同样可为人所直接感觉。

利用人的直接感觉对煤自燃进行预测的方法对于培养职工的防火意识和煤自燃的早期识别具有一定的作用。但是，人的感觉往往带有很大的主观性，且受人的健康状况和精神状态的影响，准确度常常难以保证，故只能作为一种辅助的判别依据。

二、测温预测预报法

温度是确定煤炭自燃发展阶段的最可靠、最直观的重要参数，测定矿内空气和围岩的温度是煤炭自燃早期识别与预报的一个基本方法。该方法通过在安设测温仪或温度传感器，或在某些区域布置温度传感器及其无线电发射装置，根据测定的温度或接收到的信号变化来判断是否发生煤炭自燃。目前，煤矿现场使用的测温方法主要有传感器测温法、光纤测温法和红外测温法等。

（一）传感器测温法

传感器测温法是将温度传感器布置在采空区、停采线等易自然发火区域，观测并分析这些区域温度的变化趋势，进而对煤炭自燃的发展阶段和发展趋势做出判断。传感器测温法的主要设备为温度传感器和温度测量仪。传感器测温法能够直接测取浮煤或煤岩的温度，但受测温传感器的布置位置、范围、数量、精度和使用寿命等因素的影响较大。

1. 温度传感器的种类

温度传感器是借助于敏感元件对温度进行检测并转换成电信号输出的装置。目前煤矿常用的温度传感器有热电偶温度传感器、热电阻温度传感器和半导体温度传感器等。

（1）热电偶温度传感器

热电偶回路的热电势只与热电偶接点的温度有关，若维持非工作端的温度不变，则热电偶回路的热电势只与工作端的温度有关，热电偶温度传感器就是利用这一原理对温度进行测量的。热电偶温度传感器种类较多，主要有铂铑 10-铂热电偶、镍铬-镍硅热电偶、镍铬-烤铜热电偶、铂铑 10-铂铑热电偶、铜-康铜热电偶等。综合考虑经济成本和测定精度的要求，煤矿测温通常采用铜-康铜热电偶温度传感器。铜-康铜热电偶温度传感器具有较好的抗湿性、抗氧化还原性，低温时灵敏度高，而且价格低廉。在井下使用过程中，由于受各种因素的影响，热电偶温度传感器的电特性会逐渐发生变化，造成测量误差，当超出误差允许范围时，必须对其重新进行标定。

热电偶温度传感器具有结构简单、测量范围宽、热惯性小和输出信号便于远距离传输等优点，是目前接触式测温中应用最广泛的温度传感器。

（2）热电阻温度传感器

热电阻温度传感器利用某些金属导体或半导体的电阻值随温度变化而改变的性质进行温度的测定，具有测温精度高、信号传输距离远和不需要冷端温度补偿的优点，目前在低温阶段温度的测量中应用较多。

热电阻温度传感器主要有铂电阻温度传感器、铜电阻温度传感器、铁电阻温度传感器和镍电阻温度传感器等。煤矿井下应用较多的是铂电阻温度传感器，其具有测量范围大、稳定性好、数值重复性高、耐氧化和比电阻较大等优点。国内铂电阻温度传感器的 R_0（温度为 0 ℃时铂的电阻值）有 46 Ω 和 100 Ω 两种，煤矿井下多使用 100 Ω 的铂电阻温度传感器。由于热电阻温度传感器的电阻值与温度之间并非完全的线性关系，为了保证其测量精度，使用前及使用过程中必须对其进行非线性校正或补偿。

（3）半导体温度传感器

用半导体材料制成的 PN 结型温度传感器称为半导体温度传感器。半导体温度传感器具有体积小、成本低、响应时间短、在一定范围内线性较好、功耗低、抗干扰能力强等优点，因而在煤矿井下得到了较好的推广应用。例如，与矿井安全监测系统配套使用的 KG3004 型、KG3007 型温度传感器和 KG9301 型温湿度组合式传感器等，都是采用半导体 PN 结为敏感元件的矿用温度传感器。

温度传感器需要结合温度测量仪使用，把电信号转换为温度值并直接显示或输出，常用的有便携式测温仪和电表等，不同的测温传感器应选用不同的测量仪器。

2. 温度传感器的布置与温度测定

（1）布置要求

① 安装温度传感器的位置选择要合理。其位置一般应设在自然发火危险性较大的采空区、停采线、开切眼、进回风巷道或通风设施附近等区域。

② 温度传感器的安装要符合设计要求，特别是钻孔角度和深度一定要能达到或者接近煤自燃高温点或隐患点。

③ 温度传感器安装后，使用过程中应加强管理和维护，制定切实的保护措施。

（2）布置方法

温度传感器安装位置确定后，首先用钻机按要求打所需钻孔，然后在钻孔内安装 10～15 mm的套管或塑料管，其中放入温度传感器，用黄泥或其他材料封堵钻孔，待稳定 2～4 h 后即可进行温度测定。如果是在矿山压力大或者易垮落区域布置测温传感器，必须使用钢管等对导线和探头进行保护。

（3）温度检测

正常情况下每 4 天至 5 天对温度观测一次；当煤温达到 45 ℃以上时每天测定一次，并制定相应的煤自燃防治措施。

（4）温度的记录与处理

每次测温要详细记录测定数据，并用相应的软件绘制测点温度随时间的变化曲线和某一时间测定区域的各测点的温度变化曲线，分析煤温的变化规律并对煤自燃的发展阶段做出判断。

利用温度传感器检测煤体温度的方法具有预测可靠、直观的优点，得到了较为广泛的应用。但这种方法也存在较大的局限性：① 传感器测温法是点接触，预测预报的范围较小；② 传感器的安装、维护工作量大；③ 温度传感器品种单一、稳定性差、成本高，使用寿命往往较短，且其测量精度有待进一步提高；④ 采空区顶板的垮落或底板裂变易引起测温仪表和导线的破坏和折断，即使在用钢套管保护的情况下也易被损坏；⑤ 由于煤体的热传导能力非常弱，放热影响的范围很小，有时钻孔即使已打到了火源边缘附近 1 m 的范围内，也无法测知高温火源点的存在。

（二）光纤测温法

目前，利用光纤技术测温时，由于光纤既是测温传感器又是信息传播介质，能够获得整个测试线路上的温度，应用更为广泛。

1. 光纤测温的原理

分布式光纤测温系统利用在光纤中传输的高功率光脉冲与光纤分子作用产生拉曼(Raman)散射光谱信号，温度信号对散射光谱信号中的反斯托克斯(anti-Stocks)散射光强度进行调制，反斯托克斯散射光携带散射区的温度信息，用光时域反射(OTDR)技术获取沿光纤长度方向的拉曼散射信息，从而实现分布式的光纤温度传感。实际测量中，利用瑞利(Rayleigh)散射光作为解调器，对反斯托克斯拉曼散射光进行解调就可以得到所需要的温度信号，系统原理如图 3-23 所示。

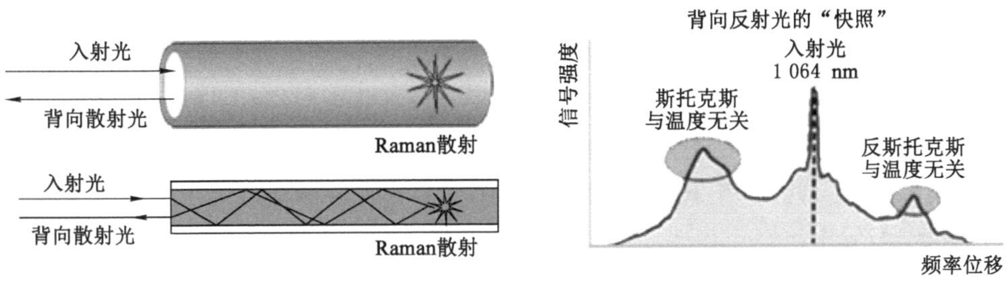

图 3-23 光纤测温原理

2. 光纤测温系统的组建

测温系统由分布式光纤测温主机、感温光纤和移动 PC 构成。光纤温度测定主机一般具有良好的性能指标和系统稳定性，其依据后向拉曼(Raman)散射原理和光时域反射(OTDR)定位原理研发而成，具有光信号的发生、光谱分析、光电转换、信号放大和处理等功能。系统采用专用感温铠装光纤作为温度传感器，集光纤通信、光纤传感、光电控制等技术于一体，具有本质安全，耐腐蚀，耐压，不受电磁干扰等优点，是实现连续测定长距离大范围环境温度信息监测的技术途径。移动端 PC 集成专用的数据分析软件能够实现温度数据的图形化展示和便捷分析。

3. 监测路线设计

根据采空区煤自燃危险区分布设计测温光纤测试路线。如图 3-24 所示，芦岭煤矿采用光纤测温系统预测预报采空区煤自燃时，根据工作面具体情况，在工作机巷铺设了 1 路光纤、风巷铺设 3 路光纤。每条光纤沿链板机向采空区的纵深深入 30 m，风巷中 3 路光纤的埋入间隔为 30 m。埋入采空区内部的光纤采用筛管保护，在上下隅角采用高压油管保护。

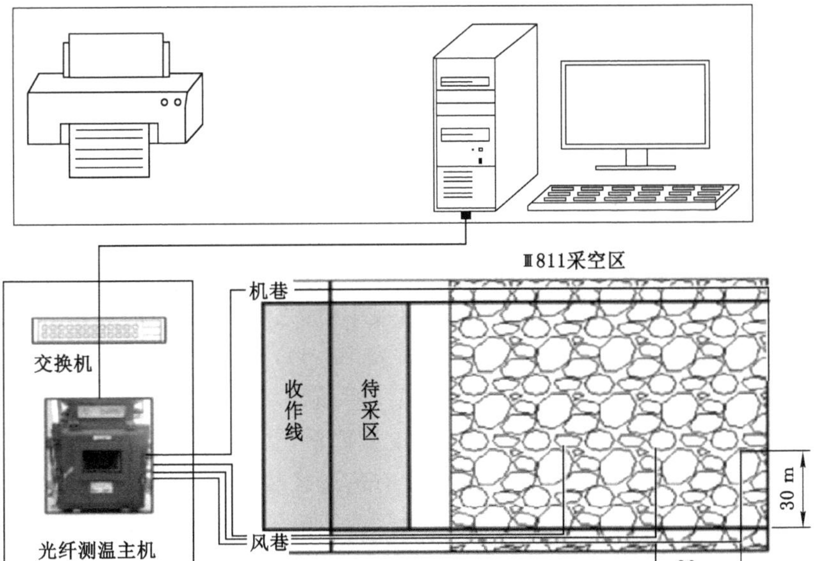

图 3-24 采空区测温光纤测试系统布置图

4. 光纤测温煤自燃预测预报技术特点

相比传统的传感器测温,分布式光纤测温系统最大的优点是可实现大范围、高密度测量分布式测温,相当于将成百上千个传感器串接在一起,对沿线几百米范围内的测点进行实时监测。但是,因煤是热的不良导体,即使是这样,在辐射几条甚至几十条光纤的条件下,也很难捕捉到高温异常。此外,井下环境复杂,光纤易受折损也会影响光纤测温技术在煤自燃火源预测预报中的应用。

(三) 红外测温法

1. 测温原理

任何物体只要温度高于绝对零度,就会不断产生红外辐射。物体温度越高,辐射能量就越大。红外测温法就是利用这一原理对煤体温度进行测定的,当煤矿井下存在自燃隐患点时,往往会在附近形成红外辐射能量场,煤体温度越高,红外测温仪器接受辐射能量而转换的辐射温度就越高,据此可对煤自燃的发展程度做出判断。

2. 相关仪器

红外测温法已较广泛地用于地面煤堆自燃和井下煤炭自燃火源的探测。探测仪器有红外测温仪和红外热成像仪,其中红外测温仪是测取点温度,红外热成像仪则是扫描成像测取温度。红外测温仪按测温范围可分为高温测温仪(700～3 200 ℃)、中温测温仪(100～700 ℃)和低温测温仪(＜100 ℃)。红外热成像仪与红外测温仪相比温度分辨率高,其精度可达到 0.01 ℃,能直观地显示物体表面的温度,并能够进行数据存储与计算机处理。由于红外测温仪自身感温元件的滞后性,在进行红外探测时,一定要使红外测温仪与巷道内的背景温度达到平衡后再进行探测,否则会造成测量上的误差。

3. 红外测温预测预报法的特点

红外测温法在国内外煤矿的巷道火源预测方面得到了一定的应用。美国、俄罗斯、英国、德国、波兰等国均已成功地应用红外测温仪和红外热成像仪检测了煤壁、煤柱与浮煤堆的自燃。国内的兖州、开滦、徐州等矿区采用红外测温仪对煤壁温度进行了测定。以兖州矿区为例,该矿区曾对所属的兴隆庄煤矿、东滩煤矿、鲍店煤矿、南屯煤矿、济二煤矿的煤巷进行了红外探测,共探测巷道 21 条,探测巷道长度 16 030 m,发现自燃高温点 7 个。红外测温技术在煤矿现场的应用,为煤自燃预测预报工作提供了新的手段。但是,除了煤炭自燃会造成红外辐射能量场异常外,煤层原始地温、井下环境、巷道风量、井下机电设备、煤层内部结构异常等因素也往往会造成红外辐射能量场的异常,这些因素经常造成误判的发生。另外,由于煤体的热传导性能较差,热量影响的范围很小,加之当前红外测温技术受障碍物影响大,有效测温距离小(国内报道的最远探测距离为 10 m),当火源或高温隐患点离巷道表面较远时,红外辐射测温仪因感应不到热表面而显得无能为力。

除了以上介绍的几种测温方法以外,无线电测温法、气味剂测温法、热敏电缆法等在煤体温度的测量中也有应用。无线电测温法将含有热记录装置的无线电传感器预先埋入采空区,根据测得的热量而发射出无线电信号,但由于无线电传感器处于采空区高湿恶劣的环境中,影响了该方法的广泛应用。气味剂测温法将含有低沸点、高蒸气压并具有浓烈气味的液态物质(如硫醇和紫罗兰酮等)封装在胶囊中,在设定的温度下,胶囊破裂释放出气体,通过检测其发出的气味,实现对煤体温度的定温测量。气味剂测温法主要靠漏风传播气味,气体扩散传播速度慢,分布区域小,相关数据的测取较为困难。热敏电缆由双股外表涂有热敏材料的导线铰接而成。通常温度下，热敏材料处于绝缘状态，当温度超过某一预先设定值时，两根导线间的绝缘状态受到破坏，从而对煤自然发火做出预报或报警。热敏材料导通后是不可恢复的，需要及时更换局部或全部热敏电缆，维修工作量大，目前应用也不广。

三、气体分析法

气体分析法是根据煤矿井下煤自燃指标气体及其浓度变化特征来判断煤炭自燃发生与发展程度的一种方法，是目前煤自燃预测预报应用最广泛的方法。煤自燃指标气体的采样分析方式可分为人工取样分析和自动取样分析两种。人工取样分析是在井下监测区域人工采取气样至地面进行分析，并根据结果对煤自燃的发展态势做出判断的分析方式。20 世纪 70 年代以前，煤矿现场大多采用人工取样方式进行分析。作为传统的取样方式，人工取样方式目前应用依然十分广泛。人工取样分析方法投资少、简单易行、适用性强，但存在工作量大、间隔时间长、无法连续监测等不足。自动取样分析可分为井下传感器直接监测技术和通过地面或井下对矿井井下分析地点进行自动采样再对其气体组分进行分析的技术，较人工采样分析具有采样时间可控、时间间隔短、人员投入少的优点。目前矿井气体组分分析技术可分为非光谱检测技术和光谱检测技术。

（一）非光谱检测技术

非光谱检测技术主要包括催化燃烧式、热导式、光干涉式以及电化学式在内的传感器技术以及色谱分析技术，但大多数存在标校频率高的缺点。目前煤矿井下煤自燃气体检测还主要采用井下长距离束管取样-地面色谱检测分析的束管检测技术。

20 世纪 70 年代，英国最早将束管监测系统用于煤矿井下火灾的早期预测预报，并取得了较好的效果。1981 年，我国的平庄古山矿建成了国内第一个束管监测系统，此后束管监测系统逐渐在枣庄柴里矿、兖州矿等矿井得到了推广应用。早期的束管监测系统仅能分析 CO、N_2、CO_2、CH_4 等气体成分，且分析精度较低；目前，束管监测系统得到了很大的改进，能够对 O_2、N_2、CO、CH_4、CO_2、H_2、C_2H_4、C_2H_6、C_3H_8、C_2H_2 等多种气体成分进行分析，精度也得到了很大的提高。

1. 束管监测系统的组成

束管监测系统根据分析仪器是设置在地面还是井下可分为地面分析型束管监测系统和井下分析型束管监测系统。地面分析型束管监测系统是目前的主要使用形式，它通过束管将监测点气体取样到地面进行分析，根据分析结果对煤自然发火的发展阶段做出判断。该系统能够对井下的气体成分及浓度变化实现有效的实时监测，并在地面监测中心对煤自燃灾害的发生发展进行分析预测，实现了煤炭自燃预测预报的智能化、自动化，操作简便。地面分析型束管监测系统主要由采样、分析、控制和数据贮存显示等部分组成，如图 3-25 所示。

① 采样系统。采样系统由抽气泵和管路组成。管路一般采用管径不小于 8 mm 的聚乙烯塑料管，在采样管的入口装有滤尘器、贮/放水器和净化器等保护单元。滤尘材料一般采用玻璃纤维和粉末冶金材料，滤尘器除具备过滤粉尘的作用外，里面还有多层铜丝网，可防止矿井火灾时期火焰在管路内传播。由于井下空气潮湿，管路内易积水，因此在管路的适当位置应装有贮/放水器，以排除管中的冷凝水。整个管路要保证绝对严密，管路上装有真空计指示管路的工作状态。在仪器入口装有分子筛或硅胶，以进一步净化气样。

② 控制装置。主要由三通对井下多个取样点进行巡回取样。

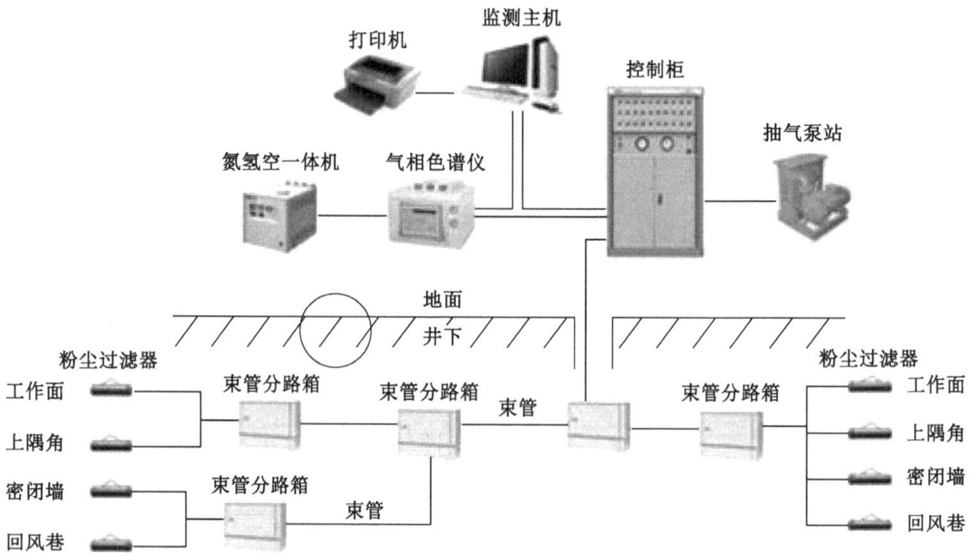

图 3-25　束管监测系统示意图

③ 气样分析。一般采用气相色谱仪对气样进行分析。气相色谱仪是所有气体分析方法中最精确、最可靠的分析仪器之一，特别是对多组分气体进行分析时优越性更为明显，但由于其高温加热单元多、分析需要多种配套气体以及仪器防震要求高等原因，难以制成井下防爆型或隔爆型，一般只能用于地面，因此使用范围受到一定的限制，这也是地面分析型束管监测系统采样管路过长的原因之一。

④ 数据贮存、显示和报警。分析仪器输出的模拟信号可用图形显示，采用记录仪对数据进行记录或采用计算机对数据进行贮存，必要时也可对数据表进行打印。当监测结果超过临界指标时可进行声光报警。

2. 束管敷设和监测点布置

束管敷设的要求主要有以下几个方面：① 巷道内的束管敷设高度一般不低于 1.8 m，束管用吊台挂钩吊挂；② 束管的敷设应平、直、稳；③ 束管管线与动力电缆线路之间的距离一般应不小于 0.5 m，同时要避免同其他管线交叉；④ 束管入口处必须安设滤尘器；⑤ 整条束管一般至少要安设 3 个贮/放水器。

束管监测点的布置应满足以下原则：总回风道和集中回风道应设置监测点，监测点应选择围岩稳定、前后 5 m 范围内无分支巷道并靠近巷道末端的位置，监测点应设置在距巷道顶板 0.5 m 处的巷道中心线上；超过煤层自然发火期的分层工作面的监测点，应设在上分层回风侧的停采线处；回采巷道在上分层出现过高温点的地方，要靠顶板设监测点；各分层巷道有通风设施时应在距该设施回风侧 1 m 的顶板上设点；采区内的丢煤处，巷道内错、外错，丢顶煤，留三角煤，分层巷道的盲巷及溜煤眼上方均应设置监测点；采掘工作面有明显升温征兆的区域必须设监测点；火区密闭必须设监测点；测点应布置在高负压区，从全负压角度考虑，只要漏风风流经过易自然发火处，则负压最高处最容易反映煤自然发火隐患处的真实情况；测点处应能够有效排除炮烟的影响，井下放炮产生的炮烟中含有大量的 CO，若其流经测点，则会对监测结果造成很大的影响；测点处应具有恒定的漏风量，防止风流变化对气体的分析造成影响。

3. 防堵、防漏和防冻

束管堵塞的主要原因是矿尘和冷凝水的积聚，为了防止堵管情况的发生，应在井下取样点进气口、传感器或分析器气样入口等处安设粉尘过滤。在从吸气口至井底的束管管路中还需设置吸湿器，安装数量应根据吸气口和束管沿途的温度差而定，一般不能少于 3 个。

由于束管接头和抽气负压的影响，束管系统往往存在漏气的隐患。为防止束管与束管或束管与分束管连接处漏气，束管与束管间可用直径为 10 mm 的铜管连接，所有接口均用环氧树脂封闭。

此外，应采取措施防止从钻孔到分析室的束管因冬季地面气温低造成结露冻结。

4. 束管监测系统的主要技术参数

目前，国内生产地面分析型束管监测系统的品牌较多，所采用的分析方式一般为负压采样、色谱分析，可实现监测区域的 24 h 连续监控或人工设定时间监测。现有束管监测系统的主要技术参数如表 3-10 所示。

表 3-10　地面分析型束管监测系统的主要技术参数

指　标	技术参数
控制束管监测路数	12～60 路且可进行扩充
井下最大采样距离	30 km
分析气体成分	CO、CH_4、CO_2、C_2H_4、C_2H_6、C_2H_2、O_2、N_2 等
分析精度	常量分析：≤0.1%；微量分析：$\leqslant 1\times10^{-6}$
系统误差	≤1.5%

5. 束管监测系统的特点

地面分析型束管监测系统由于需要将气样采集至地面进行分析，存在束管管线较长、维护工作量大的缺陷。气体从井下传输至地面的过程中，由于管路较长且中间存在接头，加之煤矿井下环境恶劣，管路漏气或管路堵塞现象经常发生，若不能及时发现并排除故障，将会导致错误的分析结果。另外，相关仪器的稳定性、可靠性也有待进一步提高。基于以上原因，一些已经安装了束管监测系统的煤矿，并不能正常使用，而仍采用人工采样分析的方法对易发火地点进行监测。一般来说，由于新建矿井束管监测系统管路相对较短，地面分析型束管监测系统的适用性更强些。

（二）光谱检测技术

光谱检测技术因具有标校频率低、响应速度快、检测气体种类多、测试周期短等优点，近年来在煤矿井下煤自燃指标气体检测领域越来越被关注，且在煤矿井下气体检测领域得到了初步应用。光谱检测技术是通过测定气体吸收光的波长和强度来对气体进行定性、定量分析的技术，其理论依据为比尔-朗伯(Beer-Lambert)定律：

$$I(\lambda)=I_0(\lambda)\mathrm{e}^{-a(\lambda)CL}$$

式中，$I(\lambda)$和 $I_0(\lambda)$分别表示入射光强度和经过气体耗散后的光强度，$a(\lambda)$为气体吸收系数，C 和 L 分别为气体浓度和气体穿过介质的总长度(气室长度)。

光谱检测技术根据实现方式不同可分为分散型、非分散型，主要包括傅里叶变换红外光谱(fourier transform infrared,FFIR)技术、非分散红外吸收光谱(non-dispersive infrared,NDIR)技术以及可调谐半导体激光吸收光谱(tunable diode laser absorption spectroscopy,TDLAS)技术等。

1. FTIR 分析技术

FTIR 分析技术利用气体分子对红外光的选择性吸收特性,通过对干涉后的红外光进行傅里叶变换,进而可对气体分子做出相应分析,具体原理如图 3-26 所示。

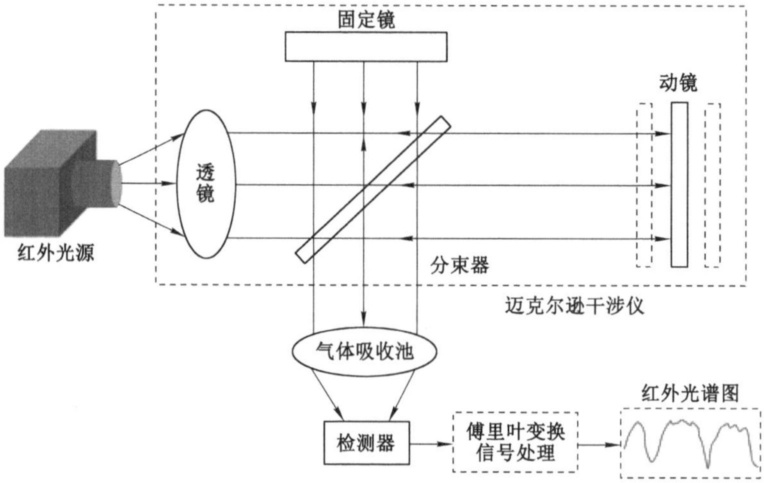

图 3-26 FTIR 气体分析技术原理图

国内部分学者采用 FTIR 方法获得了不同变质程度的原煤煤样及氧化煤样的各类气体产物的实时生成规律,同时利用红外光谱仪对 CO、C_2H_4 和 C_2H_2 等矿井典型自然发火气体进行了体积分数预测分析,得到了煤矿井下 CO、C_2H_4、C_2H_2、CH_4 和 C_2H_6 等 10 种极性气体的特征吸收峰和对应的波数区间。同时,针对利用 FTIR 方法对多组分烷烃类气体红外光谱定性定量分析过程中特征吸收峰谱线交叠的问题,初步实现了对低浓度烷烃类气体的辅助定性定量分析。但 FTIR 方法受测试环境影响较大,不适用于井下高温、高湿、高粉尘和复杂电磁干扰环境,目前主要用于地面实验室测试分析。

2. NDIR 分析技术

NDIR 分析技术利用待测气体对特定波段光具有选择性吸收的特点,根据气体对红外光吸收前后光强的衰减来计算待测气体的浓度,其技术原理如图 3-27 所示。NDIR 分析技术可被用来检测 CH_4、CO、CO_2、C_2H_4、C_2H_2、SF_6 等多种煤矿气体。

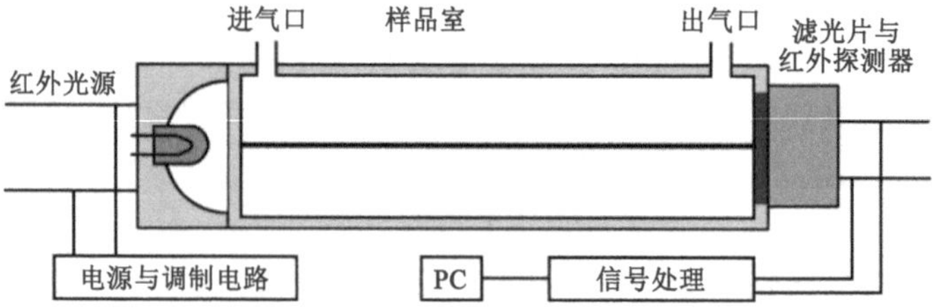

图 3-27 NDIR 气体分析技术原理图

NDIR 分析技术诞生于 19 世纪 30 年代，首先被应用到工业环境中单一气体检测领域。20 世纪 90 年代后期，随着光源、红外探测器以及微纳滤波技术的发展，通过改进调制装置、光源以及嵌入式系统，基于 NDIR 分析技术的红外气体传感器向趋于功耗更低、体积更小的方向发展。21 世纪之后，我国才开始深入研究气体红外检测技术及装备，之后相继研发了可以同时测量 SO_2、CO、CO_2、NO、O_2 5 种气体浓度的 Gasboard03000 在线红外烟气分析仪，以及井下 JSG 系列红外光谱束管在线监测系统，如图 3-28 所示。该系统初步实现了对 CH_4、CO、CO_2、C_2H_4 等几种气体的在线监测，但检测精度仍有待于继续提高。除此之外，GJGl0H 和 GJGl00H(B)等类型 NDIR 红外传感器也在煤自燃指标气体检测方面得到了初步应用。

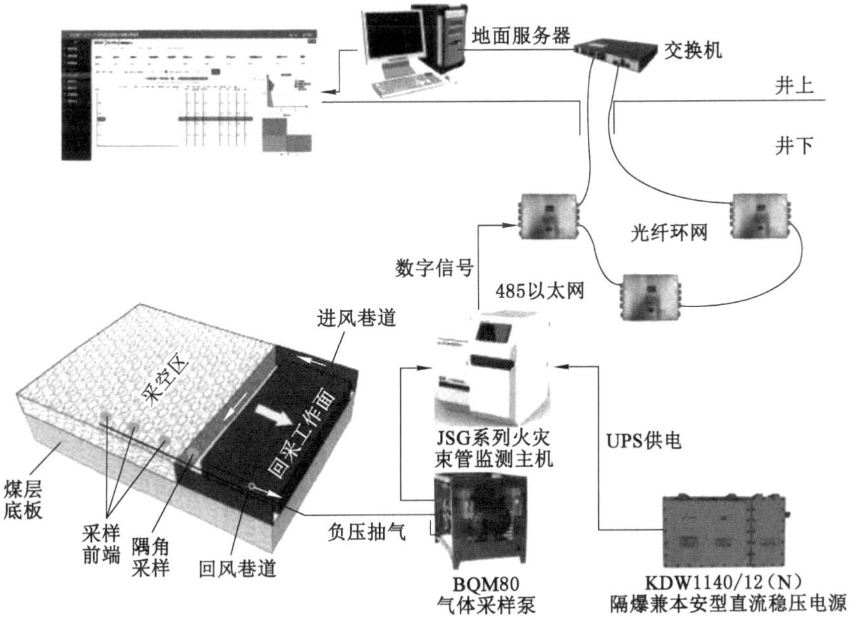

图 3-28　JSG 系列红外光谱束管监测系统应用拓扑图

NDIR 气体分析技术具有性能稳定、精度高、响应速度快和可实现在线监测等优点。但因 NDIR 气体分析技术中使用的红外光源响应波长位于中红外波段(2.5～25.0 μm)，煤矿中含有的 CH_4 在中红外存在基频吸收谱带，会对 C_2H_4、C_2H_2 等煤自燃指标气体吸收谱线造成交叉干扰，其他烷烯烃气体如 C_2H_6、C_3H_8 等也会吸收该区域的光，导致吸收谱线重叠，造成测量误差。

3. TDLAS 分析技术

TDLAS 分析技术利用分布反馈式激光器的窄线宽和波长调谐等特性，实现气体分子"指纹"吸收谱线的扫描和测量，其原理如图 3-29 所示。受限于激光器的稳定性和成本问题，目前基于 TDLAS 技术的气体传感器多集中在近红外波段(0.76～2.5 μm)。

TDLAS 技术最初由麻省理工学院的 Hinkley 在 1970 年提出，他首先利用二极管激光器的电流调谐特性得到了 SF_6 和 CO_2 在 10.6 μm 附近的吸收光谱。虽然国内对 TDLAS 技术的研究比较晚，但从 21 世纪初开始关于 TDLAS 技术的研究得到了迅速发展，且主要集中在大气环境监测、天然气管道泄漏、机动车尾气在线监测等领域。近年来，TDLAS 技

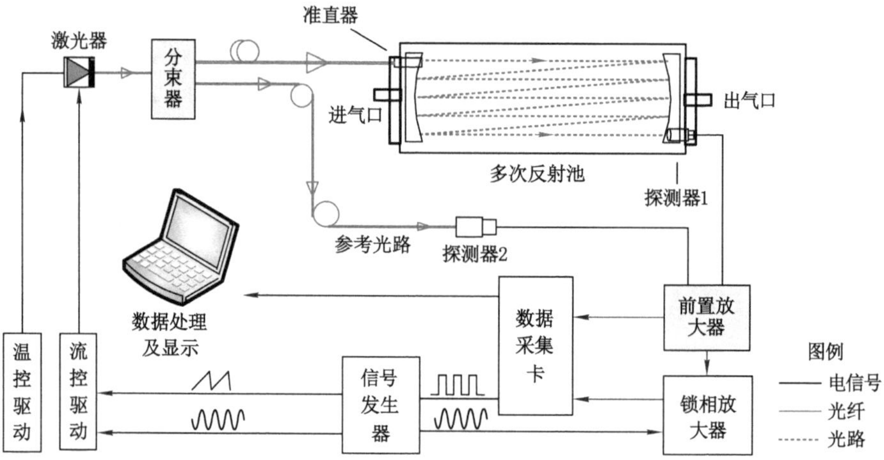

图 3-29　TDLAS 气体分析技术原理图

术逐渐在煤矿气体检测领域得到应用，研发了 JSG6N 型激光束管监测系统、KJ428 矿用分布式激光火情监测系统等，初步实现了对低浓度 CH_4 下 CO、CO_2、O_2、C_2H_4 和 C_2H_2 气体的实时监测。TDLAS 技术具有检测下限低、精度高、寿命长、可连续监测等优点，但煤矿多组分气体之间的交叉干扰问题依然未能得到有效解决。

四、煤自燃火源位置探测

煤自然发火初期，高温火源点往往范围较小，一般不到几平方米。由于井下地质条件及采空区等地点复杂环境的限制，迄今基于各种原理的探测仪器均难以准确、快速地确定煤自燃隐蔽火源的位置和范围，也就难以采取有针对性的灭火措施。一直以来，探索煤矿井下煤自燃隐蔽火源位置的探测技术是科研工作者努力的方向。目前，煤自燃隐蔽火源的探测方法主要有气体分析法、火灾诊断法、温度探测法、同位素测氡法、物探法等，这些方法大都未取得根本性的突破，还难以实现对火源位置的精确判定。

1. 火灾诊断法

矿井火灾诊断技术(mine fire diagnostic，MFD)是美国提出的火源位置探测新方法，实质上它是基于烃指数这一指标，利用钻孔采集的气体数据对煤自燃区域进行判断的。通过布置一定数量的钻孔，利用抽气泵抽取测点气样并进行分析，从而初步得到各测点烃指数原始数据。图 3-30 为该方法的测定工艺。

在得到各钻孔烃指数的基础上，可根据表 3-9 指标分析得到各测点是否存在高温火源点，再根据以下原则确定火源范围。MFD 判定方法的应用规则：① 某区域测孔均检测到大量(高温火源点的判定临界值)的煤自燃烃类产物时，则该区域存在煤自燃火区，且范围覆盖各钻孔所在位置；② 相邻两个钻孔，其中一个检测到大量(高温火源点的判定临界值)的煤自燃烃类产物时，则认为靠近该钻孔的区域存在自燃隐患点。根据这一判定原则，MFD 判定方法用于火源探测时可分为图 3-31 所示的几种情况。

MFD 通过测定烃类成分的变化对煤矿井下的自燃火源点进行判定，为煤自燃隐蔽火源的探测提供了较实用和可靠的技术，但该方法目前仍处于试验阶段，尚未得到广泛应用。

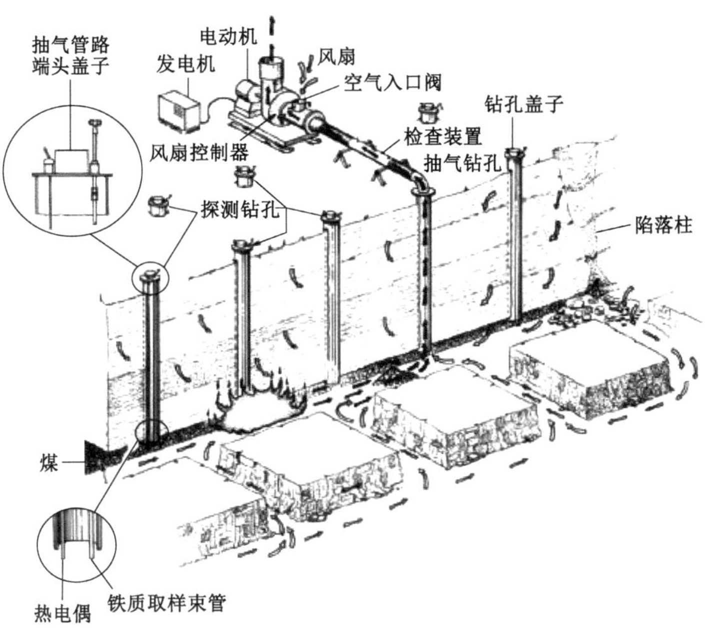

图 3-30　MFD 火源探测法工艺图

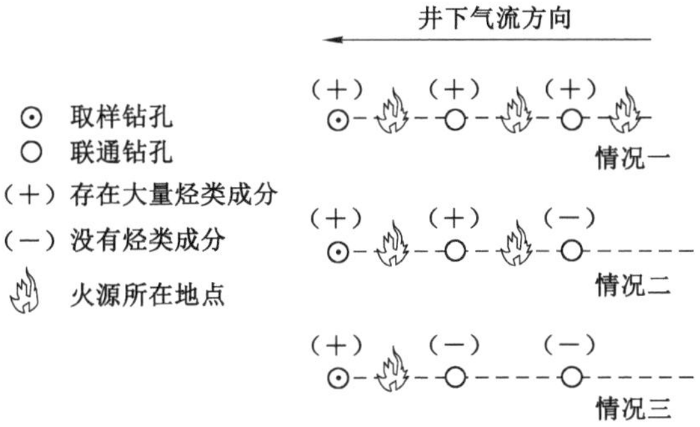

图 3-31　MFD 判定方法的几种情况

2. 温度探测法

(1) 直接测温法

直接测温法在地面或井下向可能发生自燃的地方打钻,在钻孔中安设测温仪或温度探测器,根据测定的最高温度点来确定火源位置。但由于煤是热的不良导体,采用直接测温法探测火源位置时,往往需要施工大量钻孔,才能实现对火源位置的判定。

(2) 红外测温法

煤矿井下发生煤炭自燃时,往往会在巷道表面产生红外辐射能量场,红外测温法通过提取分析巷道表面辐射能量场变化的异常信息,对煤自燃火源点进行判断。美国、英国、俄罗斯和印度等国家曾应用红外探测技术探测煤层露头、煤柱、浮煤的自燃隐患点与发火点。英国应用红外热成像仪在某矿的 47 次测定中,有 7 次找出了巷道帮的表面温度超过正常值的自然发火点,国内兖州矿区在煤巷近距离火源探测中应用了红外探测技术,探测深度达到 10 m,并成功应用到 21 条煤巷,探测成功率为 90%。但由于红外探测技术受探测距离的影响，目前仍局限于距离较近煤巷、煤柱、浮煤的自燃火源点探测，对于较远区域隐蔽火源的探测尚无实质性进展。

3. 同位素测氡法

氡气属于放射性惰性气体，目前被广泛应用于矿床勘查、地质测绘、环境科学、寻找石油及地热资源、地震预报及火山喷发、地球动力现象研究等各个领域。西安科技大学、太原理工大学等曾利用同位素测氡法对煤炭自燃火源位置及范围进行了探测。该方法根据煤岩介质中天然放射性氡随温度升高析出率增强的特性，通过在地面探测氡气的变化规律，对煤自燃火源的位置、范围和发展趋势进行分析。

虽然，许多学者在同位素测氡法探测火源位置方面做了很多探索，但造成氡气异常的原因非常复杂，除了煤炭自燃火源之外，断层、陷落柱、裂隙、地下水等往往也会造成类似的结果，因此，即使测出氡气异常的范围也不能完全确定为自燃火源位置。

4. 物探法

正常情况下，埋藏于地下的煤层沿走向（或其他方向）的结构状态和含水性变化不大，电阻率基本保持不变。但是，由于煤自燃直至燃烧过程的影响，附近煤层的结构状态及其含水性将发生较大的变化，并引起煤层及周围岩石电阻率的变化。煤自燃初期，由于空气中的水分逐渐凝集，裂隙中的水分增加，导电性增强，导致电阻率下降；自燃发展后期，由于遗煤燃烧比较充分，煤层结构状态变化较大，水分也全部蒸发掉，电阻率较高；在开采有自燃倾向性的煤层时，用气体或液体向采空区输入预先磁化好的铁磁性物质，随后用安装在采空区上方的沿地表移动的测量装置测量磁场强度值。若有自燃火源时，位于火源点处的铁磁物质，在温度上升的情况下，其磁化率也急剧上升，相应磁场强度增大。当达到其居里温度时，其磁化率消失，相应的磁场强度为零。超声波在介质中传播时，遇有高温时反射速率将发生变化，地质雷达法即利用这个原理对煤自燃隐蔽火源进行探测的。

根据煤自燃引起的电阻、磁化率等异常也可采用电法、磁法和地质雷达等物探法对煤自燃火源进行探测。但这些方法对煤自燃火源的探测效果并不明显，目前主要用于燃烧规模大、燃烧强度高、埋藏较浅的煤田火灾探测。

第四章　煤自燃防治技术

"预防为主、综合治理"是煤炭自燃防治的指导方针。破坏或抑制煤炭自燃条件，是煤自燃防治的基本思路。矿井煤自燃防治首先应从矿井开拓开采和通风系统考虑，提高矿井防治煤自燃的能力，减少煤自燃发生的概率；然后根据矿井现场情况，因地制宜，合理选用均压堵漏、灌浆、注惰气、洒阻化剂及压注泡沫、凝胶和水砂等自燃防治技术。本章系统介绍现有煤炭自燃防治技术及发展趋势。

第一节　开拓开采技术

合理的开拓方式、开采方法、支护方式和通风系统有助于减少煤层暴露面、提高煤炭回收率、加快回采速度、缩短煤与空气的有效接触时间，从而减少矿井煤自燃的发生概率，达到预防煤炭自燃火灾的目的。

一、合理的开拓方式

矿井的开拓巷道布置形式与自然发火之间有着密切的关系，开采自燃倾向性强的煤层时，开拓方式要充分考虑到防灭火的要求，为防灭火工作创造必要的前提条件，以期达到防患于未然的目的。

1. 合理布置矿井集中运输大巷和总回风巷

对开采容易自燃和自燃的单一厚煤层或者煤层群的矿井，集中运输大巷和总回风巷应当布置在岩层内或者不易自燃的煤层内；布置在容易自燃和自燃的煤层内时，应采用宽煤柱护巷，还必须锚喷或者砌碹，碹后的空隙和垮落处必须用不燃性材料充填密实，或者用无腐蚀性、无毒性的材料进行处理。

2. 合理布置采区大巷

采区进回风巷尽可能采用岩石巷道布置，以提高采出率，减少巷道维护量，减少煤层的截割量，减少煤层的触氧暴露面，从源头上降低自然发火的概率。若布置在煤层中，要选择不自燃或自燃危险性较小的煤层，采区内煤巷间的相对位置应避开支承压力的影响，煤柱的尺寸和巷道支护要合理选择等；开采容易自燃的煤层，为提高通风系统的稳定性，提升通风系统的抗灾能力，各采区还应设置不得行人、行车，专门用于回风的专用回风巷。

3. 近距离煤层群或分层巷道垂直重叠布置

近距离煤层群或分层开采时，下煤(分)层回采巷道的布置方式主要有三种不同形式的布置方式，即重叠式、外错式和内错式。如图 4-1 所示，重叠式布置是将下煤层回采巷道布置在上煤层巷道的正下方，有利于巷道围岩稳定性，但靠近上煤层遗留煤体，并且该区域采空区位于"O"形裂隙带内、采空区孔隙率大，有利于漏风风流流动，不利于防火；而外错式布置，如图 4-2 所示，是将下煤层回采巷道布置在上煤层实体煤下，巷道处于承压状态，不利于巷道围岩稳定性，并且下分层回采时煤柱顶煤垮落堆积也易于形成易燃带。但是，如果将各分层巷道内错式布置，如图 4-3 所示，将下煤层回采巷道布置在上煤层采空区下，处于采空区卸压带内，此时巷道围岩受力较小，巷道围岩稳定性较好，减少了漏风裂隙的形成与发育，有利于防治煤自燃；而具体的内错距离则需要根据上煤层底板应力分布规律及巷道围岩变形量等因素综合分析与确定。

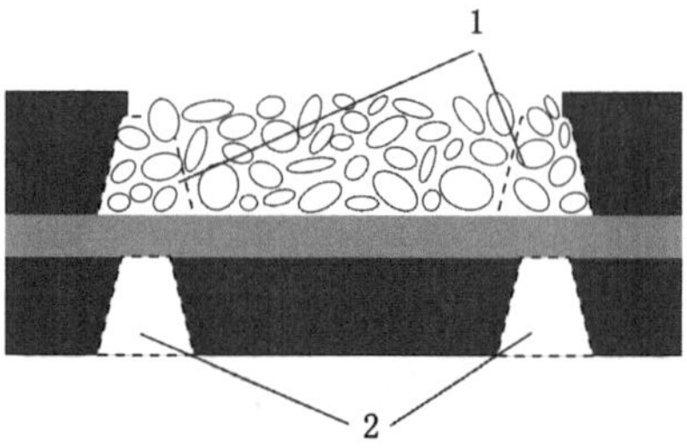

1—上煤层巷道；2—下煤层巷道。

图 4-1　下煤层巷道与上煤层巷道重叠式布置

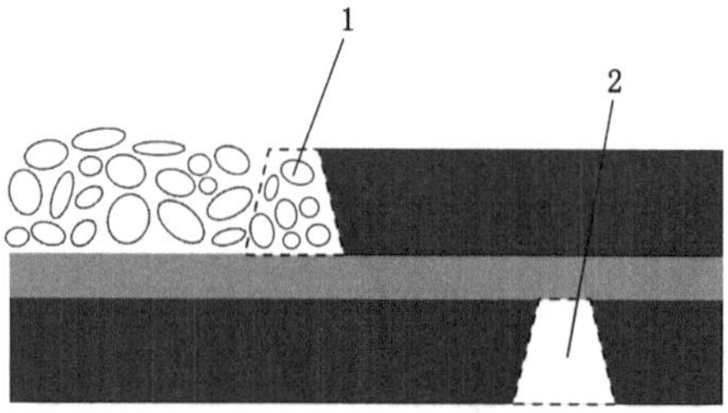

1—上煤层巷道；2—下煤层巷道。

图 4-2　下煤层巷道与上煤层巷道外错式布置

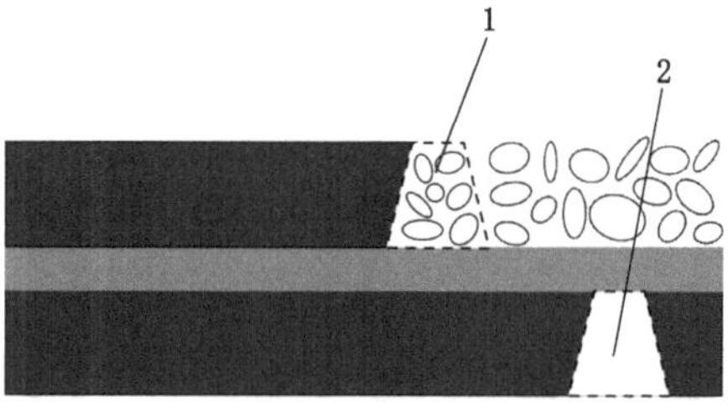

1—上煤层巷道；2—下煤层巷道。

图 4-3　下煤层巷道与上煤层巷道内错式布置

4. 分采分掘布置区段巷道

在倾斜煤层单一长壁工作面，一般情况下都是上区段运输巷和下区段回风巷同时掘进，而且两巷道之间还要开一些联络巷，如图 4-4 所示。随着工作面推进，联络巷和区段内煤柱遗留在采空区内。在这种情况下，联络巷一般很难密封严实，煤柱极易压碎，自然发火频繁。如果采取上下区段进风和回风巷道分开掘进，不同时进行，也不使两巷连通，那么就可以避免这种类型的自然发火，如图 4-5 所示。但是，对于下分层区段巷道同时掘进，还应尽量保

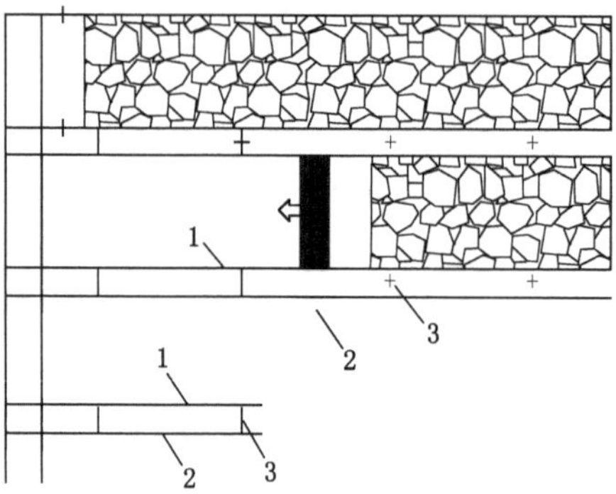

1—易燃隅角；2—下分层运输机巷；

3—下区段回风巷。

图 4-4　区段巷道内错式布置

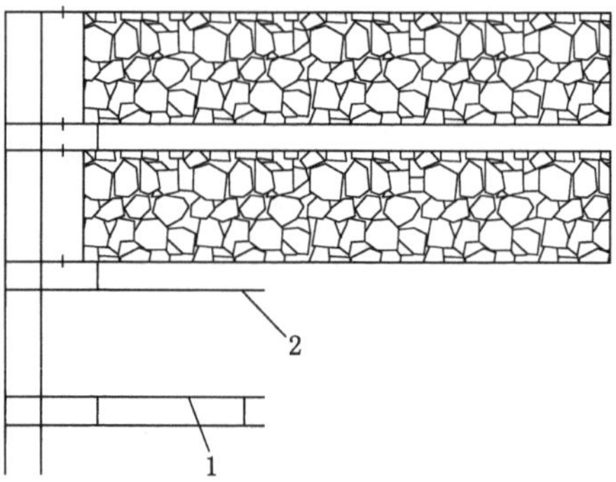

1—外错分层巷；2—虚实交接带；

3—上分层采过后，L 区段顶煤垮落造成的易燃带。

图 4-5　区段巷道外错式布置

持上下平巷相同通风压力，否则平巷掘进期间上分层采空区会存在严重的自然发火危险。

总之，开采自燃煤层的矿井或采区在初期设计时应规范矿井集中运输大巷、回风大巷等巷道设计，简化巷道布置，应尽量不打或少打辅助巷道、联络巷，避免其对煤层或区段采场完整性的破坏，应尽量减少各类形式的联络巷，使区段巷道构成简单化。

二、合理的开采方法和开采顺序

开采方法和开采顺序的合理与否不仅关系到一个矿井生产能力的高低和效益的好坏，而且对矿井火灾的防治意义重大。

1. 采用合理的采煤方法

实践经验表明，降低煤层自然发火的可能性应从以下几个方面着手：

① 少丢煤或不丢煤；

② 控制矿山压力、减少煤柱破裂；

③ 避免上行回采，遵循先采上煤层、再采下煤层的正常回采顺序；

④ 加快工作面回采；

⑤ 注意选择回采方向，不使采区回风巷过分受压或长时间维护在煤柱里。

目前广泛采用的长壁式采煤法，巷道布置简单，回采率高，防火安全性好，尤其是综合机械化采煤的长壁工作面，回采速度快、生产集中、单产高，在相同产量的情况下，煤壁暴露时间短，采空区顶板垮落及时、压实程度好，遗煤与漏风接触时间短。因此，对防止自然发火十分有利。综采和综采放顶煤开采是目前应用较为广泛的两种长壁式采煤方法。对于一次采全高的煤层，综采由于其回采率高，推进速度快，相比综采放顶煤开采在防止自然发火方面有着明显的优势。

合理采煤法中也包括了合理的顶板管理方法。顶板岩性松软、易垮落、碎胀比大，采用全部陷落法管理顶板，对开采易自燃煤层防止自燃火灾较好。因为充填密实，漏风扩展范围小，采空区遗留浮煤与空气接触的时间短，难以形成自燃。相反，如果顶板岩层坚硬，垮落块度大，采空区漏风扩展范围大，与遗留浮煤长期接触，易造成自燃。

2. 坚持正规的回采顺序

中央并列式通风的矿井，开采易燃煤层时应采用由边界后退的开采顺序。建井初期就急于投产的一些矿井，由于强调早出煤，以致在中央并列式通风系统附近开采易自燃的厚煤层矿井，主副井筒贯通之后，就在靠近工业广场煤柱边缘布置工作面采煤。随着回采的推进和扩展，大片采空区遗留在通风的高负压区段，漏风很难杜绝，导致自燃火灾发生频繁，生产十分被动。

煤层群开采时，应坚持自上而下的开采顺序，以保证煤层的完整性，减少煤层回采时自然发火的可能性。采区内开采也应坚持正常的回采顺序，避免采用“间隔跳采法”，上山采区应该是先采上区段，后采下区段；下山采区则恰恰相反。反之则会造成，上(下)山巷道在采空区内维护，断面受压缩小，通风阻力增大，采空区漏风严重，自然发火频繁。

工作面的开采应该坚持由切眼逐序回采的顺序。坚决杜绝一个工作面沿走向拦腰斩断被分成两个工作面，同时回采、一前一后的情况，这样虽然产量成倍增长，但是巷道难以维护，前部工作面采空区漏风严重，后部工作面无风，并且采空区内遗留孤岛煤柱，这就为自然发火创造了条件。

3. 快速开采

工作面推进速度是影响自然发火期程度的重要因素之一。回采期间，加快回采速度，使氧化自热区在较短的时间内变为窒息区，可以有效地减少自燃发展阶段漏风量对煤氧化的作用时间，降低自然发火频率；回采工作面结束后的停采撤架期间，通风系统变化较大，风流不稳定，个别区域常处于微风或无风状态，这就极易造成停采线浮煤自然发火事故，因此应加快撤架和封闭采空区速度。

以神东矿区为例，"以快防火"是其主要的防灭火技术手段，无论是在单一煤层还是在煤层群开采过程中，坚持"快掘、快采、快撤、快闭"的原则，即各主要采煤面充分发挥现代化设备的效能，对防止本煤层工作面自然发火都非常有效，在遏制采空区自然发火中起到了至关重要的作用。神东矿区采用大功率重型综采设备，实现了矿井的快速开采，大幅减少了矿区采空区"氧化带"存在时间，抑制了采空区自燃的发生，成功实现了"以快防火"。

三、合理的支护方式及顶板管理

1. 加强巷道顶板支护

巷道冒顶区是厚煤层开采过程中易自然发火的主要地点之一。其产生的原因就是矿山压力控制不当、煤体破碎严重。所以，控制矿山压力、杜绝巷道顶煤垮落是避免巷道冒顶区自然发火的重要途径。为有效控制矿山压力，减少巷道冒顶及顶煤破碎，做好对巷道周帮的支护工作是一项重要的途径，锚网支护技术就是一种非常有利于防止巷道高冒区自然发火的巷道支护方式。

与架棚支护方式相比，锚网支护具有支护及时、初撑力高、处理局部冒顶适应性强、封包性好等优点，是防止巷道掘进冒顶及顶煤自燃的有效技术手段。锚网支护技术的广泛应用，降低了易燃厚煤层煤巷顶板自然发火的次数。据统计，兖州兴隆庄煤矿采用锚网支护的巷道最大变形量仅有 24 mm，顶煤平均松动范围小于 1 m，且没有出现明显离层，无 1 m 以上冒顶，由于没有碎煤堆积，从根本上杜绝了综放巷道顶煤自燃的问题。

目前，随着采掘技术的进步，条件好的矿井普遍掘进速度较快，这就容易造成支护滞后于掘进工程，容易出现顶煤破碎的局面。因此，煤巷掘进过程中应尽可能做到及时支护，缩短巷道顶部煤体的裸露时间，这对减少煤体破碎、防止顶煤发火也具有重要的意义。

2. 加强近距离煤层群开采下煤层顶板管理

目前，我国大部分煤层群的开采顺序主要以下行式开采为主，当上下煤层间距较小时，上煤层开采采动应力在底板的传播，对底板造成严重的塑性破坏；下煤层开采过程中，巷道顶板和两帮煤体已经遭到破坏，顶板裂隙发育形成漏风通道，下煤层巷道风流经过顶板裂隙进入上煤层采空区，进而为上煤层采空区提供了氧气，从而带来自燃隐患，解决这一问题常采用顶板固化和柔性人工假顶的方法。

顶板固化通常有两种方法：一是利用矿山地质条件加速形成自然的假顶，适宜的自然顶板形成条件为：顶板中泥岩成分含量高于 40%，并有较高的温度或者充足的水分，但是这种条件达到比较困难；二是将某种固化材料（如水泥）注入顶板，凝结固化形成再生顶板。

而柔性的人工假顶通常利用金属网铺设成，网铺设要平直，紧贴岩壁。为保证搭接，盘条网相邻两边作钩，用于钩挂连接，再用 ϕ10 mm 铁丝加固连接，最后用托板压紧金属网。金属网的规格尺寸等参数根据矿压情况以及现场施工方便等因素选取。

四、合理的通风

合理的通风系统是指矿井通风网络简单、实现分区通风、通风阻力小、风流稳定可靠、通风设施布置合理。开采自燃煤层时,合理的通风系统可以大幅度降低或消除自然发火的供氧与蓄热条件,不仅对防止自燃火灾的发生具有重要作用,还对发生火灾及时控制火情、防止灾害蔓延和减少灾变损失都具有十分重要的意义。

1. 合理的矿井通风方式

从全矿井网络结构来看,开采自燃煤层的大中型矿井,以中央分列式和两翼对角式通风方式为好,这两种方式一是有利于防火,因为采区封闭后可以调节其压力,从而消除主要通风机风压的影响;二是便于灾变时进行通风控制,防止主井进风流发火影响全矿井。同时,在易自燃煤层的矿井中,应极力避免主进、回风巷在近距离内布置,要避免在同一标高,以免煤柱压裂漏风供氧而导致自然发火。

采区应是分区通风,即采区之间是并联风路,而不应是串联,应尽量避免角联;采区内尽量采用串联风路,工作面推进保持后退式。保持主要通风机与风网匹配,主要通风机与风网匹配就是指主要通风机运行的工况点位于高效区内。矿井的通风阻力分布应合理,如果回风区段的阻力占总阻力的 60%以上时,则应采取减阻措施。

2. 合理的通风设施布置

为了保证井下各个用风地点得到所需风量,需在通风系统中设置一些通风构筑物(如风桥、挡风墙、风门等),以控制风流的方向和数量,但要防止它们造成大量漏风或风流短路。因此,必须优化通风构筑物的布置,合理选择位置,保证施工质量,严格管理制度。否则,会破坏通风系统的稳定性,并会带来严重的后果。

如图 4-6(a)所示,若将调节风门安设在封闭火区进回风巷密闭两端 AB 之间,其结果将造成通风压差由 $h_{A\text{-}B}$增大至 $h_{A'\text{-}B'}$,显然不利于火区的熄灭。若将调节风门移动到 AB 段之外,如图 4-6(b)所示,通风压差由 $h_{A\text{-}B}$减小到 $h_{A'\text{-}B'}$,当然有利于火区熄灭。

3. 合理的工作面通风方式

开采自燃煤层时,采场通风系统是否合理,对防治煤炭氧化自燃具有极为重要的作用。自然发火严重的矿井,应该采取能够降低进回风侧压差、减少向采空区漏风的通风方式。现在比较常见的工作面通风方式主要有 U 型、W 型、Y 型三种通风方式,下面将从防止煤炭自燃的角度对三种常见采面通风方式进行分析。

(1) 工作面 U 型通风

工作面采用的 U 型通风是我国大多数工作面采取的通风方式,一般是下平巷进风,上平巷回风。此种通风方式具有结构简单、巷道施工维护量小、风流稳定、便于管理等特点。但是,从防止煤炭自燃的角度来考虑,倾向较长的易自燃煤层工作面,若采用 U 型通风系统,进回风侧压差较大易造成向采空区漏风的状况,不利于防止煤炭自燃。

(2) 工作面 W 型通风

工作面采用的 W 型通风,是掘三条平巷,即上、下平巷进风,中间平巷回风。采用这种通风方式,它的优点在于:① 相邻的两个工作面共用一条进风或回风巷道,从而减少了采准巷道的开掘和维护费用。② 通风网路属并联结构,因而风阻小,风量大,漏风量小,利于防火。③ 当上下端平巷进风,且设运输机时,则在该巷中有回收安装维修采煤设备的良好环境。④ 当中间平巷进风且设运输机时,既保证了运输设备处于新鲜风流中,又保证了进回

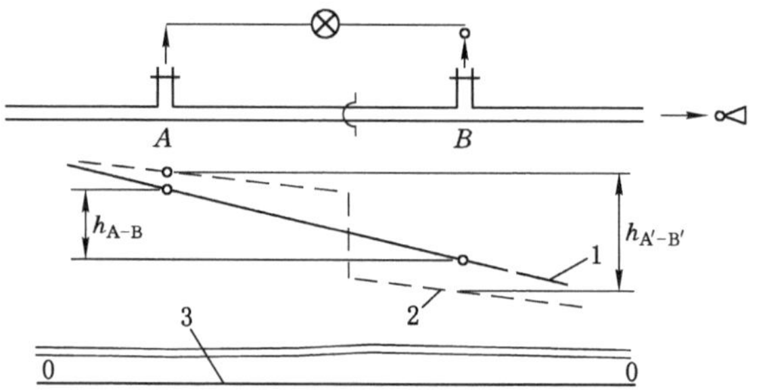

(a) 调节风门安设于封闭火区进出风两端之间

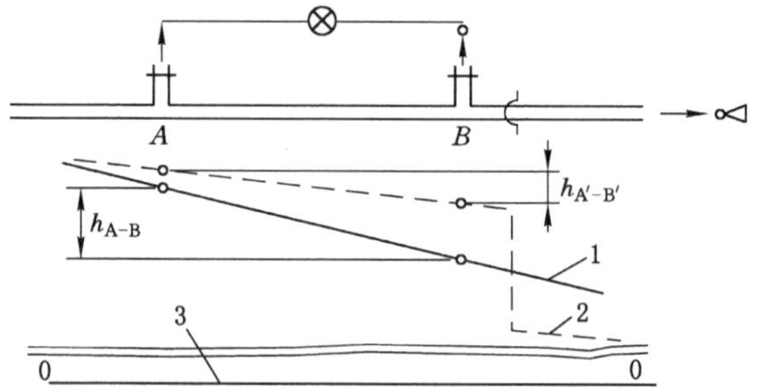

(b) 调节风门移到封闭火区进出风两端之外

1—安设调节风门前压力坡度线;2—安设调节风门后压力坡度线;3—大气压力为零的基准线。

图 4-6 设调节风门前后的压力分布状况

风巷的总断面比较接近,故在近水平煤层的综采工作面中应用较广。

(3) 工作面 Y 型通风

Y 型通风即由中间平巷和下平巷进风,上平巷回风。其优点为:① 由于采空区的瓦斯,通过巷旁支护流入回风平巷,该通风方式较好地解决了回采工作面上隅角的瓦斯超限之患;② 由于工作面上、下端均处于进风流中,因此改善了作业环境;③ 实行沿空留巷,可提高采区回收率。

将 U 型通风改为 Y 型通风,实质是将串联风路改为并联风路,使工作面风压差下降,在一定程度上可减少向采空区漏风,利于抑制采空区浮煤自燃,但是 Y 型通风必须保证沿空巷巷壁的密闭性,否则更容易向采空区漏风而加剧煤炭自燃。

4. 合适的矿井通风阻力

合理确定矿井通风压力,低瓦斯矿井负压控制在 2 000 Pa 内,高瓦斯矿井负压控制在 3 000 Pa内,要努力做好矿井的"减阻降压"工作,争取实现低负压通风。如神东矿区某矿简化通风系统,将通风阻力由 3 000 Pa 降低为 1 200 Pa 后矿井漏风量由 1 250 m^3/min 降低为 650 m^3/min,大幅降低了煤炭自然发火的概率。同时,对工作面合理分配风量,进回风巷道尽量避免平面交叉,所有风门都建筑两道或两道以上,人行风门间距在 5 m 以上,通车风门保证一列车长度,坚决杜绝单道风门或用挡风帘代替调节风门的现象,以保证工作面风流稳定、安全、可靠。

第二节　均压与堵漏防灭火技术

在矿井通风系统中，无论是在巷道，还是在工作面以及采空区、火区，只要风路两端间存在压差，空气就要流动，从高位能流向低位能，其漏风量为：

$$Q_l = \sqrt[n]{\frac{\Delta h}{R_l}} \tag{4-1}$$

式中　Q_l——漏风风路的漏风量，m/s；

R_l——漏风风路的风阻，$N \cdot m^2/s^8$；

Δh——漏风风路起点与终点压差，Pa；

n——流态指数，层流状态下取 $n=1$；紊流状态下取 $n=2$；过渡态 n 值位于 1 和 2 之间。

从上式可以看出，要杜绝或减少漏风量，即使 $Q_l \to 0$，有两个方法：一是使漏风通道的风阻越大越好，即 $R_l \to +\infty$，才能控制煤的自燃；二是使漏风通道两端的压差越小越好，即 $\Delta h \to 0$。堵漏是前一种方法的应用，而均压则是后者的应用。堵漏是采用一些材料将一些漏风通道进行封堵，增加漏风风阻使漏风程度达到最小；均压则是采用某些调节措施，改变通风系统内的压力分布，降低漏风通道两端的压差，减少漏风或不漏风。

一、均压防灭火

均压防灭火就是采用风窗、风机、连通管、调压气室等调压手段，改变通风系统内的压力分布，降低漏风通道两端的压差，减少漏风，从而达到抑制和熄灭火区的目的。均压技术是在 20 世纪 50 年代由波兰汉・贝斯特朗（H. Bystron）教授首先提出的。均压技术开始主要用于加速封闭火区的熄灭，在扑灭了几个长久不灭的大火区之后，该技术逐渐受到重视。60 年代一些采煤技术发达的国家竞相采用均压技术，并多次获得成功。同期，我国也在淮南、辽源、开滦等矿区试用这一防灭火新技术。后来，在徐州、阜新、抚顺、平庄、六枝、芙蓉、大同、鹤岗等矿区逐渐推广。在推广中均压技术都有所创新，用于封闭区的均压可防止遗煤自然发火和加速火灾熄灭，用于开区的均压可以抑制工作面后部采空区遗煤自燃的发展，并可消除火灾气体的威胁。均压作为一种"以风治火"的技术，方法简单，成本最低，控制火势的发展常常立竿见影，深受现场欢迎。

根据煤矿井下实施均压技术的区域是否封闭，均压技术可分为开区均压和闭区均压两种类型。

1. 开区均压

开区均压通常是指在生产工作面建立的均压系统，其特点是在保证工作面所需通风风量的条件下，通过实施通风调节，尽量减少向采空区漏风，抑制煤的自燃，防止一氧化碳等有毒有害气体涌入工作面，从而保证正常生产的进行。漏风通道和工作面周围的通道可以形成多种风流流动方式（如并联、角联和复杂联等），故开区均压也有几种不同类型。

（1）调节风窗均压

调节风窗均压适用于工作面采空区内形成的并联漏风方式。通常在工作面的回风巷内安设调节风窗，使工作面内的风流压力提高，以降低工作面与采空区的压差，从而减少采空区中气体涌出。安设调节风窗后，通风巷道的压力如图 4-7 所示。

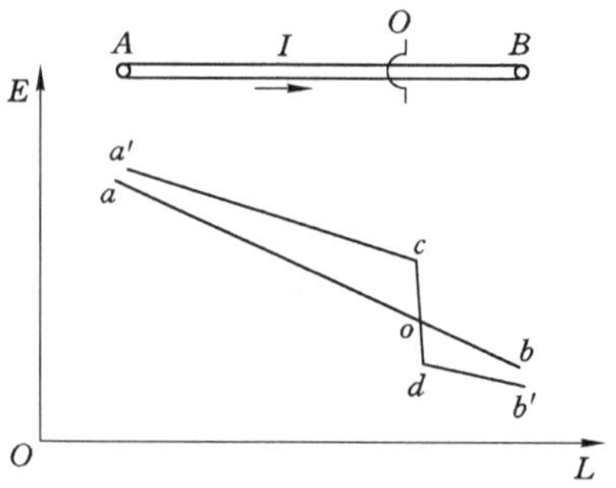

图 4-7　安设调节风窗的巷道中的压力分布

如图 4-8 所示，当在回风巷内 3～4 间安设调节风窗 A 以后，风窗前的压力升高，采空区与工作面的压差就降低，采空区内的气体就不易涌出。其降低值取决于可调节风窗的风阻大小。使用此种方式进行均压时，应注意工作面风量满足《煤矿安全规程》的要求。

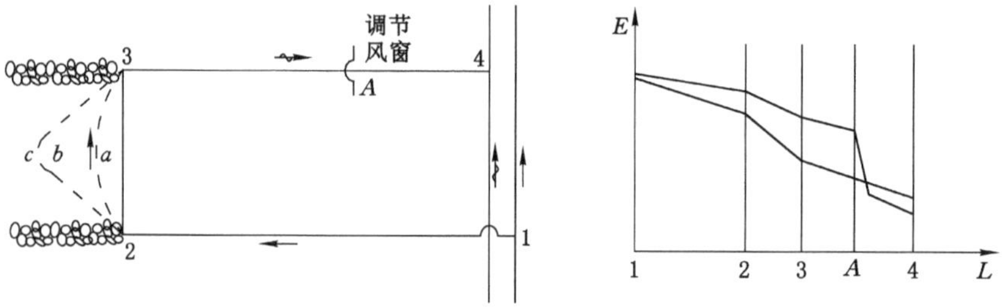

图 4-8　调节风窗均压

（2）局部通风机均压

有时为提高风路的压力，需在风路上安设带风门的风机（即辅助通风机），利用风机产生的增风作用，改变风路上的压力分布，达到均压的目的，如图 4-9 所示。

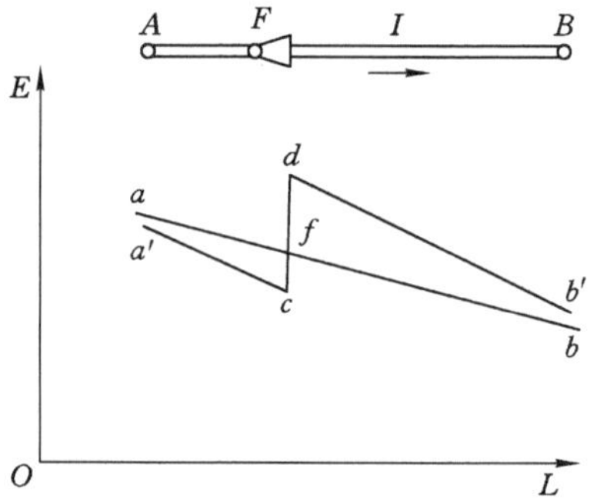

图 4-9　局部通风机调压原理

（3）调节风窗与局部通风机联合均压

工作面采空区内部的漏风通道有时是比较复杂的，当相邻为采空区时，还有外部漏风，这些漏风最后都要经过回采工作面上隅角排出。因此采空区的自燃征兆往往是从上隅角表现出来的。

调节风窗与局部通风机联合均压常常采用工作面进风巷安设辅助通风机而回风巷安设调节风窗的联合均压措施，如图 4-10 所示。其中，C 处安设了辅助通风机，能够有效增加该点至 D 点之间的风压；而 D 处安设了调节风窗，使通风阻力增大，该点之后风压明显减少。这样能够提高 C、D 两点之间的风压，同时又能降低二者之间的压差，可有效避免漏风进入工作面，为回采提供了安全保障。

2. 闭区均压

闭区均压就是对已经封闭的区域进行均压。它一方面可以防止封闭区中的煤炭自燃，又可加速封闭火区的熄灭速度。常用的闭区均压技术措施有：并联风路与调节风门联合均

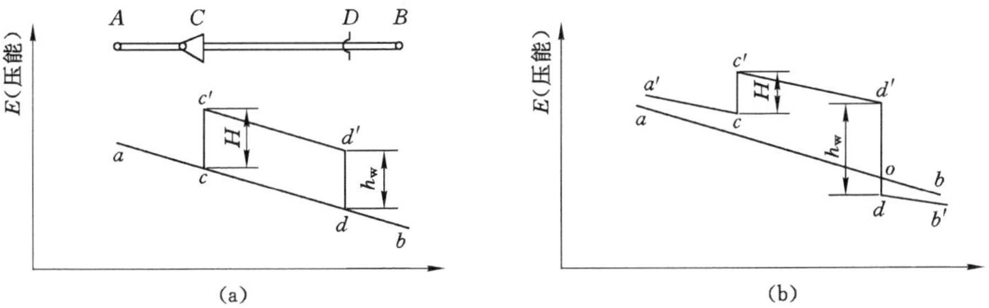

图 4-10　调节风窗-局部通风机联合增压调节

压，调压风机与调节风窗联合均压等方法。

(1) 并联风路与调节风门联合均压

如图 4-11(a)所示，封闭区(F)进回风口 5、8 两点的压差过大，如压能图 4-11(b)所示，漏风严重，以致有自然发火的危险。为了控制漏风采取了两项措施，如图 4-12(a)所示，取消了 5—8 上山内的两道密闭，使之成为与封闭区漏风并联的通道；同时在 8—9 区段内构筑调节风门，将通过 3—4 上山的风量限制在最小的范围之内，如压能图 4-12(b)所示。闭区进回风口 5、8 两点压差显著减小，漏风量降低，这样就消除了封闭区自然发火的危险。如果封闭的是个火区，当然也会加速火的熄灭。

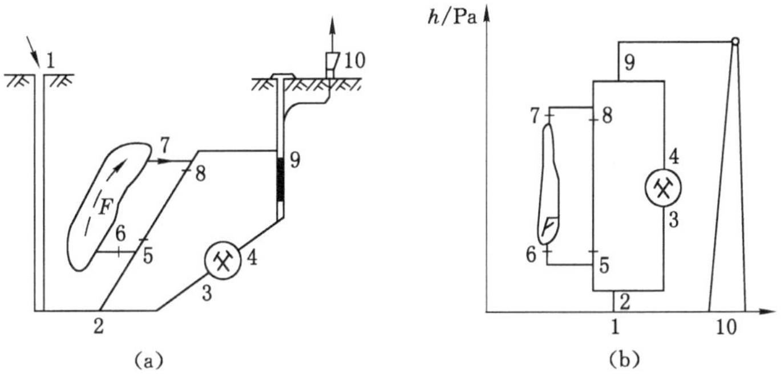

图 4-11　封闭区漏风及其压能示意图

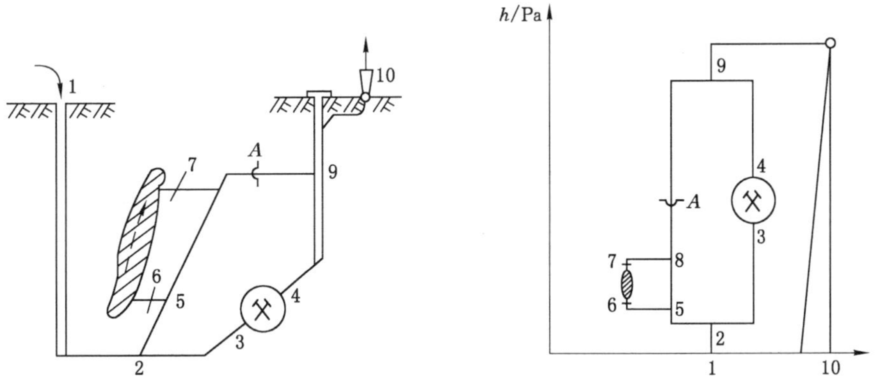

(a)　采取均压措施后6、7两点压差减小，封闭的采空区(F)漏风减少　　(b)　采取均压措施后，封闭区(F)的压能图

图 4-12　并联风路与调节风门联合均压图

(2) 调压风机与调节风门联合均压

如图 4-12 所示，当上山 5—8 区段的风量不允许控制时，为实现对封闭的采空区(F)进行均压，可在封闭区的两端进回风口采取调压风机与调节风门联合组成均压硐室[图 4-13(a)]的方法。启动通风机后，调节风门窗口的大小以消除原有密闭墙内外的压差，从而阻止了通过密闭墙的漏风。密闭内外压力的均衡，可由安设于调节风门之外的“U”形水柱计显示。这里应当注意，封闭区两侧的均压硐室是有区别的：进风侧是负压硐室，调压通风机按抽出式工作[图 4-13(b)]；回风侧是正压硐室，调压风机按压入式工作[图 4-13(c)]。图 4-12是双侧均压，其实也可以构筑单侧均压硐室。这种均压方式用于已经封闭的火区，限于条件，无其他适当的均压方法时才考虑使用，因为通风机运行消耗电能，经济上很不合理。另外，一旦发生故障，通风机停止运行，均压作用消失，措施的可靠性较差。封闭区(F)的压能图与图 4-12(b)完全相同。如果单独采用负压均压硐室，其压能图如图 4-13(d)所示。单独采用正压均压硐室。其压能图如图 4-13(e)所示。

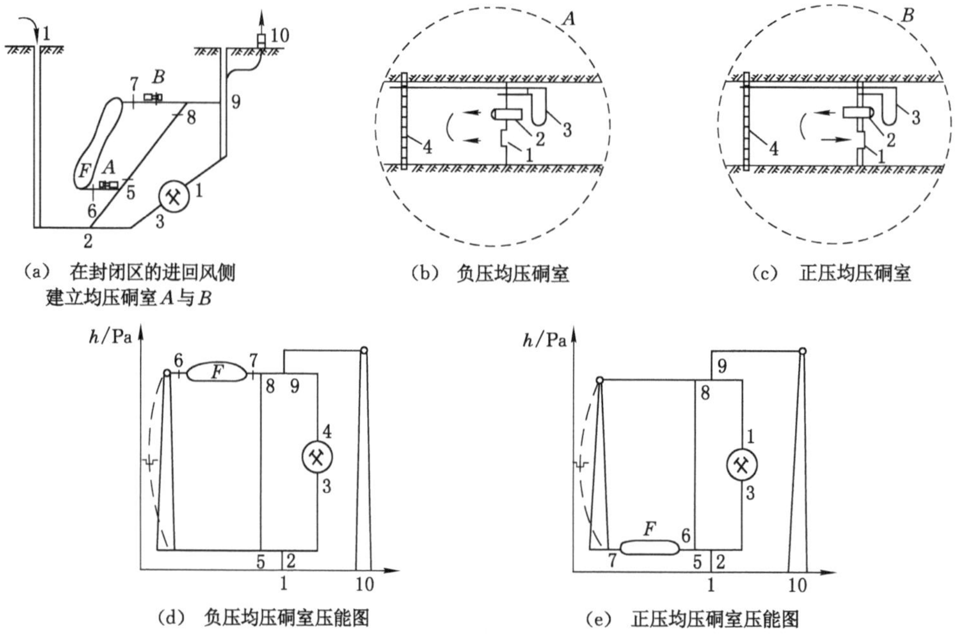

图 4-13 调压风机与调节风门联合均压图

二、堵漏防灭火

堵漏是减少煤自燃防治区域漏风的另一种方法。堵漏控风技术就是对矿井漏风通道进行封堵，增加漏风风阻，从而控制漏风程度，减少向火区供氧的防灭火技术。常用的堵漏方法包括挂帘堵漏、水泥砂浆喷涂堵漏、粉煤灰充填堵漏、固化泡沫堵漏等。

1. 挂帘堵漏

挂帘布是一种简单易行的防止漏风技术。帘布采用耐热、抗静电和不透气的废胶质(塑料)风筒布。其铺设方法有两种：一种是在使用木垛维护巷道时，在木垛壁面与巷道支架的背面之间铺设风筒布；另一种是在使用密集支柱维护巷道时，将风筒布铺设在密集支柱上。挂帘堵漏主要用于工作面下隅角是采空区主要漏风源的防漏风上，通过增加漏风通道的风阻，减少漏风量，缩短氧化带的宽度。

2. 水泥砂浆喷涂堵漏

水泥砂浆喷涂堵漏是通过喷浆机将水泥、砂和水按一定比例混合并喷射到巷道壁上，将漏风通道堵严。该方法主要用于大面积沿空巷道及顶板破碎或冒顶的巷道表面喷涂堵漏，具有成本低、材料来源广泛、操作简单的特点。除此之外，水泥砂浆具有一定的支护强度，堵漏效果好。

3. 粉煤灰充填堵漏

在日本、波兰、美国等国家除将粉煤灰广泛作为防止密闭墙漏风的充填材料外，还将它作为防止采空区周壁漏风的充填隔离带材料。波兰把粉煤灰填入木垛形成隔墙，或者先在沿空巷道的支架表面喷涂一层水泥白灰浆，待其固化后，打眼插上注灰管压注粉煤灰，最后在巷道表面喷涂含灰砂浆。

4. 固化泡沫堵漏

(1) 有机固化泡沫堵漏

有机固化泡沫是一种由树脂、发泡剂、固化剂按照一定比例混合，经搅拌快速膨胀并固化后形成的堵漏材料。其应用范围包括废弃巷道、老硐室、溜煤眼、高冒区的充填，漏风通道和采空区煤岩裂隙的封堵，建造密闭墙和防火墙，直接灭火等。

有机固化泡沫按化学成分主要分为三种类型：聚氨酯泡沫、酚醛树脂泡沫、脲醛树脂泡沫。聚氨酯泡沫是异氰酸酯和聚醚多元醇在交联剂、发泡剂、表面活性剂等化合物的作用下，经过聚合反应形成的高分子泡沫材料；酚醛泡沫是由酚醛树脂在发泡剂、固化剂、表面活性剂及其他助剂的作用下，经过聚合反应形成的闭孔硬质泡沫；脲醛泡沫是在脲醛树脂中加入表面活性剂、硬化剂和发泡剂等助剂，通过机械搅拌或化学发泡制备的高分子泡沫。三种有机固化泡沫的优缺点如表 4-1 所示。

表 4-1　有机固化泡沫堵漏材料的优缺点

有机固化泡沫种类	优点	缺点
聚氨酯泡沫	具有良好的柔韧性，防震抗压，固化后不开裂；对煤岩的黏结力强；泡沫单元为闭孔结构，密闭效果好	遇火会燃烧，能产生有毒烟雾；发泡反应剧烈，放热较多；生产成本高
酚醛树脂泡沫	难燃、低烟、高温下不易变形；具有均匀的闭孔结构，导热系数低，隔热性能好；耐候性强，尺寸稳定性好	泡沫脆性大、易碎、掉粉；对煤岩的黏结力稍弱；成本较高；生产过程生成致癌废水
脲醛树脂泡沫	质量轻，膨胀倍数高；生产成本低；为不燃材料，安全性好；对裂隙封堵效果好；反应过程放热少	泡沫强度低，承压能力弱；反应过程放出刺激性气体，污染工作面环境

然而，现有矿用有机固化泡沫材料普遍存在阻燃性差、大规模应用放热量大、聚热严重等问题，极易引发煤炭燃烧。如 2019 年 11 月 20 日，山东梁宝寺煤矿通防工区对井下高冒点灌注高分子堵漏泡沫，由于反应放热造成堵漏材料燃烧，产生大量烟雾，造成 11 名矿工被困井下。因此，为进一步规范煤矿井下反应型高分子材料（简称高分子材料）的应用，对高分子材料严格控制、严加管理，有效防范和遏制煤矿生产安全事故，国家煤矿安监局印发《煤矿井下反应型高分子材料安全管理办法（试行）》，第四条明确规定“煤矿井下不得使用由强腐蚀性、强挥发性组分反应生成的高分子材料；禁止化学反应剧烈、放热量大的高分子材料用

于与煤直接接触的地点；充填密闭作业中禁止使用聚氨酯发泡材料。”第十条提出“严禁使用发泡高分子材料处理自然发火隐患区。严禁向煤层高冒区、空洞区、明火防治重点区等较大空间内直接注浆，当无其他技术方法进行处理时，应当先进行预处理，实施可控注浆，防止注浆材料大量聚积放热反应。”

(2) 无机固化泡沫堵漏

为了克服有机固化泡沫堵漏放热量大、易促进煤自燃的难题，提出以水泥、粉煤灰和促凝剂为基材的无机固化泡沫堵漏防灭火技术，研制了适应水泥、粉煤灰复合浆体发泡的发泡剂和促凝剂。无机固化泡沫堵漏材料具有很好的堵漏控风、降温隔热、抗压等性能，其新鲜状态下(指泡沫流体状态)在漏风裂隙中具有优异的流动渗透特性，表现出良好的可泵送性，能够快速向高处堆积，凭借其出色的热稳定性及隔热能力，达到覆盖包裹高温煤体和降温灭火的效果；同时，无机固化泡沫的凝固时间可调，固化形成的泡沫材料孔隙率高，均呈现闭孔形式，具有一定的抗压强度，能承受部分采动应力变化影响，有效减少煤岩固结体二次裂隙发育，因此可以高效堵漏隔氧。

此外，为了解决水基泡沫与高密度复合浆体不易均匀混合、发泡倍数低的难题，研制了高倍数无机固化泡沫产生装置，主要包括立式逐级发泡器和中空螺旋混合器。在泵送压力作用下复合泥浆和水基泡沫进入中空螺旋分级混合器中，利用混合器内部的中空螺旋结构将水基泡沫分段多次添加到复合泥浆内部，较传统混合技术破泡率降低 20%左右，形成发泡 8～10 倍、流量 15～20 m^3/h、凝结时间 5～30 min 可调的高倍数无机固化堵漏材料。

无机固化泡沫的制备过程主要包括三个部分，分别为水基泡沫的制备、复合浆体的混合搅拌，以及复合浆体与水基泡沫的混合。首先，将发泡剂在水中稀释一定倍数，然后通过自制的孔隙式水基泡沫发泡器，在接有压风(风压为 0.3～0.4 MPa，供气量为 32～35 m^3/h)的情况下进行吹泡，形成细腻均匀的水基泡沫；其次，把水泥、粉煤灰、促凝剂等粉体原料加入一定比例的水进行搅拌，制得均匀的复合浆体；最后，将水基泡沫与复合浆体按一定的流量比，在混合器中的螺旋通道内扰流混合，最终形成高发泡倍数的无机固化泡沫流体，注入井下漏风区域后凝结固化形成无机固化泡沫。

第三节　灌浆防灭火技术

灌浆防灭火就是将不燃性灌浆原料(黏土、粉煤灰、矸石以及砂等固体材料)细粒化后与水按一定配比制成悬浮液，利用静压或动压，经由钻孔或输浆管路水力输送至矿井可能发生自燃的区域，以阻止煤炭氧化或扑灭已自燃的煤体。这种预防采空区遗留煤炭自燃的措施，叫作预防性灌浆，是防治煤炭自然发火的一项最经济、最有效的防灭火技术措施之一。

采用灌浆防灭火时，应当遵守下列规定：① 采(盘)区设计应当明确规定巷道布置方式、隔离煤柱尺寸、灌浆系统、疏水系统、预筑防火墙的位置以及采掘顺序；② 安排生产计划时，应当同时安排防火灌浆计划，落实灌浆地点、时间、进度及灌浆浓度和灌浆量；③ 对采(盘)区始采线、终采线、上下煤柱线内的采空区，应当加强防火灌浆；④ 应当有灌浆前疏水和灌浆后防止溃浆、透水的措施。

一、灌浆防灭火原理

将浆液灌注进入采空区后，可以把遗留的煤炭包裹起来，隔绝氧气与煤体的接触，防止煤体氧化；同时浆液中的固体物沉淀，充填于浮煤缝隙之间，增加了采空区的密实性，能够起到减少漏风的效果。另外，浆液中的水分有助于增加煤的外在水分，抑制煤自热氧化的发展；水分在蒸发过程中可以吸收热量，对已经氧化自热的煤体起到降温冷却的作用，从而达到降低和消除煤自燃隐患的目的。

二、灌浆材料的选取

井下防灭火灌浆材料一般要具备 5 个基本性能：

① 不含可燃或助燃物质；

② 易成浆，利于管道水力输送；

③ 具有必要的黏结性、稳定性和脱水性；

④ 制成的浆液具有较大的渗透力和小的收缩率；

⑤ 灌浆材料堆成的实体具有足够的密封性能。

煤矿中使用的传统灌浆材料是含砂量不超过 25%～30%的黄土，根据矿区条件，也可选用适当的代用材料。目前，已经成功试用的代用材料有粉煤灰、煤矸石和山砂等，这些常用灌浆材料的优缺点列于表 4-2。

表 4-2　常用灌浆材料优缺点对比表

材　料	优缺点	
	优点	缺点
黏　土	黏土颗粒粒度小，黏性良好，易成浆，便于输送；流动性、渗透性好，能填堵岩石和煤中的细小裂隙；密封性能好，不透气体	蓄水性高，常从灌浆区带出大量细粒黏土而使水沟、主要巷道和水仓淤塞；费用高，耗费大量农田且难以满足持续灌浆的需要
粉煤灰	粉煤灰颗粒表面具有一定的光滑度，易成浆，便于管道输送；流动性、稳定性好；密封性能较好；材料来源广泛，成本投入低，经济效益高；减少环境污染，具有良好社会效益	粉煤灰亲水性差，粒度大于黏土，黏性差；浆液脱水速度快，易沉降，容易发生堵管现象；堵漏效果差
煤矸石	经粉碎研磨的矸石可满足不同粒度要求，易悬浮；材料资源稳定，可满足持续灌浆需求；减少矸石堆放量及所需耕地，利于保护耕地；减轻环境污染	其黏结性和塑性较黄土差，制浆成本高，工艺系统复杂
砂	可实现大流量灌浆；脱水性良好；消耗最小的电能和水便能很容易冲走；材料成本较低，资源稳定，节约大量土地资源	颗粒粒径较粉煤灰、黄泥大，包裹、覆盖、密封堵漏性能差；砂子的比重较大，易沉淀堵管和堵塞钻孔；渗透力差，易在灌浆出口处堆积；浆液对管道磨损严重

在选择灌浆材料时，应首先以就地取材和能保证持续灌浆为主，如果有条件尽量采用不加工的材料，如黄土、粉煤灰等。如有两三种可供选择的原材料则应对其物理性能、技术经济合理性加以对比，特别对是采、运、加工的工艺及其各种费用进行对比，这样就能保证合理地使用灌浆技术来进行防灭火工作。此外，根据《煤矿灌（注）浆防灭火技术规范》（MT/T 702—2020）相关规定，用矸石、粉煤灰等做注浆材料时，应对其氧化性能指标进行测定，指标应达到如下规定：① 氧化交叉点温度在 300 ℃以上；② 固定碳含量不大于 8%，

含硫量不大于1.5%,烧失减量不大于20%,发热量不大于2 000 J/g。

三、浆液制备与输送

1. 浆液制备工艺

由于采用的灌浆材料不同,浆液的制备工艺有所不同。应用粉煤灰则要建立由电厂到灌浆站的专用运输线和运输工具,灌浆站要建立储灰池。如利用风化页岩或矿井矸石则必须建立一套多级机械破碎系统,只有破碎到一定程度的矸石或页岩(1 mm以下的粒度占80%以上),才能构成浆并达到泥浆所需要的物理性能指标。

(1) 黄泥浆液制备

黄泥浆液的制备一般在地面进行,通常有水力和机械两种取土方式。水力取土制浆系统利用水枪直接冲刷黏土层(或堆)形成泥浆,浆液沿泥浆沟流入沉淀池(或集泥池),经搅拌机制成浆后,通过放浆闸阀送至灌浆集中钻孔或井下灌浆干管。水力取土方式工序简单,但需多个制浆池,要求制浆站面积较大。

采用机械取土制浆则可在有限场地内实现快速、连续制浆。机械制备泥浆是把黏土由采土场运至灌浆站的贮土场,然后进入振动给土器,再由此运送到搅拌池。同时给水,经机械搅拌形成泥浆,再经松动筛除渣送入灌浆管。

(2) 页岩或矸石浆制备

页岩或矸石浆制备工艺是:在采料场对大块岩进行破碎,然后用电扒斗耙经带式输送机运送到破碎机破碎,再经球磨机磨制成浆。通过球磨机磨成的泥浆沿泥浆沟流入集浆池,经搅拌后即可由下浆孔输往井下干管进浆池。若集浆池盛满,用泥浆泵或砂浆泵将泥浆送往泥浆池以备用。

(3) 粉煤灰浆制备

一般粉煤灰地面制浆工艺是:应用专用运输线和运输工具(多采用封闭式装置以避免污染环境),将电厂粉煤灰运送至灌浆站储灰池(或者贮备罐)内。制浆时,打开贮备罐下口的阀门,利用电动锁定器定量放粉煤灰,同时打开水枪泵,将粉煤灰经导灰沟引入搅拌池内,经搅拌机搅拌均匀后通过筛板或箅子流入灌浆立孔最后达需浆地点。

2. 浆液输送

浆液输送有两种形式:① 静压输浆。静压输浆是利用制浆地点标高不同而产生的自然压差,借助输浆管路(或钻孔)将浆液输送到灌浆区。② 动压输浆。当借助自然压头输浆压力不够时,也可利用泥浆泵向灌浆区灌浆。

浆液输送倍线指的是灌浆系统的阻力与动力之间的关系。静压输送时指的是从地面灌浆站至井下灌浆点的管线长度与垂高之比,即:

$$N = \frac{L}{H} \tag{4-2}$$

加压输送时指的是从地面灌浆站至井下灌浆点的管线长度与垂高和泵的压力高程之和的比,即

$$N = L/(H + h) \tag{4-3}$$

式中 N——输送倍线;

L——进浆管口至灌浆点的距离,m;

H——进浆管口至灌浆点的垂高,m;

h——泥浆泵的压力高程，m。

一般情况下，浆液的输送倍线值最好在5～6范围内变化。倍线过大，则相对于管线阻力的压力不足，浆液输送受阻，容易发生堵管现象；倍线过小，浆液出口压力过大，对浆液在灌浆区内的分布不利。

四、灌浆工艺

灌浆注浆系统可根据矿体埋藏条件、采区分布布置、灌浆量的大小和取土距离等条件，采用集中灌浆或分散灌浆两种方式，通过技术经济比较选取。集中灌浆是在地面工业场地或主要风井煤柱内设集中灌浆站，为全矿或一翼服务的灌浆系统；分散灌浆是在地面沿煤层走向打钻孔网或分区打钻灌浆，设多个灌浆站，分区灌浆的系统，这种系统又分为钻孔灌浆、分区灌浆和井下移动式灌浆。

（一）灌浆方法

灌浆按与回采的关系可分为采前预注、随采随注和采后封闭注浆三种类型。

采前预注是在工作面尚未回采前对其上部的采空区进行注浆。这种灌浆方法适用于开采老窑多的易自燃、特厚煤层。对于开采老窑多、易燃厚煤层进行采前预注，充填老窑空区，可消灭老空蓄火、降温和黏结浮煤，并起到除尘和排挤有害气体的作用，以实现老空的安全复采。

采后封闭注浆是采空区封闭后，利用钻孔向工作面后部采空区内灌浆。可由邻近巷道向采空区上、中、下三段分别打钻注浆，也可以在每一中间巷道砌密闭墙插管注浆。采后注浆方式必须在发火期允许的开采条件下才能使用。该方法安全可靠、注浆量大、效率高，不受时间和回采工序的限制，使用范围广。

随采随注则是随着采煤工作面推进的同时向有发火危险的采空区注浆，是注浆采用的主要方法，其目的和作用：一是防止采空区遗煤自燃，二是胶结垮落的矸石，形成再生顶板而为下分层或下部煤层开采创造条件。随采随注分为钻孔注浆、埋管注浆、插管注浆和洒浆四种方式。

1. 钻孔注浆

钻孔注浆是在煤层底板运输巷或回风巷以及专门开凿的注浆巷道内，也可以在邻近煤层的巷道内，向采空区打钻注浆，如图4-14所示。为减少孔深或便于安装钻机，而又不影响巷道内的运输，在巷道内一般每隔20～30 m距离开一小巷（称钻窝或钻场），在钻场内向采空区打扇形钻孔注浆（图4-15）。

2. 交替预埋管注浆

埋管注浆是在放顶前沿回风道在采空区预先铺好注浆管，一般预埋10～15 m，预埋管一端通往采空区，一端接胶管，胶管长一般为20～30 m，放顶后立即开始注浆。为防止垮落岩石砸坏注浆管，埋管时应采取防护措施（如架设临时木垛）。随工作面的推进，按放顶步距可交替预埋注浆管，如图4-16所示。

3. 工作面架间插管注浆

对停采或回采缓慢的综采工作面常采用插管注浆的方式，即注浆主管路沿工作面倾斜铺设在支架的前连杆上，每隔20 m左右预留一个三通接头，并分装分支软管和插管。将插管插入支架掩护梁后面的垮落岩石内注浆，插入深度应不小于0.5 m。工作面每推进两个循环，注浆一次。具体如图4-17所示。

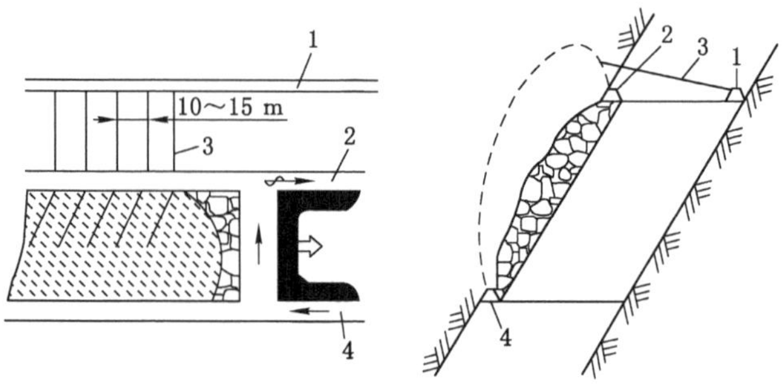

1—底板巷道；2—回风巷；3—钻孔；4—进风巷。

图 4-14　由底板巷道钻孔注浆

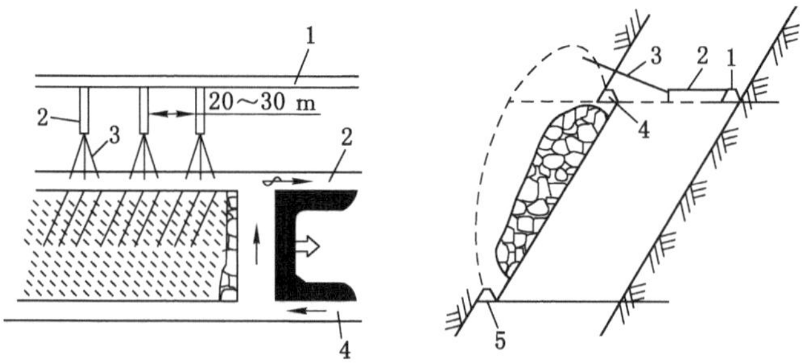

1—底板巷道；2—钻窝；3—钻孔；4—回风巷；5—进风巷。

图 4-15　由钻窝打钻注浆

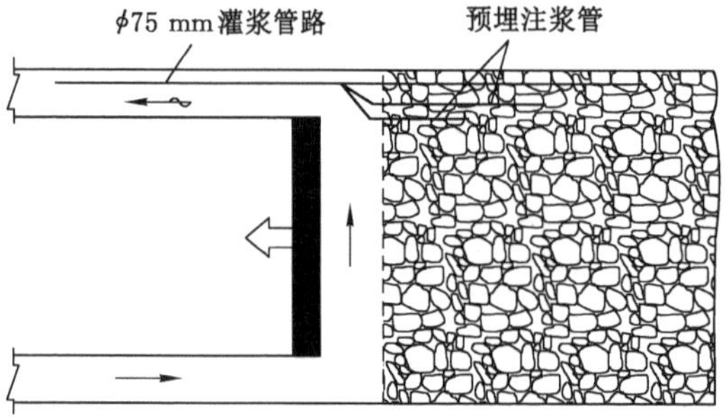

图 4-16　埋管注浆

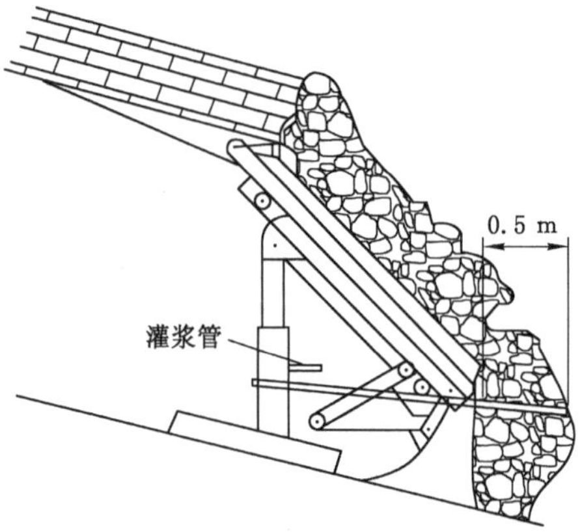

图 4-17　工作面插管注浆

4. 工作面洒浆

为了保证灌浆质量，自然发火危险性较大的工作面应在埋管灌浆或插管灌浆的同时还向采空区洒浆。洒浆就是从灌浆管接出一段胶管，在工作面放顶时沿工作面自下而上向采空区均匀洒浆，但该方法仅能作为辅助措施。为安全和工作方便，洒浆一般落后于放顶15～20 m。

（二）灌浆参数的确定

灌浆参数主要包括注浆浓度、注浆量、浆液扩散半径和采后开始注浆时间等。

1．注浆浓度（浆液的水土比）

浆液的水土比是反映浆液浓度的指标，是指浆液中水与土的体积之比。不同的注浆材料其浆液浓度会有所不同。水土比的大小影响着注浆的效果和浆液的输送。浆液的水土比小，则浆液的浓度大，其黏性、稳定性和致密性好，包裹隔离效果好，但流动性差，输送困难，注浆钻孔与输浆管路容易发生堵塞。水土比过大，则耗水量大，矿井涌水量增加；在工作面后方采空区注浆时，容易流出放顶线而恶化工作环境。通常是根据浆液的输送条件、注浆方法，按季节不同而确定水土比。当输送距离近、管路弯头多、煤层倾角大时，在夏季注浆可使水土比小一些。一般水土比的变化范围为 2∶1～5∶1。特别地，由于砂子比重和平均颗粒粒径均较大，根据经验，水砂比一般控制在 9∶1～15∶1 之间较为适宜。水砂比过小时，会造成堵管事故，过大时会使注砂效率降低。

2．注浆量

根据注浆的作用和目的，合理的注浆量应能够使沉积的浆材充填碎煤裂隙和包裹注浆区暴露的遗煤。注浆量主要取决于注浆形式、注浆区的容积、采煤方法等。采前预注、采后封闭停采线注浆都是以充满注浆空间为准。随采随注的用土量和用水量可按下列方法计算。

（1）按采空区注浆计算需土量和需水量：

① 注浆需土量：

$$Q_t = K \cdot M \cdot L \cdot H \cdot C \tag{4-4}$$

式中　Q_t——注浆用土量，m^3；

M——煤层开采厚度，m；

L——注浆区的走向长度，m；

H——注浆区的倾斜长度，m；

C——煤炭回采率，%；

K——注浆系数，即浆液的固体材料体积与需注浆采空区空间体积之比。K 值反映顶板垮落岩石的松散系数、泥浆收缩系数和跑浆系数等综合影响，它只能根据现场具体情况而定，一般取值范围为 0.03～0.3。

② 注浆需水量：

$$Q_s = K_s \cdot Q_t \cdot \delta \tag{4-5}$$

式中　Q_s——注浆所用水量，m^3；

K_s——冲洗管路防止堵塞用水量的备用系数，一般取 1.10～1.25；

δ——水土比，根据所要求的泥浆浓度所取。

（2）按日注浆计算需土量和需水量：

① 日注浆需土量：

$$Q_{t1} = K \cdot M \cdot l \cdot H \cdot G \tag{4-6}$$

式中　Q_{t1}——日注浆用土量，m^3/d；

l——工作面日推进度，m/d；

G——矿井日产量，t；

② 日注浆需水量：

$$Q_{s1} = K_s \cdot Q_{t1} \cdot \delta \tag{4-7}$$

式中 Q_{s1}——日注浆所用水量，m^3/d。

3. 浆液扩散半径

注浆过程中，浆液的扩散半径随注浆区渗透系数、裂隙宽度、孔隙率、注浆压力、注浆时间的增加而增加，随浆液浓度（或黏度）的增加而减小。此外，注浆材料的选择对浆液扩散半径影响也较大。

浆液扩散半径很大程度上决定了注浆施工的成本和进度。浆液扩散半径大，单孔所需要的浆液注入量就大，而注浆钻孔的数量就相对少些，这样注浆钻孔的工作量就要少，浆液扩散半径一般依据对灌浆效果的考察得出。当浆液扩散半径确定后，要达到设计的扩散半径，可以通过调整注浆压力以及浆液的浓度来达到。浆液浓度小，注浆时压力大，浆液在采空区中扩散得远，反之则扩散得近。

此外，注浆方法也能控制浆液在注浆区的扩散范围。采用连续注浆，浆液扩散范围大，而采用间歇式注浆方法，浆液扩散范围就小。

4. 采后开始注浆时间

采后开始注浆时间是指在回采后开始注浆的一段时间间隔。这是一个重要参数，从防火要求来说，应尽可能缩短采后注浆时间。但采后间隔时间短，由于注浆点与回采工作面的距离小，采空区未被压实，浆液容易流入回采工作面，不但影响正常生产，而且浆液流失会影响注浆效果。合理的采后注浆时间，既要考虑钻孔施工的可能和及时抑制遗煤氧化，又要顾及注浆管路系统的倍线和不能影响正常生产。如柴里矿煤层的发火期最短为 2 个月，根据经验，当煤层倾角较小、两道比较平坦、起伏不大时，采后 10 天（即回采工作面推进 20 m 左右）开始对两道进行注浆就可以有效地防止采空区遗煤自燃。

采后注浆时间对不同的顶板岩性应有所差异。此外，当注浆压力较小时，为保证比较充足的注浆量，亦应及早注浆。

第四节　惰气防灭火技术

矿井防灭火所用的惰气是指不能助燃的气体，常用惰气主要有氮气、二氧化碳气体。惰气防灭火技术就是将惰气注入已封闭的或有自燃危险的区域，降低火区氧浓度，从而使火区因氧含量不足而使火源熄灭或者使遗煤不能氧化自燃。根据惰气进行防灭火时的状态，惰气防灭火可分为气态惰气防灭火和液态惰气防灭火。其中，气态惰气防灭火一般利用地面或井下设备制取得到惰性气体，通过输气管路将惰性气体输送至采空区等区域，借助惰气的窒息作用进行防灭火；液态惰气防灭火则先将气体液化后加入耐高压储存罐，然后再通过地面钻孔或井下管路等方式灌注至采空区，利用液态惰气的膨胀吸热特性和窒息特性达到降温惰化的防灭火效果。

一、气态惰气防灭火

（一）气态惰气防灭火原理

当采空区内注入大量高浓度的气态惰气后，能够置换出采空区内原有的空气，使得氧气浓度降低，氮气部分替代氧气进入煤体裂隙表面，降低了煤体对氧气的吸附量，从而抑制或减缓了遗煤的氧化放热速度。当氧气浓度降低到5%～10%时，可抑制煤炭的氧化自燃，氧气浓度降到3%以下时，可完全抑制煤炭等可燃物阴燃和复燃。此外，向采空区注入惰气后提高了空间内气体的静压，减小了漏风通道两端的压差，降低了漏入采空区的风量，减少了浮煤与氧直接接触的机会，使采空区或火区的浮煤缺氧而处于窒息状态。

与气体 CO_2 等惰气相比，氮气制备工艺简单，装置操作方便，在煤矿现场得到广泛应用。目前，煤矿现场主要利用气态 N_2 进行防灭火，以下将重点介绍气态 N_2 惰性气体防灭火技术。

（二）气态惰气制备方法

氮气是空气的主要成分，在空气中所占的体积百分比为79%。它无色、无味、无嗅、无毒，不可燃也不助燃，无腐蚀性，不易溶于水，化学性质稳定。氮气常温下密度为1.16 kg/m^3，与空气密度1.2 kg/m^3 相近，因此，氮气很容易和空气混合，这就使得注入的氮气在煤矿井下不易分层。《煤矿安全规程》规定，采用氮气防灭火时，应当遵守下列规定：① 氮气源稳定可靠；② 注入的氮气浓度不小于97%；③ 至少有1套专用的氮气输送管路系统及其附属安全设施；④ 有能连续监测采空区气体成分变化的监测系统；⑤ 有固定或者移动的温度观测站（点）和监测手段；⑥ 有专人定期进行检测、分析和整理有关记录、发现问题及时报告处理等规章制度。

目前，世界各国制取氮气均以空气为原料，而空气的供给是无限量且方便快捷的。制取氮气的方法主要采用空分技术，即将空气中的氮气和氧气运用不同的方法进行分离而得到较高浓度的氮气。

目前，制取氮气主要有深冷空分、变压吸附和膜分离三种方法。

深冷空分制氮法通过压缩、膨胀循环将大气温度降低并使之成为液态，然后根据大气组分沸点不同而将氮氧分离出来。其最大特点是同时制取氧气和氮气，产气量较大，每小时可产氮（或氧）几千到几万立方米（目前我国能够达到的最大制氮量为80 000 m^3/h），且氮气纯度高，可达到99.95%以上。该技术缺点是启动时间长，制氮效率低，耗能大，且设备庞大、无法下井，需要在地面上设制氮厂，然后通过管路将氮气（或液氮）送往井下，一次性投资较大。若制氮厂离井口较远时（如利用制氧厂分离出的氮时），可将氮气加压降温制成液氮，然后用专用运输设备（液氮槽车）运往矿井使用。

变压吸附制氮法利用氮、氧分子对分子筛的扩散速度不同而使氮、氧分子分离。变压吸附制氮装置存在着产氮效率低、单位氮气能耗大、设备体积大、运转和维护费用高等问题。目前，变压吸附制氮装置有地面固定式、地面和井下移动式，其优点是操作简单，易维护；主要缺点是碳分子筛在气流的冲击下，极易粉化和饱和，同时分离系数低，能耗大，使用周期短，运转及维护费用高。

膜分离制氮法是根据气体的“溶解扩散理论”来分离氧气和氮气的，即氧和氮在膜中透过，是因为气体首先在膜中溶解，在外界能量的推动下再从另一侧解析。因为氧、氮对分离膜的渗透率不同，在外界能量或化学位能差的作用下，分别在分离膜的两侧得到富集。根据膜分离原理制成的井下移动式制氮装置，运行可靠，操作方便，随机产生的氮气就地注入采空区进行防灭火，可节省地面建筑和井下管路工程投资。

在我国煤矿应用的空分制氮技术中，深冷空分是最先使用的方法，但由于其制氮装备庞大，固定资产投资较高，需要较大的固定厂房，因而逐步被变压吸附和膜分离的方法所代替。

（三）注气态惰气技术参数

注氮管路压力、管路直径、注氮量、注氮位置等注氮参数的合理确定对保证注氮防灭火技术效果具有重要意义，而确定注氮参数的首要条件是正确分析氮气在采空区的运移和浓度分布规律。

1. 注氮管路压力损失计算

输氮管中的沿程摩擦阻力，即压力损失可用下式计算：

$$\Delta P = R_{0.15} \cdot L = 0.011\ 63 v^{1.895} \cdot L / D^{1.217} \tag{4-8}$$

式中 $R_{0.15}$——当量绝对粗糙度为 0.15 mm 时，每米管路的压力损失（即比摩阻），Pa/m；

v——管道内氮气的平均流速，m/s；

D——管路直径，m；

L——管路长度，m。

依据《煤矿用氮气防灭火技术规范》，地面、井下制氮设备的供氮压力，可按式（4-10）中的供氮压力公式计算，其管路末端的绝对压力应不低于 0.2 MPa。

根据以上公式，结合实际注氮管路的实际情况，可以计算出氮气在管路输送过程中的压力损失。再根据注氮区域的压力需求，及时调整氮气出口的压力，使其符合矿井注氮区域的需要。

2. 管路直径计算

管路直径的选择应满足以下两个条件：一是在正常时期进行注氮时，管路直径必须满足注氮时的最大流量；二是氮气出口的压力要高于注氮区域的压力，使注氮区域始终处于正压状态。

因此，在满足以上两个条件的要求下，注氮管路的直径可按下式进行计算：

$$D = 1\ 000(4Q_{max} / \pi v)^{0.5} \tag{4-9}$$

式中 D——管路最小直径，mm；

Q_{max}——正常时期的最大注氮量，m^3/s；

v——管道内氮气的平均流速，通常 10 m/s＜v＜15 m/s，取 v=12 m/s。

输氮管路的直径应满足最大输氮流量和压力的要求。供氮压力能否满足要求，《煤矿用氮气防灭火技术规范》中也对注氮管的直径给出了一个计算公式：

$$P_1 = \left[0.005\ 6\left(\frac{Q_{max}}{1\ 000}\right)^2 \sum \left(\frac{D_0}{D_i}\right)^5 \left(\frac{\lambda_i}{\lambda_0}\right) L_i + P_2^2\right]^{0.5} \tag{4-10}$$

式中 P_1——供氮的绝对压力，MPa；

P_2——管路末端的绝对压力，MPa；

Q_{max}——最大输氮流量，m^3/h；

D_0——基准管径，150 mm；

L_i——相同直径管路的长度，km；

λ_0——基准管径的阻力损失系数，0.026；

λ_i——实际输氮管径的阻力损失系数，对于不同的钢管直径，则有如表 4-3 的关系。

表 4-3　钢管管径与阻力损失系数之间的关系

管径 D_i/mm	70	80	100	150	200	250	300	400
阻力系数 λ_i	0.032	0.031	0.029	0.026	0.024	0.023	0.022	0.020

3. 注氮量的计算方法

(1) 采空区防火耗氮量的计算

采空区防火耗氮量，分别按产量、吨煤注氮量、瓦斯含量、采空区氧化带内氧含量计算，最后求出最大值，并按作业场所氧浓度核算。

① 按产量计算

按产量计算，实质上就是由注入氮气充满采煤空间体积，且其氧气浓度降低至惰化指标需要的耗氮量，可按下式计算：

$$Q_N = \frac{A}{1\ 440\rho \cdot T \cdot \eta_1 \cdot \eta_2}\left(\frac{C_1}{C_2} - 1\right) \tag{4-11}$$

式中　Q_N——注氮流量，m^3/min；

A——年产量，t；

T——年工作日，取 300 d；

ρ——煤的视密度，t/m^3；

η_1——管路输氮效率，可取 0.9；

η_2——采空区注氮效率，可取 0.55；

C_1——空气中的氧气含量，可取 20.8%；

C_2——采空区防火惰化指标，可取氧气含量 7%。

② 按吨煤注氮量计算

吨煤注氮量是指综放面(综采面)每采出 1 t 煤所需的防火注氮量。根据国内外的经验，每吨煤需 5 m^3 的氮气量。可按下式计算：

$$Q_N = 5 \times \frac{A}{300 \times 60 \times 24} \cdot k \tag{4-12}$$

式中　k——采煤产量占总产量的比例。

③ 按采空区氧化带氧含量计算

此种计算方法的实质是将采空区氧化带内的原始氧含量降到防灭火惰化指标以下，此方法较合理，符合注氮防火的实际情况。可按下式计算

$$Q_N = [(C_1 - C_2)Q_V]/(C_N + C_2 - 1) \tag{4-13}$$

式中　Q_V——采空区氧化带漏风量，m^3/min；

C_1——采空区氧化带内初始氧含量(取平均值)，%；

C_2——注氮防火惰化指标，可取 7%；

C_N——注入氮气中的氮气纯度，%。

④ 按瓦斯含量计算：

$$Q_N = QC/(10 - C) \tag{4-14}$$

式中　Q——综放面(综采面)通风量，m^3/min；

C——综放面(综采面)回风流中的瓦斯浓度，%。

⑤ 将以上四种计算结果取最大值，再结合矿井的具体情况考虑 1.2～1.5 的安全备用系数，即为采空区防灭火时的最大注氮流量。根据国内外经验：防火注氮量一般在 5 m^3/min。

(2) 火区灭火耗氮量计算

采空区或巷道火灾灭火所需的耗氮量，主要取决于火区的规模、火源的大小、燃烧时间的长短、火区漏风量等诸因素。

① 扑救巷道明火所需的耗氮量

巷道火灾绝大部分是外因火灾，火势发展快、危险性大，易酿成恶性事故，应迅速扑灭。扑救巷道明火所需注氮量至少为巷道空间体积的 3 倍以上。

② 扑灭采空区火灾所需的耗氮量

扑灭采空区火灾，在灭火工艺上要比处理巷道火灾复杂得多，而且扑灭火灾所需耗氮量也相当多。按漏风量考虑，采空区灭火用注氮强度可按下式计算：

$$q \cdot t = V\left(\frac{C_2 - C_1}{C_1}\right) + Q_1 \cdot t \cdot \frac{C_1}{C_2} \tag{4-15}$$

式中 q——注氮强度，m^3/h；

Q_1——火区漏风量，m^3/h；

V——火区体积，m^3；

t——注氮时间，h；

C_1——氮气纯度；

C_2——氮气惰化指标，可取 97%。

根据上式，当火区内氮气浓度达到惰化指标，即 $C_1 = C_2$ 时，则氮气补给量与火区的氮气泄漏量持平即可。

根据国内外经验：灭火注氮量，原则上是最初强度要大，将火势压住，然后逐渐降低注氮强度。若回风敞口，注氮量不得小于 9.2 m^3/min；全封闭时，可控制在 8 m^3/min。

(四) 注气态惰气防灭火工艺

1. 注氮方式

根据注氮区域空间的封闭与否，注氮方式可分为开放式注氮和封闭式注氮。

(1) 开放式注氮

开放式注氮即是在需要注氮的区域未封闭的情况下进行的一种注氮方式。一般在不影响工作面正常工作的情况下，利用大量的氮气使得采空区内氧化带的氧含量降低到能使浮煤发生自燃的浓度以下，从而达到防灭火的目的。开放式注氮适用于推进中的工作面采空区早期自燃的防灭火工作。

(2) 封闭式注氮

封闭式注氮是为控制火情或防止瓦斯爆炸，将发生火灾或积聚瓦斯的区域先封闭后进行注氮的一种方式。当封闭的火区内漏风严重或者存在大量高浓度瓦斯时，可采取封闭式注氮来降低氧含量并抑制瓦斯爆炸。

开放式与封闭式注氮方式，其注氮地点一般离火源或者是高温点较远，覆盖范围较大，利用大流量的注氮来降低该大面积区域的氧气含量，从而达到防灭火的目的。因此，这对那些火源点不明确、无法确定准确位置的火情比较适合。但是对于一些明确的火情，这两种方法就显得较为笨拙且浪费氮气。因此，中国煤炭科工集团重庆研究院有限公司与阜新矿业(集团)有限责任公司合作，研究了新的注氮气防灭火技术——目标注氮，其实质为：巷道、支架上部或采空区发生煤层自燃或发现有高温点，对该区域暂不进行封闭，而是直接向火源点或高温点打钻孔进行注氮，氮气释放口离火源目标的距离不超过 8 m，仅通过降低火源点或高温点附近小范围的氧含量，来达到防灭火的目的。

2. 注氮方法

(1) 埋管注氮

埋管注氮时管路的布置通常有两种方法，第一种方法是在工作面的进风侧采空区埋设一条注氮管路，埋入一定长度后开始注氮，同时再埋入第二条注氮管路(注氮管口的移动步距通过考察确定)，当第二条注氮管口埋入采空区氧化带与冷却带的交界部位时向采空区注氮，同时停止第一条管路的注氮，并又重新埋设注氮管路；如此循环，直至工作面采完为止。第二种方法是沿工作面进风巷铺设注氮干管，每隔一定距离从干管上引出注氮支管，在支管上安装闸阀，以控制氮气的注入量；开始注氮和停止注氮时，埋入采空区的注氮支管长度为多少，须通过实际考察确定。采空区埋管管路每隔一定距离预设氮气释放口，其位置应高于煤层底板 20～30 cm，并采用石块或木垛加以妥善保护，以免孔口堵塞。图 4-18 是某矿 41001 工作面埋管注氮示意图。

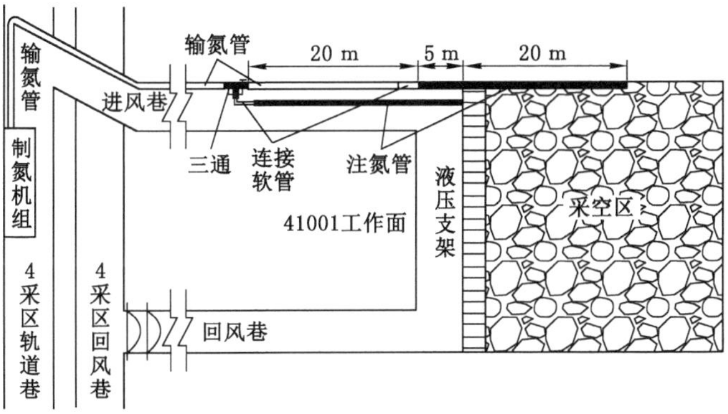

图 4-18　某矿 41001 工作面埋管注氮示意图

(2) 拖管注氮

拖管注氮时在工作面的进风侧沿采空区埋设一定长度(其值由考核确定)的厚壁钢管作为注氮管，它的移动主要利用工作面的液压支架、工作面运输机头机尾或工作面进风巷的回柱绞车作为牵引。拖管注氮能够有效控制注氮地点，提高注氮效果，同时埋管移动周期与工作面推进速度保持同步，使注氮孔始终在采空区氧化带内注入氮气。据经验，埋管距工作面 17 m 之内，采用回柱绞车能够迁移埋管。

(3) 钻孔注氮

在地面或施注地点附近巷道向井下火区或火灾隐患区域打钻孔，通过钻孔将氮气注入火区，该方式适用于开采工作面有岩石集中巷布置或下区段回风巷道已预先掘出等场合。西山杜儿坪煤矿钻孔注氮方式如图 4-19 所示。

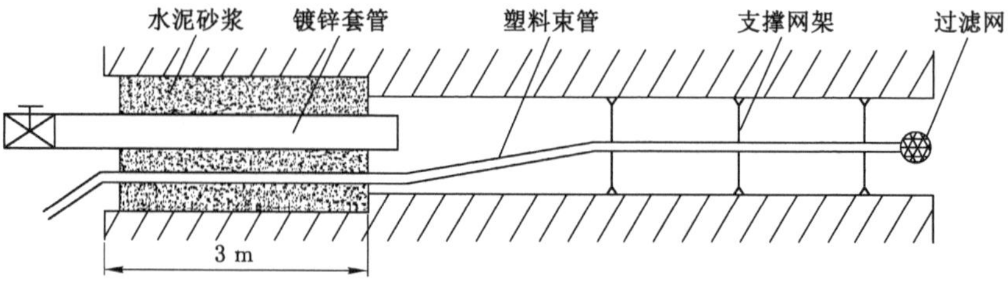

图 4-19　西山杜儿坪煤矿钻孔注氮示意图

(4) 插管注氮

为处理工作面采空区后部或巷道高冒顶等地点的火灾，可采用向火源点直接插管进行注氮。插管注氮能够迅速降低火源的温度和 CO 含量，适用于火源及高温煤体面积较大、位置较高、火源较隐蔽的场合。

(5) 密闭注氮

利用密闭墙上预留的注氮管向火区或火灾隐患的区域实施注氮，是封闭式注氮的一种形式，在老空区防火时应用较为广泛。

(6) 旁路式注氮

若工作面火灾的威胁来自相邻采空区，而不是工作面后方采空区，可利用与工作面平行的巷道，在其内向煤柱打钻孔对相邻采空区注氮，这是神东天隆集团昊达煤矿总结出的旁路式注氮工艺。采用该工艺可使相邻采空区内注入的氮气不断地扩散，逐渐充满整个采空区，形成氮气惰化带，同时氮进入工作面后方的采空区内继续惰化，可使相邻的两个采空区均能被惰化，达到防灭火的目的。

3. 注氮工艺系统

煤矿用氮气一般采取空气作为原料，通过空分制氮设备将分离出来的氮气送至矿井注氮管路，并通过管路不断地送至各注氮地点进行注氮防灭火。

如今煤矿上所采用的注氮防灭火系统，主要包含地面固定式和井下移动式制氮设备。由于深冷空分制氮设备本身的限制，即占地面积大、设备复杂等，其很难发展成为井下移动式；因此，井下移动式制氮多采用变压吸附和膜分离这两种方式，井下移动式制氮设备的应用使得煤矿井下的防灭火工作更加方便快捷。

(1) 回采工作面采空区注氮

当自然发火危险主要来自回采工作面的后部采空区时，应该采取向本工作面后部采空区注入氮气的防火方法。对采用 U 型通风方式的采煤工作面，应将注氮管铺设在进风巷道中，注氮释放口设在采空区氧化带内，如图 4-20 所示。注氮管的埋设及氮气释放口的设置应符合以下要求：

① 注氮管路应沿进风巷道外侧铺设，氮气释放口应高于底板，以 90°弯拐向采空区，与工作面保持平行，但注氮孔口不可向上，并用石块或木垛等加以保护。

② 氮气释放口之间的距离，应根据采空区“三带”宽度、注氮方式和注氮强度、氮气有效扩散半径、工作面通风量、氮气泄漏量、自然发火期、工作面推进度以及采空区垮落情况等因素综合确定。第一个释放口设在起采线位置，其他释放口间距以 30 m 为宜。当工作面长度为 120～150 m 时，采用的注氮口间距一般为 30～50 m。

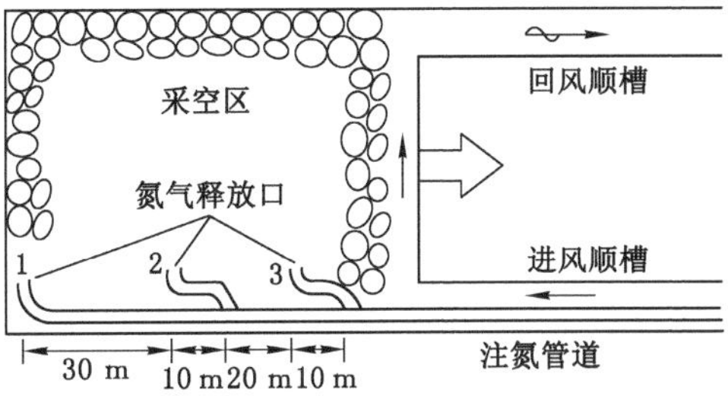

图 4-20　注氮口埋设及释放口位置

③ 注氮管一般采用单管，管道中设置三通。从三通上接上阀门、短管进行注氮。

(2) 工作面相邻采空区注氮

工作面在生产过程中，当自然发火的危险不是来自其后部采空区，而是其相邻区段的采空区时，则应对其相邻采空区注氮防火，以保证本工作面的安全回采。当本工作面是推进速度比较快的综放或综采工作面、与之相邻的又是综放工作面采空区时，往往就是这种情况。

对生产工作面相邻的采空区注氮即前面讲述的旁路式注氮，其方法比较简单，就是在生产工作面与采空区相邻的巷道中打钻，通过向已封闭的采空区插管来进行注氮。注氮管数量的确定原则是：充分惰化靠近生产工作面一侧的采空区，在靠近生产工作面的采空区侧形成一条与工作面推进方向平行的惰化带。

此外，与注气态 N_2 防灭火原理相同，注气态 CO_2 防灭火的实质亦是通过惰化采空区等煤炭自然发火区域，通过控制遗煤区域的氧气含量来达到窒息火区、抑制煤自燃的效果。与气态 N_2 相比，CO_2 密度比空气大（二氧化碳对空气的比重为 1.53）、易沉积于底部，可在一定区域形成 CO_2 惰化气层，对低位火源具有较好的控制作用，并能挤压出有害气体以控制火区灾情。但由于 CO_2 产生量不大、成本高等问题，气态 CO_2 在煤矿现场应用较少，而且对于高位或平巷巷顶的着火带应用二氧化碳效果不好；此外，CO_2 具有可溶性，特别是易溶于酸性水，在潮湿、有积水的巷道减弱了 CO_2 的防灭火效果。值得注意的是，注入的气态 CO_2 经过炽热的燃料表面可能生成 CO，即发生炉煤气反应，这也是气态 CO_2 防灭火技术的缺点之一。

二、液态惰气防灭火

1. 液态惰气防灭火原理

液态惰气温度低，比气态惰气具有更好的灭火效果。在封闭区内充入液态 N_2 或 CO_2 后，液态惰气会迅速由液相转变为气相发生膨胀，液氮汽化时其体积膨胀约 700 倍，液态二氧化碳汽化时体积膨胀约 640 倍，液态惰气汽化膨胀会吸收大量的热，可以使高温煤体以及高温燃烧煤体的温度迅速下降到着火点以下，达到灭火的目的。液态惰气膨胀后，N_2 或 CO_2 会充满整个火源空间，能够快速排出原有体积内的空气，使空间内 O_2 的含量急剧下降，致使火源缺氧而窒息，从而达到预防火灾的效果。

2. 液态惰气基本性质

标况下，氮气降温至 −195.8 ℃时成为无色液体，继续降温至 −209.86 ℃则成为冰状固体。液氮遇热极易发生汽化，并吸收大量热量，1 kg 液氮汽化到 +5 ℃氮气时，可吸收 427.70 kJ 热量。标况下液氮汽化为 0 ℃氮气后，体积将扩大 643 倍，若继续汽化到 21 ℃

时，体积可大约膨胀696倍，即1 m^3 液氮可汽化为696 m^3 氮气。氮气本身不燃烧也不能助燃，室温下基本不与其他化学元素进行反应。氮气和空气密度很接近，因而能均匀地扩散于采空区，不易分层且不易被焦煤岩石吸附而损耗。

液态 CO_2 的密度与温度密切相关，−20 ℃时的密度为1.01 kg/L，在15 ℃、1个大气压下，1 t液态 CO_2 体积可膨胀约640倍。此外，在相同温度、压力时，煤对二氧化碳的吸附量约为48 L/kg，而对氮气仅为8 L/kg，即煤对二氧化碳的吸附能力是氮气的6倍；CO_2 的密度大于空气，注入火区后不仅可以熄灭内部火源，还能够沉入底部并挤出 O_2，从而形成致密的保护层和积聚层。

与液态 CO_2 相比，液态 N_2 的储存与运输成本相对较高。因此，现阶段煤矿现场主要应用液态 CO_2 作为主要的液态惰气防灭火技术。

3. 液态惰气防灭火工艺

目前，普遍使用的液态惰气防灭火技术主要有汽化灌注和直接灌注两种方式。

(1) 液态惰气汽化灌注防灭火技术

该项技术主要流程是利用地面固定式液态惰气防灭火系统，将液态惰气经过汽化后形成温度较低的气态惰气，借助汽化后产生的压力将气态惰气通过井巷内管路、地面钻孔等方式输灌入采空区等防灭火区域内部。地面固定式液态惰气防灭火系统一般主要包括汽化器、缓冲罐以及流量、压力、温度等控制装置。

这种防灭火工艺的优点是，防灭火系统安装在地面，安全可靠，沿管路输送惰气比往井下输送液态惰气方便，同时液态惰气管路布置不影响矿井中物料运输和人员通行，适用于埋深较浅的煤层且采空区距离地表液态惰气汽化系统很远的情况。然而，由于该技术采用灌注冷气的方式，汽化后制备得到的惰气对火区的冷却作用小，维护管路困难，难以做到不漏损。

(2) 液态惰气直接灌注防灭火技术

液态惰气直接灌注防灭火技术减少了液态惰气长距离输送造成的冷量损失，适用于距离液态惰气灌注点较近的情况，通过密闭墙或者钻孔灌注液态惰气，可以有效地提高液态惰气的灌注速率，有效保存惰气的冷量，显著提高防灭火效果。直接向防灭火区灌注液态惰气主要有两种工艺系统：① 在地面将液态惰气装入移动式矿车型槽车中，将其运送至井下防灭火区域附近，再接上较短的耐压耐冻管路，将液态惰气直接注入采空区等防灭火区域。② 当防灭火区域接近地表时，可由地面直接向该区域打钻，从地面通过钻孔向防灭火区直接灌注液态惰气。

以液态 CO_2 为例，目前常用的液态二氧化碳直接灌注系统主要是借助矿用移动式液态 CO_2 防灭火装置，由低温液态 CO_2 贮槽、框架、平板车以及压力、温度等控制装置组成的；该装置的特点是低温液体贮槽无需增压装置，操作箱位于低温液体贮槽的一侧，低温液体贮槽的安全阀口向上，操作工艺简单、方便。在井下应用矿用移动式液态 CO_2 防灭火装置直接灌注惰气时，首先在地面将槽车中的液态惰气灌注至移动式防灭火装置中，然后将防灭火装置运送至井下应用地点附近，利用专用管路将惰气灌注至防灭火区域。

利用地表钻孔灌注液态惰气是直接灌注式的另外一种主要形式，适用于防灭火区域距地表较近的情况。如2012年神东煤炭补连塔煤矿12煤三盘区浅埋煤层采空区出现煤自燃现象，为了控制火势蔓延、迅速降温灭火，在地面打钻注液氮进行灭火，取得较好的效果。

第五节　阻化剂防灭火技术

阻化剂又称为阻氧剂，是能够阻止煤氧化自燃的化学物质，将其溶液喷洒在煤体上，具有阻止氧化、防止自燃的作用。自 20 世纪 60 年代以来，煤炭工业发达国家如苏联、德国等就将阻化剂防灭火技术应用于生产实际。从 20 世纪 70 年代开始，我国煤炭科学研究总院抚顺分院开始研究阻化剂防灭火技术，初步确定了适合我国不同煤种的阻化剂。目前，阻化剂防灭火技术已在全国范围内推广应用，在煤矿井下防火工作中发挥着重要的作用。

一、阻化剂防灭火原理

1. 物理阻化剂防灭火原理

当前常用的物理阻化剂大部分具有较强的吸水性，当它们与煤体接触并附着在其表面时，可以吸收空气中的水分，并在煤粒表面形成一层含水保护膜，阻止煤与氧接触，起到隔氧阻化作用。这些吸水性能很强的物理阻化剂能使煤体长期处于含水潮湿状态，水在蒸发时的吸热降温作用使煤体在低温氧化过程中温度不能升高，也起到了抑制煤炭自燃的作用。但是随着水分的蒸发，在煤体上形成的液膜会因失水而破裂，将起不到隔氧阻化的作用。

2. 化学阻化剂防灭火原理

化学阻化剂主要基于煤低温氧化的动力学过程，通过引入抗氧化剂，捕获煤氧化自燃链式反应过程中产生的自由基，中断链式反应过程中链的传递，或者将煤中低温氧化的活性官能团进行惰化，使其生成稳定的结构，提高氧化反应的反应活化能，增加反应的难度，以此来抑制煤发生氧化自燃。与物理阻化剂不同之处在于，化学阻化剂能够改变煤的结构，减少或消除煤中的部分活性官能团，其对煤的阻化作用更持久。

二、阻化剂材料的选择

采用阻化剂防灭火时，应当遵守下列规定：① 选用的阻化剂材料不得污染井下空气和危害人体健康；② 必须在设计中对阻化剂的种类和数量、阻化效果等主要参数做出明确规定；③ 应当采取防止阻化剂腐蚀机械设备、支架等金属构件的措施。因此，在进行阻化剂选择时要充分考虑上述规定。国内外使用的阻化剂种类很多，种类繁多的阻化剂给煤矿的使用提供了更多的选择，但是，煤矿对阻化剂的选择必须采取谨慎的态度。阻化剂选择的好坏，不仅影响阻化效果和经济效益，而且对井下安全也有重要的影响。在选择阻化剂时，应综合考虑以下 5 个方面：

① 阻化率要高。阻化率是衡量阻化剂阻化效果的一个重要指标，阻化率值愈大，阻止煤炭氧化能力愈强。因此，阻化率是阻化剂选择的重要指标。

② 阻化衰退期要长。阻化寿命与阻化率有密切关系，阻化率高、阻化寿命长的阻化剂是理想的阻化剂。如果阻化剂的阻化率虽高，但抑制煤氧化的时间很短，即阻化寿命短，则不能认为其是良好的阻化剂。因此，在选择阻化剂时，既要考虑阻化率，也要考虑阻化寿命。

③ 安全性好、费用低。选择的阻化剂及其溶液应是无毒，能防止在灭火过程中可能发生的瓦斯爆炸，不污染井下环境，且费用又较低。

④ 来源可靠，供应充足，运输方便。井下采用的阻化剂用量较大，因此来源必须可靠，供应充足，否则要贻误生产。另外，运输也不能过远，而且要方便，否则会增加吨煤成本。所

以，在综合考虑阻化率、来源可靠、运输费用及成本等方面的同时，应优先就地就近生产阻化剂。

(5) 对井下设备、设施腐蚀性小。酸碱物质溶液对井下设备、设施的腐蚀作用不可忽视。为保证设备、设施安全正常运转、维修量小、延长使用寿命，要尽量选用腐蚀性小的阻化剂。

目前，国内外主要使用的物理阻化剂主要为吸水盐类阻化剂，如氯化钙($CaCl_2$)、氯化镁($MgCl_2$)等，该类阻化剂阻化效果好、价格便宜且储运方便；化学阻化剂主要包括碱性类阻化剂以及抗氧化类阻化剂两类，碱性阻化剂有 $Ca(OH)_2$、$Al(OH)_3$、$Mg(OH)_2$ 等，抗氧化类阻化剂主要包括人工合成的碳酸氢铵、磷酸二氢铵、花青素、维生素、儿茶素等。相比物理阻化剂，化学阻化剂一般成本较高。

三、阻化剂效果评价指标

阻化效果是评定阻化剂性能优劣的标准。我国目前采用阻化率和阻化寿命作为衡量阻化剂的两个指标。

1. 阻化率

煤样在阻化处理前后释放出 CO 量的差值与未经阻化处理时放出 CO 量的百分比称为阻化率(E)，即

$$E=\frac{A-B}{A}\times 100\% \tag{4-16}$$

式中 E——阻化率，%；

A——煤样未经阻化处理时，在温升(100 ℃)实验中通入净化干燥空气(160 mL/min)时放出的一氧化碳(CO)浓度，10^{-6}；

B——煤样经阻化处理后，在上述相同条件下放出的 CO 浓度，10^{-6}。

在阻化率定义中，以 100 ℃作为测定时的标准温度，这种方法存在一定的不足之处：第一，在 100 ℃情况下，在有氧环境下，煤氧化释放 CO 量是随着时间增加的；第二，阻化剂对煤自燃阻化不是仅仅在某一温度下起作用，而是对整个煤自燃过程都有阻化作用，并且在不同温度和时间段其阻化效果和起阻化作用的机理是不相同的。

高硫煤的阻化率是以阻化处理前后煤样在 180 ℃时放出的 SO_2 量的差值与原煤样放出的 SO_2 量之比的百分率来确定的，其计算公式与式(4-16)相同。

阻化率表示阻化剂阻止煤炭氧化的能力，阻化率越大，该阻化剂阻止煤炭氧化的能力越强。应该指出的是，阻化剂的阻化率是在实验室加热条件下测定的，这种测定条件与现场煤的实际干燥过程和氧化条件是有区别的。但是这些试样的制作和实验过程都是相同的，采用的衡量指标也相同，因此，这种参数作为相对指标具有一定意义。

需要注意的是，阻化率高的阻化剂一定有很好的效果，还需要另一个参数阻化衰退期即阻化寿命来进一步确定。

2. 阻化寿命

阻化剂喷洒至煤体表面后，从开始生效至失效所经过的时间为阻化剂的阻化寿命。现有煤矿阻化剂行业标准将阻化率维持在 40%以上的时间定义为阻化剂的阻化寿命。

阻化剂的阻化寿命是一个重要指标。阻化剂对于煤的自燃只能起到抑制和延长发火期的作用，具有一定的时间限制。阻化寿命可以通过两次或多次喷洒阻化剂以及保持环境具

有较高的湿度等措施来延长。

理想的阻化剂应为阻化率高、阻化寿命长的阻化剂。所以，阻化剂防火时应在其阻化寿命结束前补注阻化剂来维持其阻化功能。

四、阻化剂使用方法

阻化剂防灭火技术的使用方法主要包括两类：一是在采煤工作面向采空区遗煤喷洒阻化剂溶液防止煤的自燃；二是向可能或已经开始氧化发热的煤壁打钻孔压注阻化剂溶液。

1. 喷洒阻化剂

喷洒阻化剂是在采煤工作面向采空区或工作面喷洒阻化剂溶液。为此，需建立喷洒系统。喷洒系统一般分为三种形式：临时性喷洒系统、半永久性喷洒系统和永久性喷洒系统。而其中以半永久性喷洒系统使用最为广泛。

如采用喷洒工艺，要在采空区建立半永久性的储液池或专用矿车做成临时性储液池以构成喷洒系统，如图 4-21 所示，该图为简易的工作面喷洒系统示意图。工作面喷洒工艺可采取下列方式进行：把喷洒工作安排在检修期间进行，阻化剂的喷洒以工作面下部为主，上部可喷洒清水，工作面上下喷枪相向喷洒。半永久性的喷洒系统以水泥料石砌筑的储液池代替矿车以供使用，其他设备与简易系统相同。

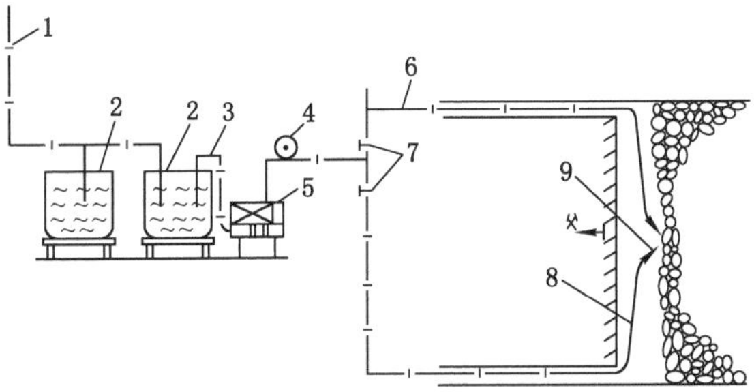

1—供水管路；2—阻化剂车；3—水泵吸液管；4—压力表；5—洒液泵；6—输液管；7—阀门；8—胶管；9—喷枪。

图 4-21　简易喷洒系统示意图

半永久性喷洒系统一般服务于储液池附近的几个工作面；临时性喷洒系统只是用矿车做储液容器代替储液池；而永久性喷洒系统则是在地面或水平大巷建立大容量储液池。永久性喷洒系统可服务于一个水平，临时性喷洒系统服务范围小，但较灵活。

2. 压注阻化剂

为防止煤柱、工作面起采线、停采线等易自燃地点发火，需要打钻孔进行压注阻化剂处理。向煤壁打钻注液可用一般煤电钻打孔，钻孔间距根据阻化剂对煤体的有效扩散半径确定。钻孔深度应视煤壁压碎深度确定，一般孔深 2～3 m，孔径 42 mm。钻孔的方位、倾角要根据火源或高温点的位置而定，可用橡胶封孔器封孔。压注之前首先将固体阻化剂按需要的浓度配制成阻化剂溶液，开动阻化泵，将阻化剂吸入泵体，再由排液管经封孔器压入煤体。压注阻化液以煤壁见阻化剂即可，一次达不到效果时，可重复几次，直到煤温降到正常为止。在条件允许的情况下，也可将储液池建在上水平，借助静压喷洒或压注阻化液。

综上所述，阻化剂防灭火技术由于工艺系统简单、设备少、防火效果好等优点，在一些缺乏黄土、注浆困难的矿区得到了较广泛的应用。该技术的关键是优选阻化剂，提高阻化剂的阻化率，延长阻化衰退期(阻化寿命)，同时还需进一步完善其工艺设备。

第六节　三相泡沫防灭火技术

采用灌浆技术时，浆体注入采空区后一般会出现由高向低的“线”流动(即“拉沟”现象)，浆液扩散范围小、浆液易流失，有时还会发生溃浆事故；注惰性气体，气体易随漏风遗散，不易滞留在注入的区域内，且灭火降温能力差。针对目前矿井已有防灭火技术存在的不足，特别是针对综放采空区、巷道高冒区的隐蔽火源和高位火源治理的难题，中国矿业大学研发了防治煤炭自燃的三相泡沫防灭火技术。

一、三相泡沫防灭火原理

三相泡沫是由固态不燃物(粉煤灰或黄泥等)、气体(惰性气体或压风)和水三相介质经发泡而形成的混合体。泥浆通过注入氮气发泡后形成三相泡沫，体积量大幅度增大，在采空区中可向高处堆积，对低、高处的浮煤都能覆盖，能够避免“拉沟”现象；氮气被封装在泡沫之中，能较长时间滞留在采空区中，充分发挥氮气的窒息防灭火功能；三相泡沫中含有粉煤灰或黄泥等固态物质，这些固态物质是三相泡沫液膜的一部分，可较长时间保持泡沫的稳定性，即使泡沫破碎后具有一定黏度的粉煤灰或黄泥仍然可较均匀地覆盖在浮煤上，可持久有效地阻碍煤对氧的吸附，防止煤的氧化，从而有效地防治煤炭自然发火。此外，三相泡沫发泡剂添加了阻化剂，能均匀地分散在煤体上阻止煤氧结合官能团的产生和自由基的链式反应，对煤的自燃有很好的阻化效果，同时还可以改善煤体的表面的润湿性能，从而能使煤吸收更多的水分，极大地增加煤体的湿度。因此，三相泡沫具有降温、阻化、惰化及抑爆等综合防灭火特性。

二、三相泡沫材料的选择

《煤矿防灭火细则》规定，采用三相泡沫防火时，应当遵守下列规定：① 制备三相泡沫的浆液水土(灰)比宜为 4∶1～6∶1；② 气源可采用氮气或者空气，气源进入发泡器入口的压力应当大于该点至灌注点间的泡沫流动阻力，且不低于 0.2 MPa；③ 发泡剂不得具有可燃性、助燃性、毒性、辐射性、刺激性等；④ 走向长壁采煤工作面可在标高较高的巷道进行灌注，倾斜条带采煤工作面可在进、回风巷同时灌注，巷道高冒区可采用钻孔灌注。

1. 固相成分

三相泡沫的固相成分主要是粉煤灰或者黄泥，粉煤灰是火力发电厂排烟系统中排放，通过收尘器收集的细粒灰尘；粉煤灰有干灰和湿灰之别，用于制备三相泡沫的是干飞灰或是干飞灰的浆液。黄泥取土主要来自矿区附近地区，一般含有大量的杂质以及大颗粒的石头、硬块等，进入注浆池之前必须先进行过滤。

固相成分颗粒粒度对形成三相泡沫有很大的影响，颗粒的粒度越小，越容易形成三相泡沫，形成的三相泡沫的防灭火性能也越好；颗粒越大，固相颗粒与泡沫之间结合力就越弱，颗粒不容易黏附在泡沫上，在重力的作用下就越容易沉淀下落，不能形成稳定的三相泡沫。实验研究发现，大的固相颗粒不能黏附在泡沫壁上，这是因为气泡的承受力大小有一个限度，如果颗粒过大，其重力超过气泡的承受能力，气泡就容易破裂，因而不容易形成三相泡沫。取无法黏附在泡沫上而直接沉淀的固体颗粒，测量其颗粒的最小尺寸为 300 μm。因此，容易形成三相泡沫的颗粒粒度应小于 300 μm。

2. 液相成分

三相泡沫的形成是在水介质中进行的，水对固体颗粒的表面性质、发泡剂的物理化学性质都有较大的影响。在一些缺水的矿区，可以采用井下抽到地面的废水作为液相，这样节约了水资源、降低了液相水的成本。在一些矿区，矿井水的硬度较高，同时还含有 Ca^{2+}、Mg^{2+} 等各种盐类杂质，因此在选择发泡剂、稳泡剂等添加剂的时候，要充分考虑到这些杂质的影响。

由于粉煤灰或黄泥颗粒表面亲水性强、显微结构复杂、很难悬浮，而且含有大量的阴阳离子，固相颗粒与水混合后形成的浆液硬度较高，因此，一般的单一表面活性剂很难将粉煤灰或黄泥悬浮，而且浆液中的各种离子与杂质很容易使发泡剂失去发泡性能。三相泡沫发泡剂是根据三相泡沫的形成及稳定机理，通过多种表面活性剂的复配、加入相关添加剂而研制成功的一种具有低界面张力、良好的发泡、稳泡以及阻燃性能的液相发泡剂。

3. 气相成分

三相泡沫是通过三相泡沫发泡器物理机械发泡形成的，与化学发泡机理不同。气体通过机械搅拌、涡流运动等形式直接被液相成分包裹起来，因此三相泡沫的气相成分可以采用空气、氮气、二氧化碳等不溶于水或较难溶于水的气体。其中，从形成的三相泡沫效果考虑，氮气和空气的效果比二氧化碳要好，主要是因为氮气和空气在水中的溶解度以及被煤体的吸附能力相比二氧化碳要小得多，这样就有利于三相泡沫的形成；从防灭火效果来讲，氮气三相泡沫要比空气三相泡沫的防灭火效果好，因为空气中含有 21%的氧气，采用空气可能会给采空区带进一定量的氧气。

因此，在矿区有氮气的情况下首选氮气作为气相。一方面，氮气是一种惰性气体，很难与其他物质发生反应，因而本身就是一种很好的防灭火材料；另一方面，氮气可以作为载体，将大量的粉煤灰或黄泥输送到采空区。

三、三相泡沫防灭火特性

1. 吸热降温

三相泡沫灭火主要基于两个原理：一是水汽化过程要从热源中带走大量的热；二是汽化的水蒸气不断积聚会形成具有隔离空气作用的屏障。当泡沫被加热到 100 ℃时，泡沫会膨胀 30%。但是液态水蒸发变成水蒸气时体积膨胀比是 1 700∶1。假设泡沫中的空气与水的比为 1 000∶1，那么当 1 000 L 这样的泡沫蒸发后，就会变成 1 300 L 的空气（膨胀率 30%）加上 1 700 L 的水蒸气，也就是 3 000 L 的混合气体。空气原来还有体积比为 21%的氧气量，那么随着与产生的水蒸气的混合，氧气浓度下降为 9.1%，可以使明火熄灭。

2. 隔绝氧气

在煤矿井下采空区中普遍存在大量的浮煤，当向采空区中注入三相泡沫后，其含有的固体不燃物（粉煤灰或黄泥）可以起到包裹煤体、隔绝氧气、封堵采空区漏风通道与煤体裂隙的作用，进而阻止煤的氧化反应，达到防治煤炭自燃的目的。

3. 降低氧浓度

采空区氧气浓度过高，必然会加快化学反应速率和放热速率。三相泡沫材料中的气相采用氮气，注入采空区的氮气被封装在泡沫之中，能较长时间滞留在采空区中，充分发挥氮气的窒息防灭火作用。当泡沫破灭后，氮气充斥在采空区中，降低了采空区的氧气浓度。一般制氮机产生氮气的浓度都高于97%，另外液相水蒸发后产生的水蒸气也具有一定的惰化效果。

4. 增加煤体湿度

由于使用的发泡剂是由几种表面活性剂复配而成的，对煤的自燃有很好的阻化效果，起到了阻化剂的作用；同时发泡剂作为表面活性剂，可以改善煤体的表面的润湿性能，从而能使煤吸收更多的水分，极大地增加煤体的湿度，当添加发泡剂0.2%后，煤体吸收水的质量大约增加4～6倍。同时，含有发泡剂的水能在煤体表面形成一层水膜，隔断煤与氧气的结合。

5. 抑制自由基生成

煤炭自燃的过程包含有自由基的反应，因此，为了防治煤炭自燃，需要抑制自由基的产生，切断自由基和官能团的链式反应。三相泡沫发泡剂溶液本身就是一种很好的阻化剂，能有效地隔绝氧气、抑制官能团和自由基的产生并中止链式反应；特别是固相成分的存在，煤氧化过程中产生的自由基碰撞到这些大颗粒的物质而被吸收，从而能有效抑制自由基的链式反应并消除煤自然发火的危险。

四、三相泡沫制备装置及工艺流程

1. 三相泡沫制备装置

要产生高倍数的三相泡沫，发泡器是关键。常用的两相泡沫发生器，如网式发泡器，不适用于产生三相泡沫。根据三相泡沫中固相颗粒的特点，制备三相泡沫的发泡器采用射流喷射的原理，主要部件之一是内置的文丘里管，文丘里管的流道截面形状是一个先收缩后扩张的圆形管子；文丘里管的扩散段周边上设有多个引入气体的孔隙，其喉颈口处设有集流器和两个可以旋转的叶轮。三相泡沫发泡器结构简单，发泡器本身不需要任何动力装置，仅依靠浆体自身的能量就足以带动，而且能适应不同固体颗粒粒径浆液材料的发泡。

三相泡沫的发泡机理可以归结为：当浆液经过发泡器时，泥浆和气体成为射流状态，在发泡器与集流器之间的旋转斜面上，形成湍流涡流，使气-液-固充分混合。由于浆液和气体具有较高的动能，混合后在低压区造成了能量过剩，根据热力学原理，过剩的能量就对三相混合液做功，同时由于表面活性剂的存在，形成了大量的具有三相介质的泡沫群体。高速泡沫泥浆冲击的旋转叶轮即在封闭系统内对泡沫泥浆进行高速搅拌而使泡沫机械切割、挤压分散而均匀细化；同时也能使粉煤灰或黄泥颗粒进一步分散，增强了泡沫泥浆的稳定性，从而形成了均匀致密而细腻的三相泡沫。

2. 三相泡沫工艺流程

三相泡沫的制备流程如下：首先，在制浆站中将一定比例的水与粉煤灰或黄泥混合形成的浆液送到注浆管路中；其次，通过定量螺杆泵将发泡剂注入注浆管路中；最终，浆液与发泡剂在混合器中充分搅拌混合后进入发泡器，在发泡器中接入氮气管路，气体与粉煤灰或黄泥浆体相互作用产生高倍数的三相泡沫。

三相泡沫在使用过程中，发泡剂的添加十分灵活，可以根据现场情况的需要，采取井下添加或者地面添加的方式。为了使注浆工艺更简单，减少井下电线连接与用电设备以及减少井下工人的劳动，提高系统运行的可靠性，且在地面注浆量可调的情况下，采用直接在制浆池中添加发泡剂(方案一)，将浆液与发泡剂混合搅拌好以后直接注入注浆管路。

然而，对于浆液产生量较大而注浆量又无法控制的矿井，一般采用井下添加发泡剂的方式(方案二)。在现场应用过程中,三相泡沫最适宜的浆液产生量为 10～30 m^3/h,如果浆液量过大,有可能导致发泡剂的浪费。两种添加发泡剂方案的三相泡沫制备工艺流程如图 4-22 所示。因此,可以在井下对其进行分流,然后采用井下添加发泡剂的方式,将发泡剂直接添加至井下混合器中,这种添加方式最早在大屯煤电(集团)有限责任公司姚桥煤矿获得了应用。

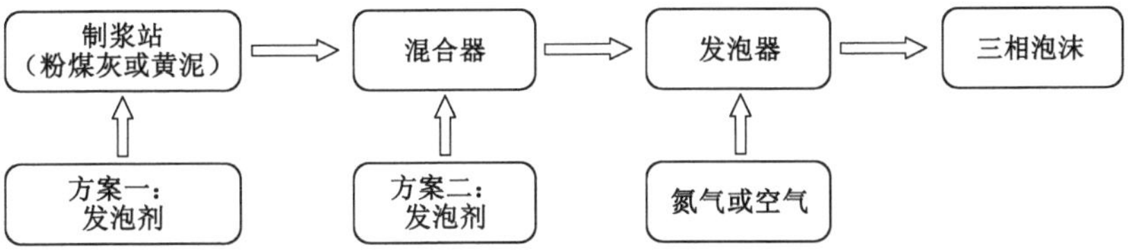

图 4-22 两种添加发泡剂方案的三相泡沫制备工艺流程

三相泡沫技术指标如表 4-4 所示,制备的三相泡沫可以借助预埋管、钻孔等方式灌注至采空区或火区位置,达到预防煤自燃以及灭火降温的效果。

表 4-4 三相泡沫技术参数

技术指标	参数值	技术指标	参数值
发泡倍数	≥30 倍	耗浆量	10～30 m^3/h
稳定时间	>8～24 h	三相泡沫产生量	300～900 m^3/h
水灰质量比	4∶1～6∶1	发泡剂用量	0.2%～0.5%

第七节 凝胶防灭火技术

20 世纪 80 年代后期,随着我国煤矿开始广泛采用综采放顶煤开采技术,原有的防灭火技术不能完全满足安全生产的需要,凝胶防灭火新技术应运而生。1995 年,中国矿业大学研制了凝胶阻化剂,采用水玻璃(xNaCl · ySiO$_2$ · 2H$_2$O)加速凝剂混合而成,将其喷洒到采空区后,能够在浮煤表面形成一层保护凝胶层,隔绝煤氧接触,有效封堵了煤的裂隙及采空区的漏风通道,阻止了煤炭的氧化自燃,防火效果优于常规阻化剂。后来耐高温水胶体等一些改进后的灭火材料相继在矿井防灭火中获得较广泛使用,在使用效果上都较单纯的凝胶材料有很大的提高。凝胶防灭火技术集堵漏、降温、阻化、固结水等性能于一体,较好地解决了灌浆、注水的水泄漏流失问题。

一、凝胶防灭火原理

凝胶材料是一种特殊的材料,既不同于固体,也不同于液体。凝胶材料进入松散的发热、发火煤体后,可充填在裂隙和空隙中包裹煤体,原本连成片的大量发热煤体被分割成小块,其表面被凝胶覆盖。由于煤氧复合是从煤体表面开始的,而凝胶附着在煤体表面减少了煤氧的接触面积,使氧气与煤接触概率降低,从而降低了煤的氧化放热速度。此外,由于凝胶材料主要组成是水,水占凝胶总质量的 90%以上,水的比热容又很大,水温升高能够吸收大量热能,从而使环境温度降低。

二、凝胶材料的选择

矿井防灭火使用的凝胶、阻化剂及进行充填、堵漏、加固用的高分子材料，应当对其安全性和环保性进行评估，并制定安全监测制度和防范措施。采用凝胶防灭火时，编制的设计中应当明确规定凝胶的配方、促凝时间和压注量等参数。压注的凝胶必须充填满全部空间，其外表面应当喷浆封闭，并定期观测，发现老化、干裂时重新压注。

1. 原材料选择原则

用于防治矿井火灾的凝胶目前较多，根据煤矿火灾的特点，矿井防灭火凝胶材料的选择应遵从以下原则：

① 无毒无害。对井下工作人员的身体健康没有危害，对设备无腐蚀，对井下环境无污染。

② 价格低廉，工艺设备简单。防灭火材料要有经济实用性，同时由于受到井下特定工作环境的限制，因此要求工艺设备简单，便于在井下现场应用。

③ 要有良好的堵漏性。将氧气进入煤层的通道堵塞后，就大大地降低其空间氧气的浓度，同时，外界的氧气很难进入采空区

④ 具有渗透性好的性能。要能够很容易地进入松散煤体的内部，从而与煤体形成一个有机的整体，使氧分子很难进入煤体内部。

⑤ 要有良好的耐高温性能。由于在煤炭自燃的区域，往往有很高的温度，因此材料在高温下不易分解，保持原有的特性，才能充分发挥其防灭火效果。

⑥ 吸热性能好。材料应该具有高的比热容，这样就能加速高温煤层温度的降低。

2. 防灭火凝胶的种类

根据制备凝胶基料化学性质的不同，凝胶主要可分为无机凝胶和有机凝胶两大类。

(1) 无机凝胶

对于由两种原料在水中经过物理或化学作用形成的胶体，通常把主要成胶原料称为基料，把促成基料成胶的材料称为促凝剂或胶凝剂。无机凝胶主要由基料、促凝剂和水按照一定比例配置成水溶液，发生凝胶作用而形成，成胶的过程是一个吸热过程。胶体内充满着水分子和一部分其他物质，硅凝胶起框架作用，把易流动的水分子固定在硅凝胶内部。在矿井防灭火过程中，最常用的无机凝胶是硅凝胶，其中水玻璃是基料，碳酸氢钠或碳酸氢铵为促凝剂。防火时，基料为 8%～10%，促凝剂为 3%～5%；灭火时，基料为 6%～8%，促凝剂为 2%～4%。成胶时间由基料和促凝剂的比例确定，一般基料与促凝剂在水溶液中的比例越大，成胶时间越短。当基料为 90～100 kg/m^3 时，成胶时间为 7～8 min，促凝剂为 20 kg/m^3 时；成胶时间为 3～4 min 时，促凝剂为 30 kg/m^3；成胶时间为 25 s 时，促凝剂为 50 kg/m^3。促凝剂为碳酸氢铵的凝胶，防灭火性能好，成本低，但碳酸氢铵在低温下容易分解形成氨气，具有很大的刺激性气味，对井下工人的健康有危害。采用碳酸氢钠等其他促凝剂，可以避免产生有害刺激性气体，但是形成的凝胶的防灭火性能和稳定性稍差，成本也高一些。

此外，无机凝胶防灭火存在失水后凝胶易干裂、粉化和灭火后火区易复燃的不足。

(2) 有机凝胶

有机凝胶也称高分子凝胶。高分子凝胶是指相对分子质量很高(通常为 10^4～10^6)的一类高分子化合物的溶液。这种高分子化合物吸水能力很强，与水接触后，短时间内溶胀且凝胶化，最高吸水能力可达自身重量的千倍以上。目前用于矿井的高分子防灭火材料以聚丙

烯酰胺、聚丙烯酸钠为主要成分。这种胶体材料与水玻璃凝胶相比，使用时仅采用单种材料，使用量小，通常为0.3%～0.8%，在井下使用方便，且对井下环境无污染。这种胶体附着力强，可充分包裹煤炭颗粒，隔绝其与氧气的接触。

高分子凝胶材料的不足在于其成本较高，且吸热与成胶能力均不如由水玻璃与碳酸氢钠制备的无机凝胶。

三、凝胶材料防灭火特性

1. 固水性

胶体都有固水性，能够使一定量的水固定在胶体网状结构骨架中失去流动性。不同的胶体，固水的能力不同。例如硅酸凝胶，可以把90%以上的水固定在其网状结构中，失去流动性。一般来讲，胶体的固水量都在80 %以上。胶体能够利用固定在其内的大量水分，充分发挥水灭火的特性。由于固定水失去了流动性，因而其可向高空堆积，扑灭巷道及工作面顶部等高处火灾。

2. 吸热性

胶体的主要成分是水，由于水的比热容很大，因此水温的升高可以吸收大量的热能，从而降低煤层内部温度。煤的燃烧进入了高温阶段后，胶体中的水分汽化又能吸收大量的热能。可以计算，基料浓度为6%时，1 m^3 胶体汽化后吸收热量为 4×10^4 kJ。

3. 耐高温

由于凝胶内固化有大量的水，高温下胶体中的水分缓慢蒸发，因此胶体内部温度不会升到很高，也就是说凝胶在高温下不会迅速汽化。

4. 耐压性

凝胶灭火的一个重要指标是其堵漏性。胶体的耐压性对堵漏的效果有很大的影响。胶体的强度越大则能够承受的漏风压力越大，堵漏效果也越明显。耐压性与基料浓度的关系为：基料浓度越大，耐压愈高。一般来讲，基料在常用浓度下，胶体厚度达到3 cm，就可耐风压2 942 Pa。

凝胶在现场的实际使用中，对于松散煤体，由于空隙的直径较小，一般的胶体可以起到堵漏的效果，但是在一些顶部的高冒区或大的空洞里，如果向其内部注入凝胶，由于自身重力大于其支撑力，因而容易引起胶体的破裂，此时需要对胶体进行增强。常用的增强材料有黄土、粉煤灰和黏土矿物。

5. 渗透性

在矿井灭火过程中，需把胶体注入发火的煤体里。着火的煤体常为破碎的松散煤体，它实际上是包含了大量空隙和裂隙的多孔介质。渗透性是多孔介质传导流体的性能，其数值的大小不仅与骨架的性质(颗粒成分、分布、大小、充填)有关，还与流体的性质有关。实验证明，当胶体的浓度为2%时，胶体的屈服值大于其自身的重力，胶体可滞留在煤层中。

6. 成胶时间

成胶过程是一个从初凝到终凝的渐变过程，成胶时间就是达到终凝所经历的时间，即从基料和促凝剂的水溶液混合开始到胶凝结束为止的时间。根据不同的使用条件，要求凝胶有不同的成胶时间。用于封闭堵漏和扑灭高温火源点的凝胶，其成胶时间应控制在混合液体喷出枪头30 s内；用于阻化浮煤自燃的凝胶，其成胶时间应控制在混合液体喷出枪头5～10 min内。成胶时间对凝胶防灭火效果影响很大，有时需要根据凝胶材料的成胶时间选择注胶工艺，有时则需要根据工艺要求来选择成胶材料或控制成胶时间。

四、凝胶防灭火工艺

凝胶防灭火材料只有与适合的应用工艺及设备相配合，才能最大限度地发挥凝胶的优势。因此，根据矿井具体条件和不同的火区情况，主要采用的工艺有如下几种。

1. 单液箱式注胶系统

该工艺如图 4-23 所示。先把 B 与 W 混合均匀，再把 A 加入，混合均匀。然后用泵在混合液成胶前运至使用地点成胶。该工艺适用于成胶时间较长，用量不太大的地点，可采用静压或泥浆泵输送胶体。对火区密闭巷道的充填，也可用该工艺。该工艺缺点是不能连续运行。

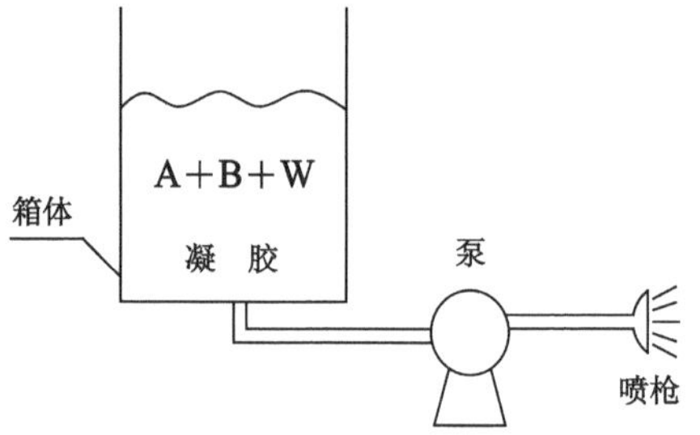

图 4-23　单液箱式系统

2. 双箱双泵注胶系统

双箱双泵工艺系统如图 4-24 所示。在该工艺系统中，把基料 A 和促凝剂 B 按一定比例与水在矿车（或水箱）内搅拌均匀，然后同时启动两台泵。经两泵抽出的 A 液体和 B 液体在混合器内混合后，由胶管输送到注胶钻孔，待两种溶液输送完后，用清水稍冲洗泵和管路，重新配制。通过实践证明，此种注胶工艺简单易行，胶体质量稳定。但配料要求掌握严格，而且两台泵的压力和流量要相同，保证注胶配比均匀，否则将发生胶体凝结堵泵堵管现象（停泵前一定要用清水冲洗泵和管路）。

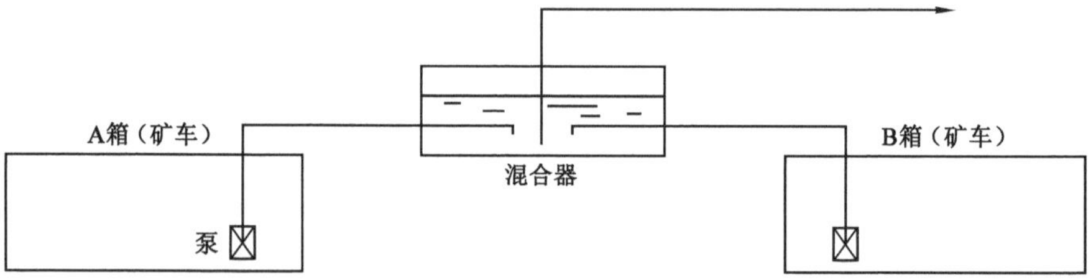

图 4-24　双箱双泵系统

第八节　稠化砂浆防灭火技术

单纯利用水进行注砂工艺的注砂防灭火技术，一般需要水砂比达到 7：1～15：1 左右，这对于水资源的消耗极大；另外，一般的砂浆在管路输送、注砂充填过程中，极易磨损和破坏输送管路，还存在水砂分离、砂子沉淀堵管等问题。因此，为了解决传统注砂防灭火技术存在的上述问题，同时为了适应我国西部矿区多砂少土和水资源匮乏的地质特征，中国矿业大学开发了一种适用于大比重砂浆的悬浮剂——KDC 悬砂稠化剂，发明了稠化砂浆防灭火技术，解决了现有技术不能悬砂、易堵管和用水量大的技术难题，并在西部神东煤炭补连塔、大柳塔等矿井得到应用。

一、稠化砂浆防灭火原理及优势

稠化砂浆防灭火技术是在原有注砂灭火的技术上，在砂浆中添入天然高分子材料制成的稠化剂，通过加砂搅拌得到稠化砂浆，通过管路直接输送至煤矿井下进行应用；此外，也可利用槽车将其运输至井下，然后通过移动式注浆系统注入采空区等煤自燃严重区域，通过覆盖遗煤、隔绝氧气，达到防治煤自燃的效果。

该技术与传统灭火技术相比，存在以下优势：

① 稠化砂浆提高了砂浆的黏稠度，可将砂子长时间悬浮，减小了砂浆的水砂比，有利于增加砂浆的固含量，节约水资源；

② 由于砂子在管路输送过程中呈现悬浮状态，而且泥浆具有较高的黏度，可极大地降低砂浆对管路的磨损；

③ 砂浆具有成膜特性，注入采空区后能够有效覆盖遗煤，成为连续密实的覆盖层，隔绝浮煤与氧气的接触；

④ 砂浆中的砂子可有效捕获煤自燃过程中生成的自由基，从而阻断煤的低温氧化过程，具有较强的防灭火作用。

图 4-25 为采用神东煤炭的山砂在实验室制出的稠化砂浆，该稠化砂浆流动性较好，不堵管，堵漏隔氧效果好。

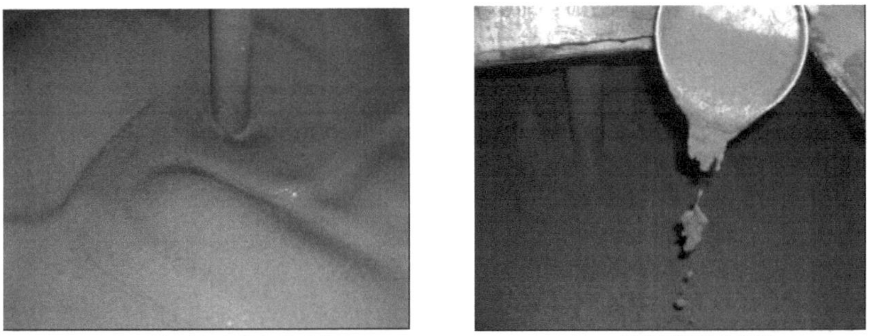

(a)　制备过程中的稠化砂浆　　(b)　制备好的稠化砂浆

图 4-25　实验室制出的稠化砂浆

二、悬砂稠化剂材料及性质

KDC 悬砂稠化剂是从天然植物中提取出来的多糖聚合物，其结构为直链型(1→4)链合的 β-D-甘露糖醛酸(M)和 α-L-古罗糖醛酸(G)的无规则嵌段共聚物，在线性分子链中呈不规则的嵌段性排列。其中 G 是 M 在 C-5 位的立体异构体。G 和 M 的结构式及其连接方式如图 4-26 所示。KDC 水溶液在遇 Ca^{2+}、Cu^{2+}、Pb^{2+} 等二价金属阳离子时(Mg^{2+} 除外)会形成凝胶，稠化剂分子与 Ca^{2+} 作用，如图 4-27 所示。

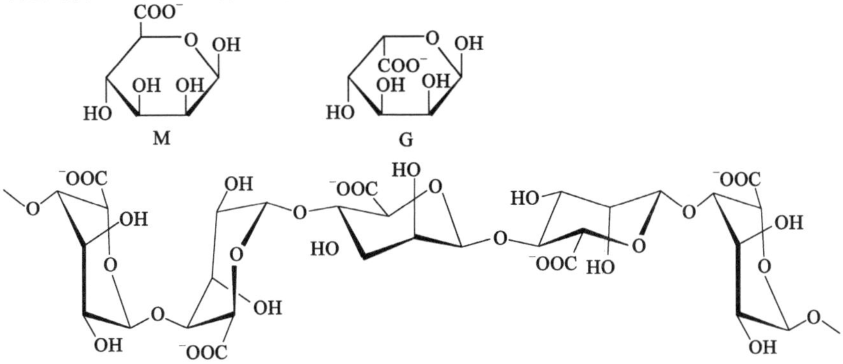

图 4-26　稠化剂结构式及其连接方式

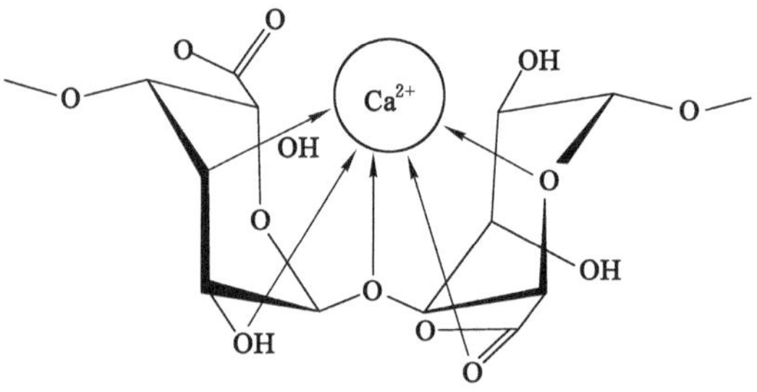

图 4-27　稠化剂与 Ca^{2+} 的结合方式

KDC 悬砂稠化剂利用自身分子结构特性与多价金属离子的交联作用，在溶液中形成空间网状结构，由于结构的弹性内聚作用，从而达到长时间悬浮砂子的效果。KDC 悬砂稠化剂具有如下特性：

① 在水中形成的三维网状结构和高黏度特性可以悬浮固相物质制成复合浆体，在水溶液中的溶解性随 pH 值的增大而增加，在 pH 值为 5.8～7.5 之间的水溶液为均匀透明液体，黏度随 pH 值的变化呈一倒钟形曲线，在 pH＝7 时黏度最大；

② 具有屈服假塑性流体特性，在低剪切速率（6～20 s^{-1}）下，能达到的黏度为 0.33～2.94 Pa・s；在 0.4％的水溶液浓度条件下，屈服应力约为 5～10 Pa，其黏度是水的 1 500 多倍；

③ 无毒无味无害，不污染环境，且使用成本低廉；

④ 形成的砂浆状态稳定，悬浮时间长；在静止状态下，水砂质量比为 2∶1 的砂浆悬浮时间大于 48 h。

三、稠化砂浆制备工艺

稠化砂浆的生产系统包括以下部分：热水罐、消解罐、海带切割机、砂浆制备装置、提砂机及配套管路。地面制浆系统由稠化剂制备系统、砂浆生产系统以及电气控制系统三部分组成，其中砂浆生产系统如图 4-28 所示。

图 4-28　神东矿区防灭火稠化砂浆生产系统

稠化砂浆生产工艺流程如下：以海带为原料，切碎后放入消解罐，经过高温碱化分解、加入消化液和触变剂，最终制备得到稠化剂，并泵送到制浆罐中进行稀释；在稀释液中添加盐酸和钙离子，使溶液呈微碱性（pH＝7.5），从而形成三维网络状结构的稠化剂溶液，然后将山砂通过带式输送机定量输送到砂浆制备装置，并与稠化剂溶液充分搅拌混合，最终制备得到稠化砂浆，得到的砂浆即可泵送至井下。工艺流程如图 4-29 所示。

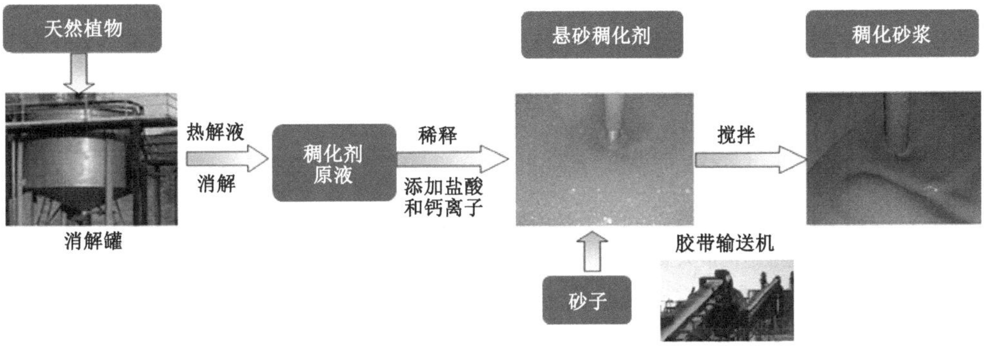

图 4-29　稠化砂浆的生产工艺流程图

第五章　矿井外因火灾防治

矿井外因火灾是由外部火源如明火、爆破、机械摩擦、电器短路等原因造成的火灾。矿井外因火灾主要包括电气火灾和胶带火灾，大多发生在井底车场、机电硐室、运输及回采巷道等机械设备、电气设备比较集中，而且风流比较畅通的地点。这类火灾一般发生比较突然，发展速度快，如果发现不及时，处理方法不当，将造成大量人员伤亡和重大经济损失。本章从矿井外因火灾监测方法、预防与灭火、电气火灾与胶带火灾的防治、风流紊乱与控制等方面进行系统介绍。

第一节　矿井外因火灾监测方法

矿井外因火灾早期如不及时发现和灭火，极易扩大。在火源还没有发展成为灾害的早期，实时监测矿井外因火灾，及时发现矿井火灾并定位火源，自动启动火源附近的灭火装置及时灭火，可最大限度地减少人员伤亡和财产损失。目前矿井外因火灾监测方法主要有温度监测法、气体和烟雾监测法和图像监测法等。

一、温度监测法

温度监测法通过温度传感器感知火灾发生时的热气流变化监测火灾，即对某一点或沿某一条线范围的温升速率和温度做出反应，主要包括热电偶测温法、半导体测温法、红外测温法和分布式光纤测温法等。热电偶测温法和半导体测温法是接触式测温，传感器必须安装在被测物体上，具有准确率高、实时性强等优点，但存在监测点数量多、维护困难等问题。红外测温法是非接触式测温，包括红外测温仪和红外成像仪，通过检测被测物体辐射的红外线强度完成温度的测量，具有监测范围广、传感器易于布置等优点，但传感器与被测物体间的遮挡物和煤尘等均会影响监测结果。

分布式光纤测温法具有测点分布广、传输距离长、信息容量多、测试精度高、稳定可靠性高以及抗腐蚀、耐高压、抗电磁干扰等优点，同样适用于井巷外因火灾的监测。如图 5-1 所示，利用光纤测温法监测带式输送机火灾，在胶带输送装置上设置的感温光缆安装在胶带输送装置左右两侧的下方。也可以根据需要，沿胶带输送装置正常的管道或顶壁吊装一根光纤，光纤至胶带的高度不应大于探测半径 3 m；也可利用光纤测温法监测电缆火灾，将感温光纤采用直线敷设方式直接沿着矿井电缆的表面进行铺设，并每隔 1.0～1.5 m 用扎带进行固定，使光缆始终处在电缆的温度场中。在感温光纤走向改变或转角处，应做到光缆长度大于电缆长度，满足在敷设时感温光纤最小半径要求。对于设备易发热点，如电缆接头，测温光纤采用双环形缠绕方式固定在其接头部位，保证紧密接触，进行重点监测，完成精确定位。通过对电力电缆进行在线实时温度监测，保证电缆在允许运行的温度工作状态下，极大地发挥电力输送能力。

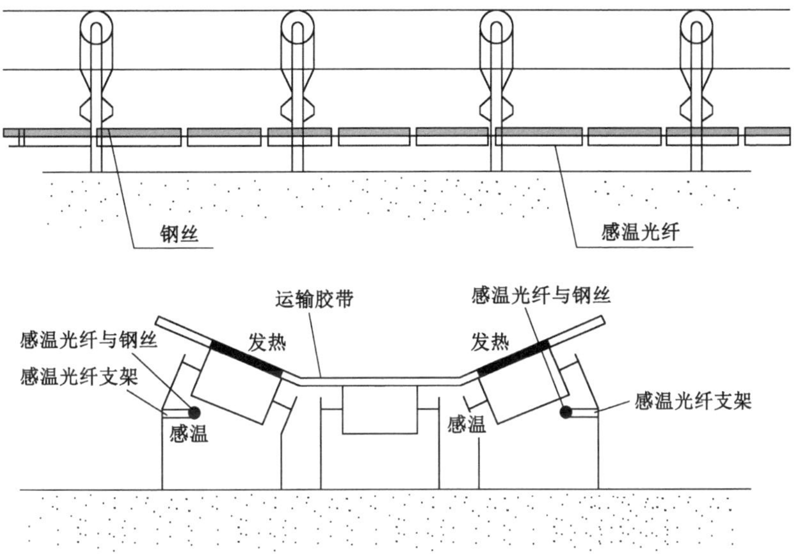

图 5-1　带式输送机火灾的分布式光纤测温监测方式

二、气体和烟雾监测法

气体监测法通过气体传感器感知火灾发生时的 CO、CO_2 等气体浓度进行火灾监测。通过采集火灾发生的标志性气体，对隐蔽点和封闭火区的燃烧状态进行实时监测，对不同监测点的同一气体进行对比分析，实现对火灾燃烧区位置的判定。为避免单一火灾气体识别火灾时误报率较大，在实际应用中通常采集多种标志性气体进行分析。

烟雾监测法通过烟雾传感器感知火灾发生时产生的烟雾来实现火灾监测，主要有光电式感烟火灾检测器和离子式感烟火灾检测器。光电式感烟火灾检测器主要是根据光的散射原理对火灾阴燃早期的可见烟雾粒子进行检测，散射光的强度与粒径和散射角度有关，散射示意图如图 5-2 所示。检测时，由红外发射管发射红外光，当红外光照射到火灾烟雾粒子上时，产生散射光；该散射光被红外接收二极管捕获，并转换成电信号。火灾烟雾粒子浓度越大，烟雾粒子散射的红外光越强，转换成的电信号也越强，当烟雾粒子的浓度超限时，检测器即可发出火灾报警信号，对阴燃火灾和机电设备火灾的监测比较有效；其缺点是容易受煤矿浮游粉尘的影响而产生误报，不利于对某些黑烟进行检测。此外，电气噪音、雷达电波、冲击电压、强光或闪光照射等干扰都会影响到火灾预报的正确性。

离子式感烟火灾检测器的工作原理是基于一定的电压作用放射元素镅的 α 射线使探头内部电离室的空气产生电离，当火灾中释放的烟雾粒子扩散进入电离室后，将会对带电离子产生吸附作用，导致原有的电场分布发生变化以及与烟雾浓度相应的微弱电流改变，以实现火灾的早期预测，烟雾浓度越高，离子电流越小(图 5-3)。离子式感烟火灾检测器能有效检测阴燃及明火火灾所产生的燃烧生成物，抗粉尘能力强，灵敏度较高，但其对于阴燃及燃烧早期产生大颗粒黑烟和缓慢燃烧的情况检测效果不理想，灵敏度容易受环境的影响，误报率高。烟雾监测法适用于燃烧过程产生烟雾颗粒的火灾，在火灾初期往往由于烟雾少起不到较好的监测效果，具有滞后性，漏报率较高。

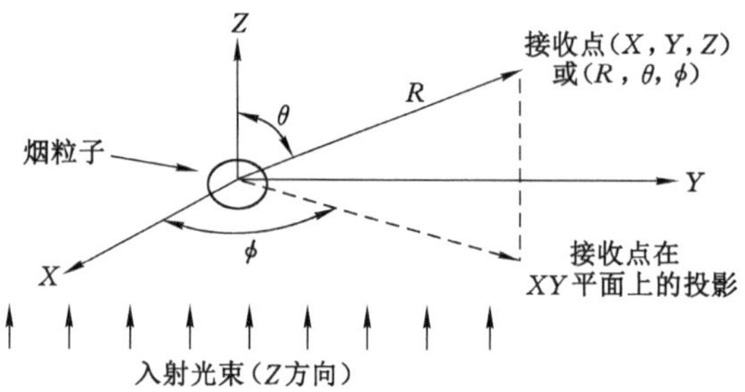

图 5-2　光电式感烟火灾检测器散射示意图

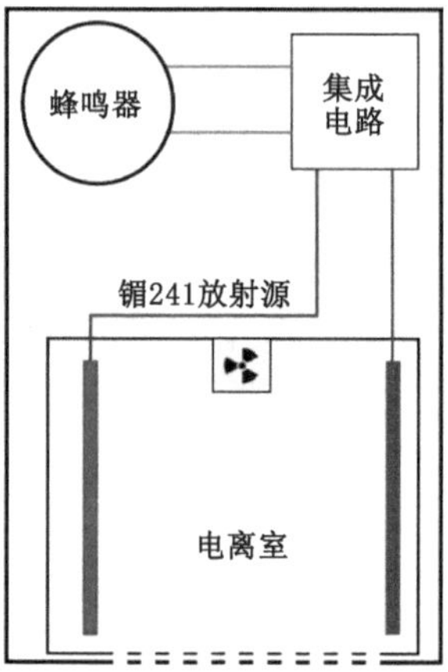

图 5-3　离子式感烟火灾检测器示意图

三、图像监测法

图像具有直观性、丰富性和不受环境影响等特点，早期火灾检测和识别的基础正是源于图像信息的丰富性和直观性，利用图像型火灾探测报警技术能够有效地发现早期火灾并报警。基于图像型的火灾监测具有非接触、直观性、远距离及不受气流速度、空间高度、易爆、有毒、热障等环境条件的限制等优势，已发展成为一种新型、有效的早期火灾监测方式。

1. 可见光图像监测法

可见光图像监测法通过可见光摄像机获取火灾图像/视频，根据图像/视频中的火灾特征并利用火灾识别算法进行火灾识别。该方法是一种非接触的火灾监测方法，具有监测区域广，成本低，便于安装、使用与维护等优点。但巷道灯、矿灯、车灯和红色衣物等会干扰可见光图像监测法对火灾的识别，特别是由于煤矿井下巷道空间狭小，发生火灾时空气不足，产生不完全燃烧，烟雾较大，严重影响监测距离。

火灾图像特征可分为静态特征和动态特征。静态特征主要包括火焰颜色、火焰形状等。动态特征主要包括火焰抖动及闪烁频率、火焰形状变化、烟雾特征等。静态特征可从单幅图像中提取，具有提取方便、计算复杂度低、实时性好等优点，但单幅图像所包含的火灾特征信息较少。动态特征需要从连续多帧图像中提取，连续多帧图像具有丰富的火灾特征信息，可提高火灾识别率，但动态特征提取需要处理的数据量庞大，实时响应较差。

2. 红外图像监测法

火灾产生的火焰、烟雾和热量等会辐射大量红外线。红外图像监测法通过红外热像仪获取火灾红外图像/视频，根据红外图像/视频中的火灾特征进行火灾识别。该方法具有可穿透烟雾、非接触式温度测量等特点，由于温度值与红外热像中像素灰度值存在一一映射的关系，可通过视场内各像素点的红外辐射值得出对应点的实时温度，并定位火源位置，其工作原理如图 5-4 所示。红外摄像机具有测温和热成像功能，可同时监测目标物体的温度和温度场变化。当红外摄像机监测到温度达到设定的报警值时，结合温度场及其变化等识别火灾。但红外摄像机存在成本高、分辨率低等缺点，红外摄像机与被测物体间的遮挡物和煤尘等均会影响监测效果。

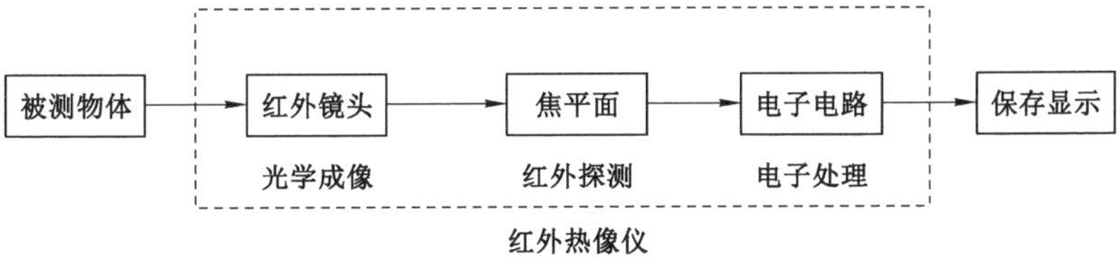

图 5-4　红外热像仪工作原理示意图

第二节　矿井外因火灾的预防与灭火技术

矿井外因火灾的发生和发展一般比较突然和迅猛，并伴有大量烟雾和有害气体，如果处理不当，还可能引起瓦斯和煤尘爆炸，造成人员伤亡和财产损失。因此，采取行之有效的方法对防治矿井外因火灾、减少煤矿火灾事故、降低灾害程度有着非常重大的意义。

一、矿井外因火灾的预防

矿井外因火灾一般发生在井下机电硐室、采掘工作面和有电缆的木支架巷道以及井口附近等处，对于这些火灾多发区域，必须建立完善的消防系统，同时在矿井生产过程中配合一定的技术措施和管理手段加以预防。

（一）矿井消防系统

目前，矿井消防系统仍是预防矿井外因火灾事故较经济有效的办法，包括消防给水系统、消防器材和设施。

1. 消防给水系统

完善的井下消防给水系统是煤矿井下安全的重要保证，主要由消防水池、消防水泵、井下输水管道和井下消防给水管网等部分组成。

（1）消防水池

在地面副井井口房附近必须建立专用的井下消防水池，水池有效容积按井下一次火灾的全部用水量计算，但不能小于 200 m^3。如果井下消防水池与其他用途水池合建，必须保证水池中的井下消防水不被占用。开采下部水平的矿井，除地面消防水池外，也可利用上部水平或生产水平的水仓作为消防水池。

（2）消防水泵

大多数消防水源提供的消防用水，都需要消防水泵进行加压，以提高压力和流量，满足灭火的要求。消防水泵至少配备两台，其中一台备用。

（3）井下输水管道

在井底车场、井下主要运输巷道，带式输送机斜井与平巷、上山与下山、采区运输巷与回风巷、采煤工作面运输巷与回风巷、掘进巷道等均应敷设井下消防输水管道，并每隔 100 m 设 DN50 支管阀门，阀门后加快速管接头，目的是能够与消防水龙带对接。

（4）消防给水管网

消防给水管网主要包括消火栓给水系统、自动喷水灭火系统和水喷雾隔火系统等。

① 消火栓给水系统

为了能够迅速扑灭井下火灾，在主井与副井井底车场连接处、采区上山口与下山口、带式输送机机头、机电硐室、检修硐室、材料库等井下重要部位设置消火栓箱。消火栓箱内存放 DN50 长 25 m 防腐水龙带 2 条，DN13 水枪 1 只，消火栓应设在井壁的壁龛内，不论是支管阀门还是消火栓箱都不要影响井下人员正常通行。

② 井下自动喷水灭火系统

在美国，煤矿井下设置的各种灭火系统中，应用最广最多的就是自动喷水灭火装置。我国的《煤炭工业矿井设计规范》规定：在带式输送机巷道易发火点处，应设置由烟感或温感控制的自动喷水灭火装置。自动喷水灭火装置主要设置在带式输送机机头机尾巷道处。

③ 水喷雾隔火系统

水喷雾隔火装置主要设置在主井或斜井至井底车场连接处，即主井或斜井井底两侧，通过水喷雾降低烟气温度，达到控制火势的目的，同时也可以隔断井上与井下之间的火灾联系。

水喷雾隔火装置一般要设置三层，层与层之间相隔 3～5 m。

2. 消防器材和设施

齐全的井下消防器材和设施是防治煤矿外因火灾的基础，同时也是减少火灾损失、降低灾害程度的重要保障。

(1) 基本灭火剂

① 干粉灭火剂

干粉灭火剂又称化学粉末灭火剂，是一种干燥的、易于流动的固体粉末，一般以碳酸氢钠、碳酸氢钾、磷酸二氢铵、硫酸钾、氯化钾等和经验分子式为 $KC_2N_2H_3O_3$、$NaC_2N_2H_2O_3$ 的化合物等为基料，加入流动剂和防结块剂组成。干粉灭火剂借助灭火器或灭火设备中的气体压力，将干粉从容器中喷出，以粉气流的形式扑灭火灾。干粉灭火剂覆盖在燃烧物上，受热后发生一系列的化学反应，反应过程中吸收大量的热并放出水分，水分蒸发进一步吸热，降低燃烧物的温度。另外，干粉及其热解产物还可以抑制碳氢自由基的生成，从而中断燃烧链反应；细的粉末在高温作用下溶化、胶结，产生浆状物质，附着在燃烧物表面形成隔离层，从而隔离空气，阻断燃烧。由于容量的限制，干粉灭火器只能用于煤矿井下各种机电硐室扑救油料、可燃气体、电气设备和井下带式输送机等小范围的初起火灾。

② 泡沫灭火剂

凡能够与水混溶，并可通过化学反应或机械方法产生泡沫的灭火剂，称为泡沫灭火剂。泡沫灭火剂一般由发泡剂、泡沫稳定剂、降黏剂、抗冻剂、助溶剂、防腐剂及水组成，主要用于扑救煤矿井下的油类火灾，也可用于扑灭木材、棉布等固体的初起火灾，但是不能用来扑救带电设备火灾和气体火灾。

按照泡沫的生成机理，泡沫灭火剂可以分为化学泡沫灭火剂和空气泡沫灭火剂两大类。化学泡沫是通过两种药剂的水溶液发生化学反应产生的，泡沫中所含的气体为二氧化碳。空气泡沫是通过泡沫灭火剂的水溶液与空气在泡沫发生器中进行机械混合搅拌而生成的，所以空气泡沫又称为机械泡沫，泡沫中所含的气体一般为空气。空气泡沫灭火剂又可按其发泡倍数分为低倍数泡沫、中倍数泡沫和高倍数泡沫灭火剂三类。低倍数泡沫灭火剂的发泡倍数一般在 20 倍以下，中倍数泡沫灭火剂的发泡倍数一般在 20～200 倍之间，高倍数泡沫灭火剂的发泡倍数在 200～1 000 倍之间。

泡沫灭火剂的主要灭火作用是:灭火泡沫在燃烧物质表面形成的泡沫覆盖层,可使燃烧物表面与空气隔离;泡沫层又封闭了燃烧物表面,可以遮断火焰对燃烧物的热辐射,阻止燃烧物的蒸发或热解挥发,使可燃气体难以进入燃烧区;同时,泡沫析出的液体对燃烧表面还具有冷却作用,而且,泡沫受热蒸发产生的水蒸气还能够稀释燃烧区氧气浓度。

③ 二氧化碳灭火剂

二氧化碳是一种不燃烧、不助燃的惰性气体。它易于液化,便于装罐和贮存,制造方便,是一种应用比较广泛的灭火剂。液态二氧化碳从灭火器喷出后迅速汽化,惰化可燃物,同时又起到降温的作用。当二氧化碳气体在火源周围空气中含量达到30%～35%时,物质燃烧就会停止。二氧化碳灭火器主要适用于扑救贵重设备、精密仪器仪表和少量油类的初起火灾。

(2) 消防列车

消防列车是由井下常用的矿车或平板矿车组成的,载有供井下应急用的消防器具。消防列车可以存放于消防仓库或专用的硐室内,同时能使列车从两侧进出。消防列车库必须是构成通风网路的一个并联分支,其轨道必须与并联分支的轨道合轨,保证畅通无阻。

消防列车的车体应包括容量均大于1 m^3 的水箱车厢两节、至少可乘坐6人的载人车厢一节以及工具车厢、灭火器车厢、风筒车厢、水泵车厢和备用车厢各一节。而且车上还需要配备风筒、水泵、水龙带、灭火器等器材以及一些常用的铁锹、钳子等常用工具。

(3) 消防器材库

每个矿井都必须在地面设置消防器材总库,在各水平井底车场附近设置分库;开采易燃煤层的矿井,除上述总库、分库外,采区内亦应设立临时仓库,以贮存适量的水泥、石灰、砂子、砖、灭火器、水龙带、水泵、板材等应急消火材料和工具。

(4) 安全防火门

构筑安全防火门是煤矿井下隔断火灾烟流,防止火势蔓延,从而减少人员伤亡的有效措施。这种风门平时呈开启状态,必要时可以关闭,既可以阻断风流和烟流,又可以充当防火墙,便于控制火势和隔离火区。

安全防火门应建立在邻近新鲜风流附近,门扇向着容易关闭的方向敞着。它可以分为分区防火门和大区防火门,前者设置在每一条独立风流的两端,后者设置在新鲜风流开始分支的地方。对于易自燃煤层,在通风分区风流进入采区的入风口,也应设立安全防火门,而且原则上经过分区防火门或采场防火门的风流不再分支。

为了减少漏风,防火门应做得尽量严密些,尤其是离井口较近的大区防火门,它可用水泥门框、铁门扇制作;其他的分区防火门用木门扇喷涂阻燃材料即可。如果能建成远程自动控制与就近手动控制相结合的安全防火门就更理想。

(5) 避难硐室

避难硐室是设置在井下避灾路线上配备有相应设施的场所,供工人避灾时使用。中央避难硐室可设在井底车场附近,与井下保健站硐室结合在一起;采区避难硐室设于采区安全出口的路线上,距人员集中工作地点不超过500 m,其容积应能容纳一个工作班的采区全体人员。在有煤与瓦斯突出危险的矿井的掘进工作面附近,也应设避难硐室。

避难硐室内配备矿灯、与地面连通的电话、饮水用具、卧具、厕所、医药卫生器具以及自救器、呼吸器等救护器材,同时,在避难硐室内还应配备能够造成一定高于当地气压的装备,如压缩空气瓶、压风管路和氧气瓶等,以防止有害气体侵入室内,为工人创造暂时避难或者继续撤离险区的条件。

(二) 矿井外因火灾的预防

建立井下消防给水系统,配备各种消防器材和设备,能为处理外因火灾并减少火灾损失提供良好的保障条件,但最重要的还必须从技术和管理等方面采取有效的措施预防外因火灾的发生。

1. 预防明火

井口房和通风机房附近 20 m 内禁止烟火,也禁止用火炉取暖;严禁携带烟草、引火物下井;井下硐室内禁止存放汽油、煤油或变压器油。井下使用的润滑油、棉纱和布头等必须集中存放,定期送到地面处理。

此外,井下和井口房内不得从事电焊、气焊或喷灯焊接等工作,因为施焊过程中飞溅出的火花和焊渣容易引燃一些易燃物品,如不能有效控制和及时处理很容易酿成重大火灾。如果一定要在井下焊接时,必须制定安全措施,经批准并有专人在现场检查和监督,而且要求事先清除附近的易燃物品,备足消防用水、砂子、灭火器等,并随时检查瓦斯和煤尘浓度。

2. 预防电气引火

要正确选用易熔断丝片和漏电继电器,以便电流短路、过负荷或接地时能及时切断电流;禁止带电检修、搬迁电气设备。

温升变色涂料可以作为早期发现电气设备发热的指示标志物。将这些涂料涂敷在电机的外壳或机械设备的易发热部位,一旦温升超出额定值即会变色,给人以预警;当温度下降到正常值,则又恢复原色。其他预警电气机械设备温升的还有以易熔合金、热敏电阻等制成的感温元件,而且将这些元件与灭火装置联动,可以在发生火灾时自动启动灭火。

3. 尽量使用不燃材料

《煤矿安全规程》规定,井筒与各水平的连接处及井底车场,主要绞车道与主要运输巷、回风巷的连接处,井下机电设备硐室,主要巷道内带式输送机机头前后两端各 20 m 范围内,都必须用不燃性材料支护。这些地点采用不燃性材料支护,除了本身阻燃外,还可以起到“隔离带”的作用。

4. 加强火灾的监测监控

火灾发生初期是火灾扑灭的最佳时期,有效的监测监控能够及早识别初期火灾,并发出报警,使火灾被扑灭于萌芽时期,从而最大限度地减少损失,不至于酿成大的灾难。如果监测系统能够配合自动灭火系统使用,效果更好。

二、矿井外因火灾的灭火技术

矿井外因火灾的类型多种多样,灭火时必须根据可燃物的特性、火灾发生的位置、火势大小以及火区具体情况选择适当的灭火技术措施。

(一) 选择恰当的灭火方法

井下灭火方法大致可分为直接灭火法、隔绝灭火法和综合灭火法三大类。

1. 直接灭火法

直接灭火法包括直接挖除火源,或者采用水、砂子(或岩粉)、泥浆、灭火剂(干粉灭火剂、卤代烃灭火剂、惰性气体、泡沫灭火剂等)等在着火点附近直接扑灭火灾,且能在火源表面形成严密的覆盖层,并保持一定时间,使燃烧区与空气隔绝,具有窒息作用,这是一种积极的方法,断开胶带、电缆超前截火也属于直接灭火法。

(1) 用水灭火

用水灭火简单易行、经济有效。强力水流可以扑灭燃烧的火焰，并使燃烧物潮湿，阻止其继续燃烧，此外，水有很大的吸热能力，能使燃烧物冷却降温；同时，水受热蒸发成水蒸气，能够降低空气中的氧含量，对火起到窒息作用。因此，水有较强的灭火作用，但用水灭火时应注意以下问题：

① 要有足够的水量。水量不足不仅难以灭火，而且水量不足，在高温条件下能分解成具有爆炸性的氢气和一氧化碳混合气体，带来新的危险。

② 用水灭火时，人要站在上风头工作，先将水流射往火源外围，逐渐逼向火源中心，以免产生过量的水蒸气伤人。

③ 必须保持一个畅通的排烟通道，以防高温的水蒸气和烟流返回伤人。

④ 不能用直流水和开花水扑灭带电的电器设备火灾。电气火灾只有首先停电，才可用水灭火。

⑤ 不能用水流直接扑灭油料火灾。因为油比水轻，总是浮在水上面，随水流动而扩大火灾范围。

(2) 用砂子(或岩粉)灭火

砂子和岩粉是不导电的灭火材料，成本低，把它们撒向燃烧着的物体，使燃烧物与空气隔绝，通常用来扑灭电气设备和油料火灾。因此，在机电硐室、材料仓库、炸药库等地方均应备有防火砂箱。但要注意的是，正在运转的设备，不能用砂子灭火，以免磨损设备。

(3) 灌浆灭火

灌浆的材料可以是黄土、粉碎的风化页岩或矸石、电厂飞灰、河砂、石灰等。

(4) 用灭火剂灭火

灭火剂主要用于扑灭各种硐室和巷道中的小型火灾，常用的灭火剂包括干粉灭火剂、卤代烃灭火剂、惰性气体、泡沫灭火剂等。

(5) 挖除火源

挖除火源就是在火灾之初尚未出现明火或燃烧范围较小时，用长柄工具将高热物体或燃烧体取出，将其冷却、熄灭和运走，并用惰性物将空洞填塞。这是扑灭矿井火灾最彻底的方法。采用这种灭火方法的条件是火源位于人员可以到达的地点；火灾处于初期阶段，波及范围不大；火区无瓦斯积聚，无煤尘危险。

2. 隔绝灭火法

当井巷中发生火灾，无法直接灭火时，可用隔绝灭火法。隔绝灭火法是在火源进、回风两侧合适地点通过构筑防火墙严密封闭火区，断绝火区空气的补给或注入惰性气体，降低火区内的氧气浓度使火区因缺氧而窒息。隔绝灭火法实施较慢，只有在直接灭火法不能奏效时才可采用，一般先设临时门板密闭，再打砖、石或混凝土密闭，是处理大面积外因火灾，特别是控制火势发展的有效方法。常用的封闭材料有泥、木、砖、石等。用液态高分子材料就地发泡成型，或用塑料、橡胶气囊充气修筑临时密闭墙，均可减轻劳动强度，缩短修筑时间。灭火的效果取决于密闭墙的气密性和密闭空间的大小。有瓦斯涌出的火区，要考虑在封闭过程中发生瓦斯爆炸的危险，通常应先用砂、土袋修筑隔爆墙，在其掩护下建立密闭墙。

3. 综合灭火法

火区封闭后，少量漏风使火区内氧浓度维持在3%～5%时，火源可能长期阴燃不熄。

为了加速灭火，防止漏风，可采用综合灭火法。向封闭的火区灌注黄泥浆、充入惰性气体或调节风压等加速火的熄灭。

（二）控制风流

火灾发生时，火源地的空气由于温度的升高，将会产生局部的自然风压，这种风压称为火风压或热风压。火风压的出现，会使矿内局部或全矿的风流状况发生变化，扰乱正常的通风系统，甚至会造成井下风流方向的逆转。火烟随着风流的传播，引起井下工人中毒，同时给灭火工作增加困难。此外，在高温火烟流经的非水平巷道中，还可能相继产生火风压。矿内出现火风压的地点越多，对通风系统的扰乱程度及危害就越严重。

灭火过程中，往往需要采取控制、稳定或调度风流等技术与直接灭火配合使用。火灾时增加风量能够及时带走火灾产生的热量和可燃烟气，防止火灾向富燃料燃烧方向发展，同时也减少了发生烟流逆退的可能性，但供风量增加也会导致火势变得更旺；火灾时期对风流进行控制，有利于减少火区供风，控制火势，使人能接近火源灭火，但也可能会导致富燃料燃烧的发生，也会因减少供风使瓦斯浓度增大，从而引起瓦斯爆炸。因此具体进行风流控制时应根据火源位置、火势和火灾波及范围等因素综合考虑决定。

一般情况下，若没有十分的把握，绝不能减风，更不能停止火区的原有供风，这样很容易导致富燃料火灾的出现，而发生风流逆转或者烟流逆退，从而使灾变事故扩大。表 5-1 分析了各种情况下的减风可行性。

表 5-1　灭火时期减风的可行性分析

减风可行性	火灾情况特点	原因分析
可以减风	发生于上行通风的斜巷	火风压和风流方向相同，减风可以控制火势且不会引起风流逆转
不能减风	发生于下行通风的斜巷	减风极易发生风流逆转
	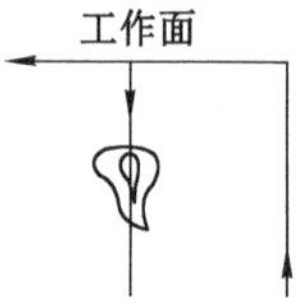	减风会造成风流逆转，火灾烟气逆流至进风流，就会顺风蔓延到其他区域
	发生于平巷，且已发生烟流逆退	减风会加剧烟流逆退，威胁救灾人员的安全，甚至导致瓦斯爆炸
	火源下风侧巷道有黄铁矿夹层	减风会增加下风侧温度而使黄铁矿夹层热分解，产生有毒有害气体
	火源下风侧发生冒顶	冒顶后风阻增加，再减风容易引起富燃料燃烧，也可能造成风流逆转
	火源下风侧木支架发生燃烧	木支架已经燃烧，减风增加了导致富燃料燃烧的可能
	火源下风侧出现若干再生火源	已发展为富燃料燃烧，减风会增加富余的挥发分气体量，流向再生火源，若遇漏风供氧会发生瓦斯爆炸
	下风侧出现炽热含焦油的浓黑烟流（CO_2＞10％）	火势已出现转变为富燃料燃烧的趋势，减风更增大了这种可能性

表 5-1(续)

减风可行性	火灾情况特点	原因分析
视情况而定	发生于平巷	可以适当减风,风量过小可能导致烟流逆退
	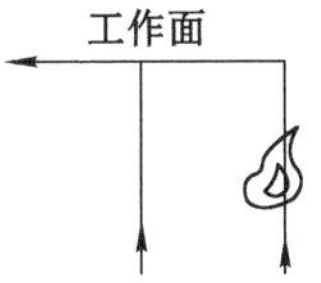	减风可能发生富燃料燃烧,高温火灾烟气遇到旁侧支路新鲜风流,容易产生再生火源;在火势较小的情况下,也可以适当减少供风量

三、矿井火灾时期的自救

煤矿井下一旦发生火灾,而且火灾范围很大,或者火势很猛,现场人员已无力抢救时,切不可惊慌失措,应积极进行自救避灾。

若火势很大,现场人员难以就近取材灭火或控制灾情时,应迅速戴好自救器(同时帮助受伤人员戴好),若自救器失效,就用毛巾蘸水,捂住鼻子和嘴。若在自救器有效作用时间内,不能安全撤出时,应在有储存备用自救器的避难硐室内更换自救器后再行撤退;或寻找有压风管路的地点,以压缩空气供呼吸之用,避灾待救。

位于火源进风侧人员,应迎着新风撤退;位于火源回风侧人员,如果距火源较近且火势不大时,应迅速冲过火源撤到进风侧,然后迎风撤退;如果无法冲过火区,则沿回风撤退一段距离,尽快找到捷径绕到新鲜风流中撤退。逆烟撤退具有很大的危险性,只有在附近有脱离危险区的通道口,并且又有脱险的把握时,或是只有逆烟撤退才有争取生存的希望时才采用。

如果巷道已经充满烟雾,也绝不可惊慌,要迅速地辨认或判别出发生火灾的地区和风流方向,找准方向撤退。撤退行进时,应尽量躬身弯腰,低头快速前进,视线不清应尽量贴着巷道底板和巷壁,摸着铁道或管道等有秩序地撤退,紧靠着巷道撤退的一个好处就是能够及时发现连通的出口,避免错过脱离危险区的机会。

在高温浓烟的巷道撤退可利用巷道内的水,采用浸湿毛巾、衣物或向身上淋水等办法进行降温,或利用随身物件等遮挡头、面部,以防高温烟气的刺激;撤退中还要随时注意观察巷道和风流的变化情况,谨防火风压可能造成的风流逆转。

如果无论是逆风或顺风撤退,都无法躲避火灾和烟雾可能造成的危害,则应迅速进入避难硐室;有条件时可进入预先设置好的避难硐室,否则也可临时构建避难硐室来自救。即在烟气袭来之前,选易于和风流切断联系的地点,如独头巷道、两条风路之间的联络巷等处,就地取材构筑临时避难硐室,尽量隔断风流,防止烟气侵入,然后静卧待救。把有两个入口的巷道作为避难硐室时,应建于两端风压差较小的地点。在进入临时避难硐室前,应在硐室外留有衣物、矿灯等明显标志,以便救护队发现。同时,设法及早向外界传递信息,或者同地面取得联系,以便救护队前来救援。

在火灾事故中,当发现有发生爆炸的征兆时(爆炸将要发生时,巷道内的风流会有短暂停顿或颤动,应当注意的是这与火风压可能引起的风流逆转的征兆有些相似),如果有可能,要立即避开爆炸的正面巷道或进入巷道内的避难硐室;如果情况紧急,应迅速背向爆源,靠巷道一帮就地顺着巷道爬卧,面部朝下紧贴巷道地板、用双臂护住头面部并尽量减少皮肤外露部分;如果巷道内有水坑或水沟,则应顺势趴入水中,防止吸入爆炸火焰和高温有害气体,同时要以最快的动作佩戴好自救器。

爆炸过后应稍做观察，待没有异常变化迹象时，仔细辨明情况和方向，沿着安全避灾路线尽快离开灾区，转入有新鲜风流的安全地带。假如巷道破坏严重又不知道撤退路线是否安全，就要设法到附近选择没有灾害性气体、有压风管路和水或距水较近的地方躲避，并要随时注意观察附近情况的变化，发现有危险时应采取防范措施或转换地点。

第三节　电气火灾防治

随着煤矿采掘机械化和电气化程度的提高，煤矿井下电气火灾比例逐年增加。煤矿电气火灾事故一旦发生，可能会引起连锁反应，火焰会借助电缆线、电气设备、矿井风流、瓦斯和煤尘等引发其他事故。

一、电气火灾发生的原因

引起煤矿井下电气火灾的原因是多种多样的，如短路、超负荷、接地故障、接触不良、漏电、静电、电气照明设备引起火灾等。

① 短路：导线短路时，线路中电流增大为正常时的数倍甚至数十倍，因有大量电流流过而使导体发热特别快，来不及散热，导致温度急剧升高，极易引燃与其连接的绝缘、木支架、煤尘和邻近的可燃物品，造成火灾。在有瓦斯与煤尘爆炸危险的矿井，就可能引起爆炸事故。

② 超负荷：电气设备由于长时间超负荷运转而发热，使电气设备中的线路失去绝缘，引起短路失火。超负荷运转时，电气设备的发热过程相对较慢，时间稍长一些。

③ 接地故障：由于接地故障的漏电产生火花而引起火灾。

④ 接触不良：由于线路中接触不良导致接触电阻增大，过流发热而出现火花、电弧或燃烧火焰。实践证明，井下电缆与电缆或者电缆与设备的连接部分做得不好，往往是矿井巷道内因过流产生火灾最常见的原因。

⑤ 漏电：漏电是引起电气火灾的主要原因之一，而且更普遍也更隐蔽。所使用的电气设备介电强度不够、电线绝缘材料性能不好或性能下降等，都容易发生漏电。另外，由于绝缘材料的性能下降是不能逆转的，因此，漏电电流逐渐加大，造成打火，引燃周围的可燃物而形成电气火灾。

⑥ 静电：煤矿井下静电的产生可能是因为沙砾或其他含在压缩空气中的混合物与橡胶管、金属管壁相摩擦，胶带与轮子摩擦、橡胶带在带式输送机卷筒上摩擦等，从而产生电弧及火花。静电的电压能达到极高的值（数万甚至数十万伏），极易引起瓦斯爆炸与火灾。

⑦ 电气照明设备引起火灾：井下如果不能很好地处理照明灯罩上覆盖的煤尘，细小的煤尘由于堆积在电灯上，阻碍照明设备内部热量的扩散，当温度升高到一定程度就有可能导致煤尘发火。

二、电气火灾的主要特征

矿井电气火灾的发生具有如下特征：

① 隐蔽性强。由于漏电与短路通常都发生在电气设备内部及电线的交叉部位，因此电气起火的最初部位是看不到的，只有当火灾已经形成并发展成大火后才能看到，但此时火势

已大,再扑救已经很困难了。

② 随机性大。矿井中电气设备布置分散,发火的位置很难预测,并且起火的时间和概率很难定量化。这种突发性和意外性给矿井电气火灾的管理和预防带来一定的难度,并且事故一旦发生容易酿成恶性事故。

③ 燃烧速度快。电缆着火时,由于短路或过流时的电线温度特别高,火焰沿电线燃烧的速度也非常快;另外,再借助巷道风流及其他助燃物质,燃烧速度大大加快。

④ 扑救困难。电线或电气设备的着火一般是在其内部发生的,看不到起火点,且不能用水扑救,所以带电的电线着火时不易扑救。此外,井下巷道多,电气线路布局错综复杂,给火灾扑救也带来了难度。

⑤ 损失程度大。电气火灾的发生,不但直接导致电气设备本身的损坏,还会殃及井下很多生产设备。此外,电气火灾也会引起其他一系列矿井事故,损失更大。

三、电气火灾防治要求

矿井电气火灾的防治应遵循以下几个方面:

1. 严格执行《煤矿安全规程》中的电气设计及防火的要求

(1) 设计安全的导线载流量

导线理论上的载流量较大,在实际使用中,载流量受到如穿保护管、导线根数、接头、环境温度、环境湿度、煤尘等因素的影响,对大型设备如矿井提升用大绞车、强力胶带机用大型电机等电缆载流量必须严格加以限制,防止不正常老化和接触电阻过大导致发热起火。电工应定期或在每次调整负荷后,实地测量导线、电缆载流量,经常检查导线、开关、接头等处的温度,如温度超出设计要求,应及时调整负荷。

(2) 井下电气设备的选用和安装要严格按照《煤矿安全规程》进行

在特定的工作场所,如在井下存在瓦斯、煤尘等易燃易爆场所,必须按照专业的安全规程选用特制的电气设备,如隔爆型电气设备,以保证使用的安全性。为防止电缆起火,必须选用矿用阻燃电缆。电缆线路的连接和敷设要严格按照规范进行,不允许盘圈成堆或压埋送电。在使用过程中防止线路超负荷,以避免出现短路失火等现象。

(3) 矿井电气设备要有过流、过压、漏电和接地保护措施

井下高压电动机、动力变压器的高压控制设备,应具有短路、过负荷、接地和欠压释放保护。在井下由采区变电所、移动变电站或配电点引出的馈电线上,应装设短路、过负荷和漏电保护装置。低压电动机的控制设备,应具备短路、过负荷、单相断线、漏电闭锁保护装置及远程控制装置。井下配电网路均应装设过流、短路保护装置。电压在 36 V 以上,和由于绝缘损坏可能带有危险电压的电气设备的金属外壳、构架、铠装电缆的钢带(或钢丝)、铅皮或屏蔽护套等,必须有保护接地。

2. 加强矿井电气管理,提高防火意识

(1) 建立、健全井下各项规章制度

井下电气工作人员要各司其职,做到每台电气设备都有专人负责。建立各种矿井电气设备的操作规程、检修和维护制度,建立矿井电气事故的调查和处理制度、矿井职工持证上岗制度等;制定电气防火岗位责任制度,制定配电室、维修电工的专业防火责任制度、安全技术操作规程,用制度规范预防电气火灾的具体要求。

(2) 做好安全用电教育,提高防火意识

对矿井职工进行安全用电教育，保证矿工掌握安全用电的知识、电气火灾的处理方法、电气设备的操作规程等，提高矿工的防火意识。

(3) 建立矿井电气火灾应急预案

各矿井应由总工程师负责建立切实可行的电气火灾应急预案，组织职工认真学习，并进行电气设备预防试验性事故演习，一旦发生险情，立即启动预案，将损失降到最低。

(4) 进行专项整治工作，认真排查电气火灾事故隐患

矿井内部应经常组织井下消防专项整治工作，检查消防措施和设备是否齐全、安全职责是否落实到位、是否存在其他事故隐患；定期检查电缆、用电设备、元器件的绝缘老化及毁损情况，确保电气线路之间、电气线路与其他专业管线之间的安全间距符合设计规定。制订预防性电气防火安全检测维修计划，并定期检查修理；建立健全的监测监控机制。

四、电气火灾防治

电气火灾安全防控是综合性的，原则是不能对电气设备及线路造成二次损伤，以前期预防为主，尽可能在隐患初期发现，即早发现，早防控，早治理。

1. 应用电气火灾智能监控技术

对于煤矿井下电气火灾智能监控技术，通常采用的是变电站电气监控系统，既能实现对井下变电站及用电设备的电气故障监测，又能发出报警信号。此外，电气火灾巡检机器人应用于复杂、特殊的井下环境，能够对煤矿井下电气火灾进行智能检测和报警。除此之外，对于电气火灾监控系统和巡检机器人无法监测报警的特殊部位和场所，比如易发热的母线接头、小型配电柜等，可以采用特殊的点式传感器进行监测预警，采集分析温度、气体成分等特征信息。

2. 选择合适的灭火剂

在煤矿井下电气火灾引发初期，选择合适的灭火剂非常重要。对于井下电气火灾灭火技术的选择，原则是不能对用电设备及线路造成二次损伤，重点关注灭火场景、灭火效果及系统安全性等几个方面。当前对于井下电气火灾灭火技术有气体灭火系统和细水雾灭火系统，除此之外，对于煤矿井下封闭空间、受限空间以及电气设备内部等地方，可以采用微胶囊灭火技术。

(1) 气体灭火系统

根据复杂的煤矿井下环境和电气火灾的特点，气体灭火系统是扑灭电气火灾的首选。该系统以高效洁净的气体作为灭火介质灭火，灭火剂常以液相、气相或者气液共存相态的形式储存在压力容器中。根据灭火剂的不同，能够应用到煤矿井下电气火灾的气体灭火系统有：七氟丙烷灭火系统、IG-541 灭火系统、二氧化碳灭火系统、气溶胶灭火系统等。七氟丙烷灭火系统采用的是七氟丙烷灭火剂，具有低毒、不导电、热稳定等特点；利用热分解产生的氟自由基抑制燃烧链式反应，并伴随着物理灭火作用，灭火效率高，灭火过程不会对电气设备造成损伤。IG-541 气体灭火系统采用的是 52% N_2、40% Ar、8% CO_2 构成的混合灭火剂，无腐蚀性、释放无残留、电绝缘性好，大气存留时间短；IG-541 气体灭火系统主要利用物理灭火作用，通过将防护区内的氧浓度降低到 15% 以下中断燃烧或缓慢熄灭；因此，对于煤矿井下不需要人员值守的用电场所或用电设备可以采用 IG-541 气体灭火系统。二氧化碳作为一种常用的气体灭火剂，常温常压下为气态，在煤矿井下容器中的二氧化碳以气液两种相态共存；二氧化碳灭火系统进行灭火时，主要将大量的惰性气体充入密闭的空间，降低火场

温度，并降低密闭空间的含氧量，使其达不到燃烧所需的氧气浓度，发生的是窒息作用；当煤矿井下变电所的油浸变压器发生故障时，会发生电弧闪烁，易点燃变压器油发生火灾，采用二氧化碳灭火系统能有效扑灭火灾。气溶胶灭火系统采用新型气溶胶灭火剂，其分为K型和S型，能够在高温条件下发生分解反应产生分散性溶胶，依靠化学抑制和冷却降温作用，覆盖物体表面隔绝氧气高效灭火。《气体灭火系统设计规范》(GB 50370—2005)中强调K型灭火剂自身存在腐蚀性，只能用于电缆隧道（夹层、井）及自备发电机房的电气火灾；对于S型灭火剂，其灭火装置的规模不得超过10 kg。

(2) 细水雾灭火系统

“细水雾”是指雾滴直径小于300 μm的小水滴，主要通过汽化吸热降温、稀释氧化剂、阻隔热辐射等作用灭火，具有灭火高效、环保及低成本的特点，同时直径小、不连续的细水雾具有良好的电绝缘性和滞空性，对扑救煤矿井下的电气火灾效果较好。

(3) 微胶囊灭火技术

微胶囊技术开始于20世纪中期，并随着高分子聚合技术问世得到了迅速发展和应用。微胶囊是通过一定的物理或化学方法用高分子材料将敏感或易挥发的小液滴、固体小颗粒包覆形成的微小囊状物。包覆在胶囊内部的固体或液体物质称作芯材或核层，由高分子材料形成的包覆膜称作壁材（或膜、壳、囊壁、包膜等）。微胶囊的主要功能有改变芯材的物理性质、提高芯材的稳定性、控制芯材的释放、隔离组分、隔绝气味以及降低芯材的毒副作用等，具备高效率、精准定向、智能调控等优异的控释特点。微胶囊灭火技术作为一种新型火灾防治手段，在防治煤自燃方面已经有了较广泛的应用，对应用于煤矿井下电气火灾的研究还处在起步阶段，需要对微胶囊的制备工艺和系统灭火效能展开大量研究，并建立统一的国际及行业标准，为煤矿井下电气设备内部、封闭空间、受限空间等进行有针对性防灭火提供新的思路。

第四节　胶带火灾防治

随着矿井机械化程度不断提高，煤矿井下普遍采用带式输送机运输，在带式输送机运转过程中经常出现打滑、跑偏引起胶带摩擦的情况，胶带摩擦生热易诱发胶带火灾，给矿井安全带来重大威胁，如2020年重庆能投渝新能源有限公司松藻煤矿“9.27”重大火灾事故。

一、胶带火灾发生的原因

带式输送机火灾发生的原因很多，归纳起来主要有胶带摩擦、电器故障和电焊火花等几个方面。

1. 胶带摩擦

胶带摩擦生热是矿井胶带火灾发生的主要原因。据不完全统计，苏联摩擦引起的胶带火灾事故占胶带火灾总数的80%；我国发生的胶带火灾，大多数也是由摩擦造成的，胶带摩擦又可以分为胶带在主滚筒上的打滑和胶带在运行中与其他物件的摩擦两种情况。

(1) 胶带在滚筒上的打滑

带式输送机在正常运转的情况下，胶带相对滚筒表面的滑差率一般不超过2%，如果出现胶带打滑，则说明胶带与滚筒之间存在着较大的相对滑动，摩擦放出的热量将导致胶带温度的升高。若这种情况不能被及时发现，一旦温度升至胶带着火点就容易引发火灾事故。

滚筒打滑又分为主动滚筒打滑和从动滚筒打滑。常见的主动滚筒打滑的原因有:满仓后机头堆煤、滚筒上的防滑胶磨损严重、紧急停车后的满载起动等;而从动滚筒打滑的主要原因则是滚筒轴承严重损坏或卡死。对于主动滚筒打滑,因打滑过程中胶带不转或转动很慢,滚筒持续摩擦一段胶带,进而烤燃胶带,在不停机的工况下就会引燃胶带。对于从动滚筒打滑来说,滚筒转动很慢,甚至不转,而胶带在高速运行,只是瞬时受热,所以不停机时不易引起胶带着火,而易在停机后引燃胶带。

(2) 胶带与其他物件的摩擦

运行的胶带与输送机架子、卡死的托滚以及胶带下面的浮煤、木材等之间的摩擦在供氧充分,摩擦发热的温度达到或超过浮煤、木材(其点燃温度为280～300 ℃)、胶带等的着火温度时,就会发生火灾。

2. 电器故障

除了摩擦以外,电器故障也是引起胶带火灾的一个重要原因,电机超负荷、液压联轴节易熔阀失灵以及电缆、开关短路等都可以引起胶带火灾。

3. 其他原因

还有一些其他原因也能够引发胶带火灾,如煤巷冒顶或巷道中堆积的浮煤自然发火、电焊火花或其他明火引燃胶带等。

二、胶带火灾的主要特征

带式输送机作为主要的运输设备,大部分安装在采区进风流中,具有线路长、分布广的特点。矿井胶带火灾是矿井外因火灾的一种,其发生一般比较突然,而且发展迅猛、激烈,如果不能被及时发现的话,往往可能酿成恶性的事故。

输送机胶带的引燃期不长,但火焰传播速度非常快,可高达100 m/h。苏联全苏矿业科学研究所的研究显示,嵌装金属钢绳芯的输送机起火时间平均为10～15 min,火焰沿胶带的传播速度可达30 m/min;当火源存在于胶带之下时,引燃胶带并传播火焰的时间只需要10～30 min。

三、带式输送机火灾防治要求

矿井胶带火灾与其他灾害一样,应该采取预防为主、防治结合的方针,《煤矿安全规程》对胶带火灾的预防也提出了相应的规定。在胶带火灾事故的预防工作中主要应做到以下几点。

1. 安设消防水管并配置充足的消防器材

带式输送机巷必须铺设消防水管,并保证足够的水压和水量,每隔50 m设一个三通。每台带式输送机机头应备有长度不小于25 m的消防胶带,一旦有火情时,立刻与三通接上用水灭火。另外,每台带式输送机机头附近还应备有足够数量的其他消防器材(沙子、黄土和灭火器等),平时对这些器材必须认真维护,以保证在发生火灾时能正常使用。

2. 减少胶带巷的火灾荷载

主要巷道内带式输送机机头前后两端各20 m范围内,必须采用如料石、发碹、金属支架或混凝土等不燃性材料支护,而且平时注意清理带式输送机周围的可燃物。

3. 带式输送机应使用阻燃胶带

要严格加强对胶带阻燃的测试以杜绝不合格阻燃胶带的使用,从材质上提高胶带的难燃程度和耐磨程度，要选用阻燃性能好，同时烟和毒气生成量少的材料制成的胶带用于矿井生产，以达到安全生产的目的。

4. 采取措施防止胶带打滑和跑偏

巷道冒顶、煤炭含水等很容易造成胶带打滑和跑偏，可以在带式输送机上安装胶带打滑检测器等防护装置来进行预防，一旦胶带打滑，该装置就会发出响应，使得带式输送机自动停机并发出报警，可避免胶带摩擦所引发的火灾。

此外，还可以安装矿用带式输送机自动张紧装置，它能够动态实时调节胶带的张力，保证驱动滚筒和胶带随时具有合适的摩擦力，既避免了胶带打滑，又防止了胶带出现过大的张力，可以满足胶带在各种状态下对张力的不同要求，从而保证胶带机正常运行。

5. 建立独立的通风系统

为了最大程度地限制灾害范围，防止有害气体蔓延，建立胶带巷独立通风系统是一条有效途径。此外，独立的胶带巷通风系统，可降低煤仓、溜煤眼放空时对通风系统的影响，增加通风系统的稳定性，对防治采空区瓦斯涌出和煤层自然发火也有重要意义。

6. 完善防排烟系统

开启风门使风流短路是救灾工作中经常需要用到的措施。概括起来主要有两种方法：一种方法是在进风侧打开风门使进风流短路，就能控制发火巷道的进风量，从而控制火势，但是这种方法容易导致胶带火灾向富燃料燃烧转化，救灾中需格外小心；另一方法是在回风侧打开风门使回风流短路，可缩短排烟路径，有利于迅速排除巷道内的烟雾。如图 5-5 所示，胶带着火后，打开联络巷道中的风门就能使燃烧产生的烟气从联络巷直接排到回风巷中，可缩短排烟路径，避免灾害波及更大的范围。

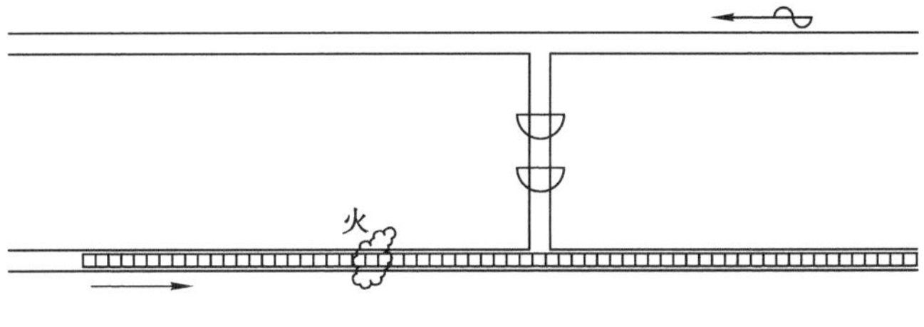

图 5-5　胶带火灾时的控风措施

在某些有条件的矿井或重要采区，可设置远控自动风门，建立完整的防排烟系统。在胶带燃烧产生大量烟气时，可以通过开启自动控制风门来调节烟气的流动，从而控制火势的进一步扩大。在大屯姚桥矿的一次胶带火灾事故中，在灾区内还有 27 人被困，如果及时打开一条联络胶带巷与回风巷的通道风门，灾区人员就可能获救，但救护队员曾数次试图进入该联络巷，都因为巷道内烟雾浓度太高、能见度极低而无功而返。若是在联络巷中安设了远控自动风门，不需人员冒险就能方便地打开风门，从而有利于排除巷道中的烟雾，给救灾工作带来便利，可极大地减少火灾损失。

7. 建立火灾自动报警和喷淋联动系统

原美国矿业局所做的胶带火灾实验表明：典型的胶带火灾发展一般分为阴燃、明火和火焰蔓延三个阶段。在一定的风速范围内，胶带火灾的发展速率在阴燃和明火阶段与风速呈线性关系，在火焰蔓延阶段与风速呈二次函数关系，两者都是随风速的增大而增大。所以，自动报警装置应该在火灾尚未发展到火焰蔓延阶段启动，这就要求胶带火灾的自动报警装置具有相当的可靠性。以往的一些报警装置仅仅从单一的指标(如CO浓度)来预测火灾的发生,常常发生误报或者漏报;可靠的报警系统应该能利用CO、光和烟雾等其中的至少两种指标综合预测火灾的发生。利用可靠的报警装置还可以减少由于胶带长度过长而给管理工作带来的困难性和复杂性。如果报警装置在阴燃或者明火阶段就发出报警,就能抓住时机将火灾扑灭于初始阶段,也就不会酿成重大事故。

在地面建筑消防中,火灾报警与自动喷水灭火联动控制系统已经得到广泛的应用和推广,在加强火灾早期预测预报和扑灭初期火灾方面已经取得了良好的效果。

8. 完善带式输送机的综合保护装置

完善带式输送机的保护装置主要是正确安装各种保护装置,将各种保护有针对性地安装在相应的位置。

① 速度传感器是检测输送带运行速度的传感器件,根据目前使用的保护系统类型,速度传感器分接触式和非接触式两种。接触式传感器安装在输送带的非承载段上,即带式输送机下托辊上的输送带上方,通过传感器的摩擦轮转动将输送带的运行速度变成脉冲信号传给保护装置;而非接触式速度传感器通常安装在滚筒(或改向滚筒)一侧的机架上,同样通过检测到的脉冲信号传输到控制装置,使控制装置能根据速度大小来确定运行状态。

② 堆煤保护通过煤位探头将煤位深度反映给控制装置,达到设置高度时就使输送带停止运转。煤位传感器的煤位电极或煤位探头应在受煤仓(或带式输送机机头上方)、煤漏斗处安装。

③ 跑偏传感器应至少在带式输送机机头、机尾、中部各安设一对。

④ 温度传感器主要用于当主滚筒与输送带发生摩擦产生温升时,传感器顺风向检测温度。由于其滚筒轴是转动的,可以采用非接触测量,达到预防滚筒造成着火事故发生的目的;因此温度传感器应安装在需要监测温度的部位附近,其探头紧贴或靠近该部位,一般应安装在主滚筒与输送带正前方(即发热点下风口)。

⑤ 烟雾传感器应悬挂于输送带易摩擦升温部位的上方,并尽量靠近该部位,同时注意巷道内风向的影响,一般安装在滚筒上方的下风口5～10 m处;从现场实际情况来看,还应在输送机沿线每隔一定距离就安设烟雾保护,进一步预防输送带与托辊、杂物(煤块、矸石块等)发生相对滑动摩擦使托辊、杂物温度上升造成输送带着火事故的发生。

⑥ 自动洒水装置则应与温度保护和烟雾保护配套使用。根据带式输送机运行的环境、传感器的动作范围,在驱动滚筒附近和输送机沿线每隔一定距离就设一处自动洒水装置。

四、预防带式输送机火灾的管理措施

在煤矿的日常管理中,应切实加强带式输送机管理人员的安全教育,增强其责任意识。管理人员要密切监视带式输送机的运行状况,以便及时发现和处理各种故障及事故隐患,并防止任何外在火源引燃胶带。一旦发生火灾,最早发现的人员应在第一时间内通知矿井调度人员和主管领导,以便及时疏散相关区域的工作人员,并采取积极有效的措施进行扑救工作。预防胶带火灾事故还应做好带式输送机火灾的管理工作,主要应做到以下几点:

① 带式输送机巷道必须安设消防水管(每隔50 m设置支管和阀门)和配制充足的消防器材(包括灭火器、砂子、消防软管等),平时对这些器材必须认真维护,使其在发生火灾时能正常使用。

② 重视职工培训工作,使得职工能正确使用消防器材。火灾发生初期,火势较小时,如

果现场人员不会使用灭火器，而贻误灭火时机，将扩大事故损失。因此带式输送机司机必须经过安全技术培训，考试合格后持证上岗。

③ 文明生产，做到带式输送机巷道内经常保持清洁，无淤泥、积水，无杂物。

④ 强化带式输送机的日常运行管理工作(尤其是交接班时期)，严密监视带式输送机的运行状况，及时发现和排除一切故障及事故隐患，增强岗位操作人员的责任心。

五、胶带火灾防控技术

胶带火灾必须以预防为主，但实际生产中各种事故隐患往往防不胜防，不可能做到万无一失，因此，在重视胶带火灾预防措施的同时，还必须重视胶带火灾的救灾措施，形成完整的胶带火灾防治系统。

1. 安设自动灭火系统

大多数矿井在输送机机头和机尾处都安设了自动喷淋防火系统，在机头、机尾胶带产生热量后，根据该部位的温度、烟雾和 CO 浓度决定是否开启自动洒水系统；当带式输送机胶带火势较小时，自动喷淋防灭火系统可以控制带式输送机烟雾的产生，减缓火灾的蔓延，以便可以在初期控制或扑灭火灾。

矿用带式输送机自动灭火系统一般由火灾信号监测传感器、控制仪、灭火剂喷洒装置三部分组成，图 5-6 为某矿用带式输送机自动灭火装置。

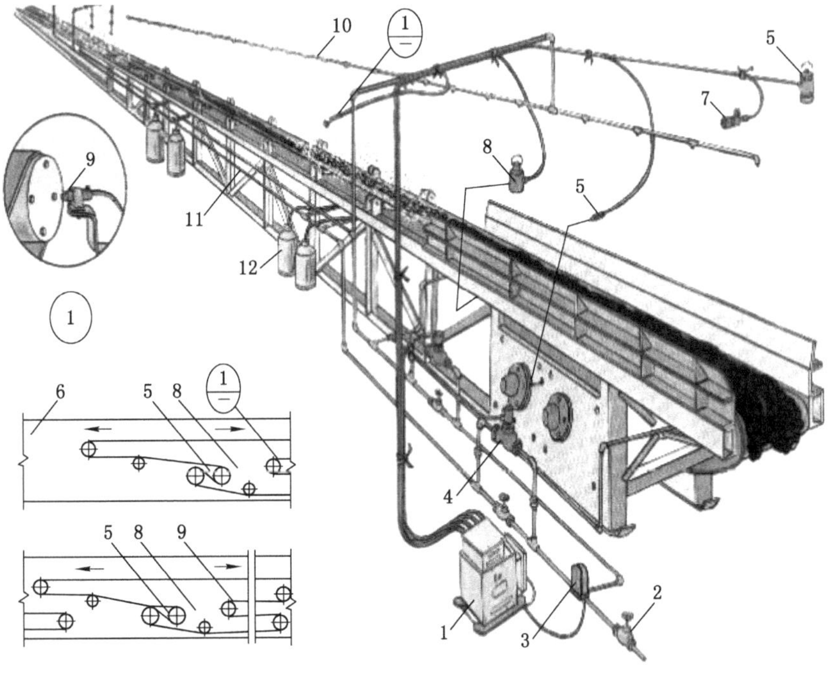

1—电源及控制箱；2—手动阀；3—供水压力传感器；4—电磁阀；5—温度传感器；
6—紫外线火焰探测器；7—声光报警器；8—CO 传感器；9—速差传感器；
10—喷水管路；11—输水管路；12—泡沫罐；① —速差传感器的安设。

图 5-6　矿用带式输送机自动灭火装置图

火灾信号监测传感器主要分为温度传感器、紫外线火焰探测器、声光报警器、一氧化碳传感器、速差传感器等，这些传感器都能够对火灾初期所反映出来的特征，如烟、光、气体、温度等进行感应，并对信号进行筛选和判断。当某一传感器达到响应阈值，并持续一定时间时，就会通过计算机控制系统发出预警信号，但并不启动喷淋系统，只是警告管理人员进行故障处理，同时显示盘上显示预警值；而当有两种传感器发出火灾报警时，喷淋系统就会自动启动，通过灭火剂喷洒机构喷出相应的灭火材料（主要是水、泡沫或者干粉等），将火灾扑灭于萌芽之中。

2. 控制风流

倾斜巷道下行风流中发生火灾时，由于热浮力作用而产生火风压，火风压作用方向和风流方向相反，有可能造成主干风路的逆转。因此，扑灭倾斜巷道下行风流火灾，决不能停止通风机的运转，必须采取措施，增加进风量，减少回风侧风阻，防止风流逆转。

灾变时期可以因地制宜采取风流短路措施。开启风门使风流短路常在救灾工作中起到重要作用。概括起来有两方面：① 在进风侧打开风门使进风流短路，很容易控制发火巷道的进风量，从而控制火势；② 在回风侧，打开风门使回风流短路，可缩短排烟路径，有利于迅速排除巷道内的烟雾。姚桥矿在火灾救灾中，及时打开了位于进风侧的东光台阶风门和东一台阶风门，使副井的进风短路，减少了发火胶带巷的进风量；在回风侧，打开了 1# 胶带消火道风门，为疏通排烟通道试图打开东大巷 3# 胶带联络巷和 8301 外通道风门，但未成功。这些措施都是为了缩短回风侧排烟路径，减少排烟阻力，尽快将火灾烟气排入回风道。

第五节　风流紊乱及控制

矿井发生火灾后，火灾产生的热效应使得矿井正常通风量及风流方向发生变化，一定条件下会产生风流紊乱现象，造成有害气体的蔓延和灾害的扩大化。掌握矿井火灾时期的风流变化特性、控制风流紊乱对降低矿井火灾事故造成的损失意义重大。

一、火风压及其特性

矿井火灾发生时，燃烧产生的火灾气体与流过火源被加热的风流混合形成的高温烟流密度降低且发生膨胀，高温烟流流过巷道所在的回路，通风网络中出现的附加自然热风压称为火风压。根据火风压作用范围的不同，将其分为局部火风压和全矿火风压。

1. 局部火风压

局部火风压是指矿井发生火灾后高温火烟流经非水平巷道时，在局部区段上产生的火风压。局部火风压具有方向性，其作用方向总是向上作用于井下巷道内，其作用相当于在高温烟流流经的风路上安设了一系列辅助通风机。因此，当火区位于上行风流中时，局部火风压的作用方向与机械风压作用方向一致；当火区位于下行风流时，局部火风压的作用方向与机械风压作用方向相反，称之为负火风压。

准确计算火风压对预测、分析和防止火灾时期的风流紊乱具有重要意义。根据火风压的定义，火风压的值等于发火后矿井的自然风压值与发火前矿井的自然风压值之差，通用的火风压计算公式为：

$$h_F = \int_{Z_1}^{Z_2} \Delta\rho g \, \mathrm{d}Z \tag{5-1}$$

式中　h_F——火风压，Pa；

Z——高温烟流由 1 到 2 处的垂高，m；

$\Delta\rho$——该巷道发火前后的密度差，kg/m^3；

g——重力加速度，m/s^2。

图 5-7 为一矿井通风示意图，若在出风井井底车场发生火灾，局部火风压为：

$$h_F = Z[(\rho - \rho_F) - (\rho - \rho_0)]g = Z(\rho_0 - \rho_F)g \tag{5-2}$$

式中　Z——高温烟流流经回风井筒的垂高，m；

ρ——矿井进风井筒内风流的平均密度，kg/m^3；

ρ_0——发火前出风井筒内风流的平均密度，kg/m^3；

ρ_F——发火后出风井筒内烟流的平均密度，kg/m^3；

g——重力加速度，m/s^2。

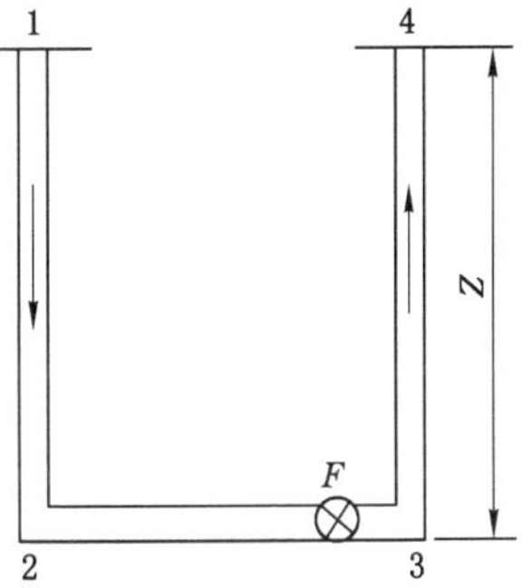

图 5-7　矿井通风系统示意图

通过火风压的计算表达式，可得如下结论：

① 火风压可以具体表述为：火灾产生的高温烟流由于密度变化引起的浮升力对单位体积流体所做的功。

② 密度差、重力场和垂直高差是火风压形成的三个必要条件，缺少密度差、垂直高差或重力场的任一条件都不可能产生火风压。

③ 火风压是一个过程量，而非状态量。

假设发火前后火灾附近的压力近似不变，即 $P=\text{const}$，根据理想气体状态方程有：

$$\rho_F = \frac{T_0}{T_F}\rho_0 \tag{5-3}$$

式中　ρ_0——发火前回风井筒内风流的平均密度，kg/m^3；

ρ_F——发火后回风井筒内风流的平均密度，kg/m^3；

T_0——发火前回风井筒内风流的平均绝对温度，K；

T_F——发火后回风井筒内风流的平均绝对温度，K。

将式(5-3)代入式(5-2)，并记 $T_F - T_0 = \Delta t$，$Z_2 - Z_1 = \Delta Z$，整理得：

$$h_F = \rho_0 g \Delta Z \frac{\Delta t}{T_F} \tag{5-4}$$

式中　Δt——发火前后烟流温度的增量，K；

ΔZ——巷道高程差，m。

发火前回风井筒内风流的平均密度 ρ_0 可以认为是空气的密度，发火后烟流的温度 ρ_F 可以通过测量得到，发火前后烟流温度的增量以及巷道高程差都是已知值，从而可以求出巷道内火风压 h_F，将其与主通风机提供的风压比较，从而判断巷道内是否会产生风流紊乱，或通过反算出在风流紊乱已经产生的情况下火灾巷道烟气的温度，并将其与实测温度比较来判断巷道内是否已经产生风流紊乱，从而更有效地指导救灾工作。下面就是一个火风压计算式应用的例子。

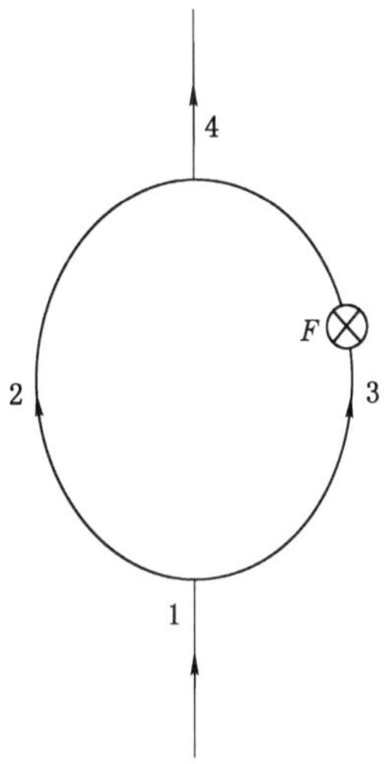

图 5-8　并联风路上行风流中发生火灾示意图

例 5-1　如图 5-8 所示，在并联风路上行风流中的 3 点上发生火灾，已知风机提供的风压 $h_{1-4}=200$ Pa，发火前出风井筒内风流的平均温度与平均密度分别为 $t_0=20$ ℃，$\rho_0=1.25$ kg/m^3，巷道高程差 $\Delta Z=30$ m，g 取 9.8 m/s^2，当在巷道中测得的火烟平均温度 t_F 为 354.8 ℃，试计算火烟在 1-3-4 巷道中产生的火风压的大小。

解：由火风压的计算公式(5-4)有：

$$h_F=\rho_0 g\Delta Z\frac{\Delta t}{T_F}=\rho_0 g\Delta Z\frac{t_F-t_0}{T_F}$$

$$h_F=1.25\times9.8\times30\times\frac{354.8-20}{273+354.8}\approx196\ (\text{Pa})$$

由于风机提供的风压仅为 200 Pa，1-2-4 巷道很快将发生风流逆转。

2. 全矿火风压

矿井发生火灾后，高温火烟流经每段倾斜或垂直井巷时，所产生的局部火风压之和称为全矿火风压。由于连接进出风井口的大气可以看作一个风阻为零的支路，矿井的通风系统可以看作一个封闭回路系统，因此全矿火风压就是该封闭回路中的各分支局部火风压的代数和，更为准确的全矿火风压的计算式为：

$$h_F=\oint\Delta\rho g\,\mathrm{d}Z \tag{5-5}$$

二、节流效应

矿井火灾时期，受火烟热力作用的影响，主干风路以及旁侧支路中的风量往往会随着火势的发展而发生变化。

(一) 节流效应的定义

由于矿井火灾的发生，巷道内的气体受热膨胀，流动阻力增大而造成空气质量流量减少的现象称为节流效应。节流效应是矿井火灾过程中的一种典型现象，它类似于管道流中的热壅塞现象。

假设通风巷道的前端受到火灾的影响，气流流经该巷道后克服摩擦做功，记为 P，单位为 W。

$$P=HQ=RQ^3=R\left(\frac{M}{\rho}\right)^3=\frac{R}{\rho}\frac{M^3}{\rho^2}=R_t\frac{M^3}{\rho^2} \tag{5-6}$$

式中 H——巷道通风阻力，Pa；

R——风阻，N·s^2/m^8；

Q——风流的体积流量，m^3/s；

M——风流的质量流量，kg/s；

ρ——空气的密度，m/s^3；

R_t——与密度无关的巷道通风阻力系数，$R_t=R/\rho$。

经转换，式(5-6)可以写成：

$$M=\left\{\frac{P}{R_t}\right\}^{1/3}\rho^{2/3}$$

由于 P 和 R_t 均为常数，所以：

$$M\propto\rho^{2/3} \tag{5-7}$$

由于 $M=\rho Q$，由式(5-7)又可以得到：

$$Q \propto \frac{1}{\rho^{1/3}} \tag{5-8}$$

由式(5-7)和式(5-8)可以发现：矿井发生火灾时，空气的密度因热力作用而减小，空气的质量流量也会下降，相反，空气的体积流量却增加，这就是节流效应。

节流效应虽然主要是减少受火灾影响的巷道风流质量流量，但是当节流效应发展到一定程度时，也会造成风流的紊乱，即当进风流量小于一定值时，容易产生烟流逆退，并可能导致烟流逆转。因此节流效应往往是风流紊乱的前奏，其对矿井火灾救灾工作的影响不容忽视。

（二）节流效应的产生机理

通过开展矿井火灾时期的燃烧实验，提出火区阻力的概念，可以对火灾产生的节流效应的产生机理进行更科学的解释。

1. 火区阻力

矿井火灾过程中，由于燃烧产生的热力作用，发火巷道的火区附近将产生一个附加的通风阻力，称为火区阻力。火区阻力由烟流热膨胀产生的阻力（热阻力）和风流受到火区内火焰的障碍作用产生的局部阻力两部分所组成。火区阻力与节流效应之间的关系十分密切，是发火巷道产生节流效应的根本原因。由于火区阻力主要由火灾的热力作用引起，故火源强度对其影响较大，一般来说，火源强度越大，则火区阻力越大，节流作用也越明显。

为了更好地理解火区阻力，现借助水平巷道火灾分区示意图（图 5-9）进一步分析该概念。图中，A—A 面为巷道的进风断面，D—D 面为巷道的回风断面，为了说明问题的方便，现假定发火巷道为水平巷道，B—B 面为燃烧区的前端面，C—C 面为燃烧区的后端面。这样，可将发火的巷道划分为三个区：A—A 面和 B—B 面之间为新鲜风流区，B—B 面和 C—C 面之间为火灾燃烧区，C—C 面和 D—D 面之间火灾烟流区（回风区）。

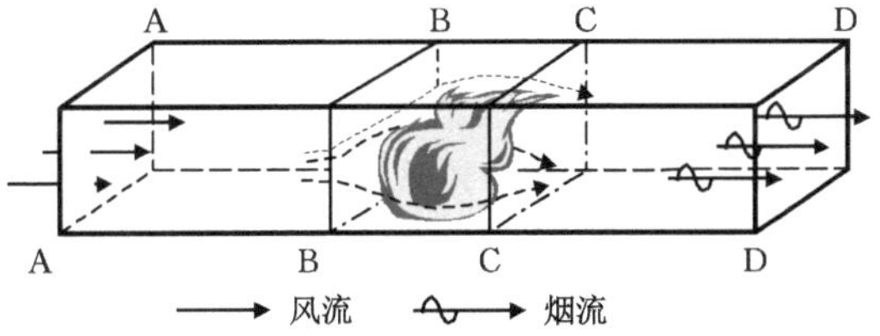

图 5-9　水平巷道火灾分区示意图

其中，热阻力既可发生在燃烧区（如图 5-9 中所示的 B—C 段），也可发生在火灾烟流区（回风区烟流与围岩的换热区如图 5-9 中 C—D 段），其大小与进风流的初始焓值有较大的关系；矿井火灾时期，巷道中的火焰犹如一个柔性障碍物，缩小了巷道通风的有效断面，从而对烟流的流动产生较大的局部阻力，称为火焰的局部障碍阻力。火焰的局部障碍阻力仅与产生的火焰大小与厚度（燃烧带长度如图 5-9 中 B—C 段）有关。

2. 火区的热阻力

假定火灾发生在水平巷道中。如图 5-10 所示，U、F、D 分别为火灾巷道的新鲜风流区、燃烧区和烟流区。这三个区域的热力学特性为：在没有发生烟流逆退或烟流逆退不严重的情况下，可认为新鲜风流区风流的热力参数保持不变；燃烧区内可燃物燃烧释放的热量加热燃烧产物（包括火灾烟气和燃烧未耗尽的空气），使其温度急剧升高；在烟流区内高温烟流与巷道壁面之间进行热量交换，烟流逐步冷却。图中1—1截面为燃烧区入口截面，2—2截面为燃烧区出口截面，烟流在1—1截面和2—2截面上的有关参数分别用下标1和2表示。

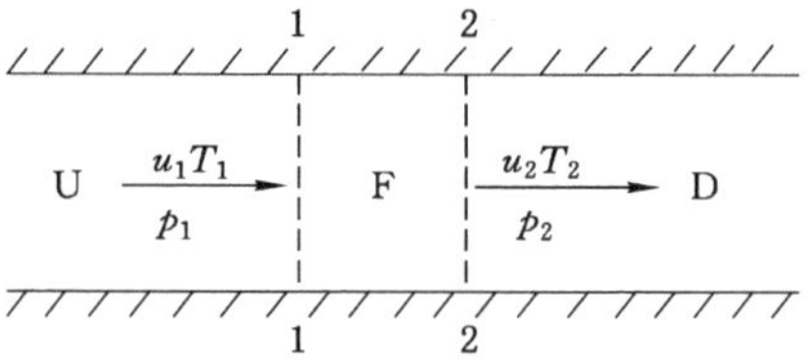

图5-10　火灾巷道分区示意图

为了分析和计算的方便，特作如下假设：

① 巷道与环境无热和功的交换；

② 巷道中火区的长度较短，黏性力影响可忽略不计；

③ 火灾发展到稳定阶段的一维流动；

④ 相对于巷道的进风量，烟气的生成量可忽略不计；

① 燃烧产物的温度升高为燃烧释放的热量作为内热源所致。

据以上假设，对图5-10所示系统建立一维、无黏及定常流的守恒方程组（以等截面管道进出口截面的参数来表示）如下：

连续性方程：

$$\rho_1 u_1 = \rho_2 u_2 \tag{5-9}$$

动量守恒方程：

$$p_1 + \rho_1 u_1^2 = p_2 + \rho_2 u_2^2 \tag{5-10}$$

式中　ρ_1，ρ_2——1、2截面上的风流密度，m/s³；

u_1，u_2——1、2截面上的风流速度，m/s；

p_1，p_2——1、2截面上的风流压力，Pa。

将方程(5-9)代入方程(5-10)中，就能得到截面1和截面2之间的压力差：

$$p_1 - p_2 = \rho_1 u_1 (u_2 - u_1) \tag{5-11}$$

当气流通过等截面巷道时，由于受热膨胀而加速，即$u_2 > u_1$，出口速度必然大于进口速度。这样按照式(5-11)，出口压力p_2必小于进口压力p_1。也就是说，在巷道中流动的气体（风流或烟流），如果受到加热就会在流动方向上产生压力降，即热阻力。火区燃烧释放出的热量不可避免地要对流经的气流进行加热，从而产生热阻力。

3. 火焰的局部障碍阻力

在真实的巷道火灾中，火区不仅存在热源，还存在火焰和燃烧产物。因此，除了热阻力以外，火区还存在另一种形态的阻力，即火焰的局部障碍阻力。这种局部障碍阻力的产生可用流体力学中的绕流现象来解释，所谓绕流现象是指来流遇到某种扰动源时将绕行流动的现象。按其形成的物理机制的不同，火区存在的绕流现象可以分为实体绕流和热绕流两种情况。

(1) 实体绕流

按照流体力学中"源"的概念，矿井火灾的火源不仅是一个能量源，还是一个质量源。燃烧过程中，可燃物发生热解，热解产物中的可燃成分遇高温形成火焰，放出的热量形成能量源，而燃烧产物中的气态部分或小颗粒部分则扩散到风流之中，形成连续的质量源。当风流流经作为质量源的火焰燃烧体时，新鲜风流将通过火焰柱而形成实体绕流。因此，风流流经燃烧区时，因火焰的存在，使得风流流动断面减小，火焰作为局部障碍物增加了风流流动的阻力。显然，燃烧火势越大，燃烧带越长，火焰阻碍风流流动的局部阻力就越大。

(2) 热绕流

当来流进入燃烧区时，因风流受热，密度发生变化。密度减小使得气体体积增大，因此促使风流绕行流动，对流动起滞止的作用。这种因为流体受热而产生的绕行流动，称为热绕流。水平巷道的燃烧区存在热绕流。假定火源位于巷道中央，矿井发生火灾时，燃烧区巷道横截面上的温度分布是很不均匀的，火焰区温度一般较高，巷道两侧温度较低。为了分析问题的方便，可以将燃烧区的断面划分成火焰区（高温区）和非火焰区（图 5-11）。由于火焰区的热阻力较大，将有部分流量绕向非火焰区而流过巷道，从而改变了巷道火区横截面上的流量分配，形成热绕流。

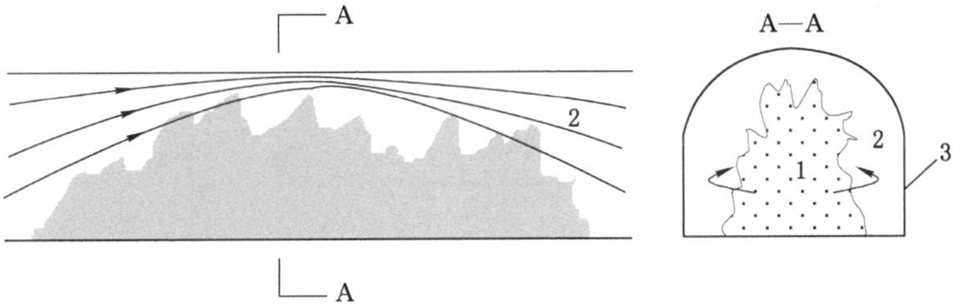

1—高温火焰区；2—风流绕行区；3—巷道壁面。

图 5-11　火焰对风流的障碍作用

实体绕流和热绕流都表明火焰作为一种柔性的障碍体阻碍了风流的流动，缩小了巷道的有效流动断面，从而产生了附加的局部通风阻力，是火区阻力的主要组成部分。在固定点火源的实验条件下，经相关实验测得，火焰障碍阻力占火区阻力的 84%～90%。

4. 火区阻力的计算

由于火区阻力涉及热阻力、火焰面的结构及绕流等复杂问题，很难给出标准的计算式，此处所提供的计算公式仅供参考。

① 热阻力的计算公式为：

$$h_t = \frac{1}{2} c_t \rho_2 u_2^2 \tag{5-12}$$

式中　h_t——热阻力，Pa；

ρ_2——巷道火区出口空气密度，kg/m^3；

u_2——火区出口气流速度，m/s；

c_t——热阻力系数，$c_t = \frac{2H_e}{1+H_e}$。

在上面 c_t 的表达式中，H_e 为无量纲加热准则数，可通过以下公式求得：

$$H_e = \frac{s}{c_p T_0}; \quad s = \frac{\dot{Q}}{\dot{m} A} \tag{5-13}$$

式中　T_0——滞止温度，K；

c_p——烟气的等压热容，J/(mol·K)；

s——单位质量的高温烟流在燃烧区内的吸热量，J/kg；

$\dot{Q}$——单位时间燃烧区内产生的热量，W；

$\dot{m}$——燃烧区内烟气的质量流量，kg/(s·m²)；

A——燃烧区巷道截面积，m²。

② 局部障碍阻力的计算公式为：

$$h_r = \frac{1}{2}\zeta\rho_2 u_2^2 \tag{5-14}$$

式中 h_r——局部绕流阻力，Pa；

ζ——局部障碍阻力系数；

ρ_2——巷道火区出口密度，kg/m³；

u_2——火区出口速度，m/s。

③ 按照阻力的叠加原理，火区阻力可以表示为：

$$h_{fz} = \frac{1}{2}c_t\rho_2 u_2^2 + \frac{1}{2}\zeta\rho_2 u_2^2 = \frac{1}{2}(c_t + \zeta)\rho_2 u_2^2 \tag{5-15}$$

式中 h_{fz}——火区阻力，P_a；

其他各参数意义同本节前文。

由于火区阻力直接影响巷道中风量的大小，因此对火灾时期的风网进行解算或应用救灾决策软件对火灾进行模拟计算时就应考虑火区阻力对风量的影响，上述计算火区阻力的公式就为其计算提供了方法。

综上所述，节流效应是在矿井火灾发生时，巷道内的气体受热膨胀，流动阻力增大而造成空气质量流量减少的现象。矿井火灾时期所产生的火区阻力就是产生节流效应的原因。

（三）节流效应的影响因素

节流效应是减少受到火灾影响井下巷道的风流质量流量的主导因素，并容易造成烟流逆退或逆转的灾害现象，掌握节流效应的影响因素对控制节流效应的产生，以及防止矿井火灾事故进一步扩大意义重大。

为描述节流效应及流量变化程度，定义燃烧时火区入风侧风流质量流量与冷态时风流质量流量之比为节流系数。

$$\xi = \frac{\dot{m}_h}{\dot{m}_c} = \frac{(p_2/T_2)\cdot M_2\sqrt{T_2}}{(p_2/T_{2,0})\cdot M_0\sqrt{T_{2,0}}} = \frac{M_2}{M_0}\sqrt{\frac{T_2}{T_{2,0}}} = \frac{1}{\sqrt{(1+2H_e)}} \tag{5-16}$$

式中 H_e——无量纲加热准则数；

$\dot{m}_h$——燃烧时火区入风侧风流质量流量；

$\dot{m}_c$——冷态时风流质量流量。

据式(5-13)，因为燃烧时产生热量，$s>0$，则 $H_e>0$，由式(5-16)得到节流系数 $\xi<1$，即燃烧时巷道风流质量流量小于正常通风时期巷道的风流质量流量，巷道的入风量减少了，产生了节流效应。

显然，节流系数是标志巷道火灾过程中节流效应是否发生及流量变化程度的量。节流系数越小，质量流量减少就越多，节流效应也就越明显。

节流效应主要受以下几方面因素影响：

1. 燃烧规模

燃烧规模(或燃烧释热速率)直接影响着燃烧区的放热量。对于相同质量流量的气体，燃烧规模大，则单位质量气体所受的加热量也大，在进风风流的初始滞止焓 c_pT_0 相同的情况下，无量纲加热准则数 H_e 也增大，则节流系数较小，节流效应明显。

2. 初始滞止焓

将 $H_e=\frac{s}{c_pT_0}$，$h_0=c_pT_0$ 代入式(5-16)中，得到：

$$\zeta=\frac{1}{\sqrt{(1+2s/c_pT_0)}}=\frac{1}{\sqrt{(1+2s/h_0)}} \tag{5-17}$$

初始滞止焓 h_0 作为无量纲加热准则数的分母项，它与节流系数的变化趋势是一致的。也就是说，在巷道燃烧区中释放相同热量的前提下，初始滞止焓较低，节流系数较小，即能产生更明显的节流效应。

初始滞止焓可以用下式表示：

$$h_0=c_pT_1+\frac{u_1^2}{2} \tag{5-18}$$

式中　T_1——进风流温度；

u_1——进风流速度。

对于一般实际矿井条件下巷道火灾燃烧区的进口参数来说，0 ℃时空气的平均定压比热 $c_p=1.004\times10^3$ J/(kg·K)，100 ℃时为 1.006×10^3 J/(kg·K)，随温度增大，c_p 变化很小，巷道通风风速一般小于 10 m/s，进风流温度一般在 0～30 ℃之间，经过简单计算可知，$c_pT_1\gg\frac{u_1^2}{2}$。可见，在实际矿井中初始滞止焓主要取决于进口截面 1—1 的温度值，进口宏观动能可以忽略。因此，在不考虑风流定压比热变化情况下，可以说进风流的温度影响节流系数，在燃烧区中释放相同热量条件下，巷道的入风流初始温度低，则初始滞止焓值小，节流系数就小，节流效应就越明显。反之，巷道入风初始温度高，节流效应不明显。

3. 可燃物烟气生成量

在热阻力的推导过程中做了不计火灾产生烟气的假定，对于实际的矿井火灾来说，火灾过程不仅是一个能量输入的过程，也是一个质量输出的过程，各种可燃物的燃烧会产生大量烟气。设可燃物的燃烧速率为 m_3，火区入、回风侧的风流质量流量为 m_1、m_2，由质量守恒定律得

$$\dot{m}_1=\dot{m}_2-\dot{m}_3 \tag{5-19}$$

对照式(5-16)可知，$\dot{m}_\mathrm{h}=\dot{m}_1$，若设 $\dot{m}_2$ 保持不变，则烟气的产生更加削弱了巷道的入风量，导致节流系数趋于更小。

三、风流紊乱的形式及原因

井下发生火灾时，在高温火烟流经区段会出现局部火风压，引起风流变化，同时，在发火点及其附近区域火烟体积也会大大增加而引起风流的变化，从而引起风流紊乱，造成有害气体的蔓延。为有效防治矿井火灾，有必要掌握火灾时期风流紊乱产生的原因。

(一) 基本概念

为了分析矿井火灾对通风网络的影响，首先对通风方向与路线类型作如下定义。

上行通风：在倾斜或垂直的巷道中，风流从标高低端向高端的流动。

下行通风：在倾斜或垂直的巷道中，风流从标高高端向低端的流动。

主干风路：发生火灾后，从入风井口经火源点到回风井、主要通风机扩散器的通路。

旁侧支路：主干支路以外的其余支路。

直接烟侵区：井下发生火灾后，火烟一般是随风流流经一系列巷道，最后经回风井排至地面。火烟在排往地面的沿途，通过所有的巷道时仍保持其发火前的风向不变，并受火烟弥漫的区域称为直接烟侵区。

（二）风流紊乱的基本形式

所谓风流紊乱是指井下发生火灾时，在火和烟气的作用下，正常情况时巷道内风流的流动方向以及风量的分配被打乱，火灾产生的有毒有害烟气进入进风流中，使得事故范围进一步扩大，造成大量的人员伤亡。

风流紊乱的基本形式是烟流逆退和风流逆转。

1. 烟流逆退

由于浮升力的影响，火灾燃烧中的火焰与生成的烟气一起向上流动，如图 5-12 所示。在矿井巷道中，如果火源处向上流动的烟流受到顶板的阻挡，热烟气将在巷道的顶部形成沿巷道进、回两个方向的流动，其中巷道顶部烟流逆着巷道进风方向流动被称为烟流逆退(smoke rollback)。由于顶板对流动的黏性影响，在十分贴近顶板的薄层内，烟气的流动速度比较低；随着垂直向下离开顶板距离的增加，其速度先增加然后减小；而下降超过一定距离后，速度便逐渐减小为零。这种速度分布使得烟流前锋的烟气转向下流，然而热烟气仍具有一定的浮力，还会很快上浮，于是顶板上部的烟流会形成一连串的旋涡，它们可将烟气层下方的空气卷吸进来，因此烟流的厚度逐渐增加，而速度逐渐降低。逆退的烟流由于受到通风系统压力的影响，流动速度逐渐减小，最后又顺风流流动，这种逆退烟流的回流现象也被称为烟流滚退。在实验模拟巷道中实拍到的烟流逆退现象如图 5-13 所示。从烟流逆退的产生机制中可得出，烟流逆退在水平、下行或上行巷道中都会产生。显然，在下行巷道中逆退的烟流量最大，因为火灾烟流浮力的作用方向与风流流动方向是相反的；在上行巷道中逆退的烟流量最小，因为烟流浮力的作用方向与风流流动方向一致；而水平巷道中的烟气逆退流量则介于这二者之间。

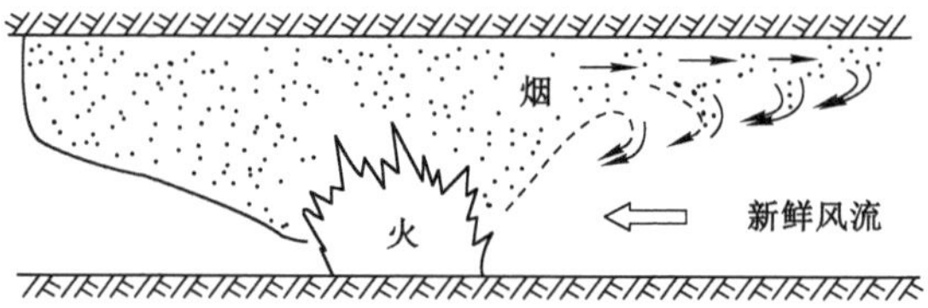

图 5-12 矿井火灾烟流逆退示意图

烟流逆退的现象会对在风流上风侧灭火的救护队员造成威胁，逆退回来的烟气中往往包含了大量的有毒有害气体(如一氧化碳、二氧化硫等)，其所挟带的热量有时还会使灭火队员头顶上方的可燃物燃烧起来。伴随烟流的逆退，火烟有时也可能进入进风系统中，在富燃料燃烧时还可能产生回燃和爆炸现象，这都将带来更大的危害，使事故扩大。

图 5-13　火灾模拟实验中的烟流逆退现象

2. 风流逆转

在矿井火灾时期，火灾产生的火风压可能会造成某些支路压力的变化，从而改变风流的流动方向。通风网络中的某分支风流方向发生改变的现象叫风流逆转。一般风流逆转会使火灾区域扩大，为救灾和人员逃生带来更大的危害。过去国内外发生的许多起重特大火灾和瓦斯爆炸事故，都是由于发生了风流逆转而造成了大量人员的伤亡。因此，保证矿井通风系统的稳定和防止风流逆转是矿井抗灾能力的一个最重要的标志，同时也是矿井火灾时期救灾工作的一个重要原则。

(1) 上行通风旁侧支路的风流逆转

在上行通风主干风路发生火灾时，火风压的作用方向与主通风机提供的风压作用方向一致，因此上行通风主干风路一般不会发生风流逆转，在火风压作用下，其风量还会增加。但上行通风旁侧支路在火风压的作用下，却会受到相反的影响。一般来说，火风压会使旁侧支路的风量减小，甚至造成旁侧支路的风流逆转，上行风流旁侧支路的风流逆转是火灾时期发生风流紊乱的常见形式之一。

如图 5-14 所示的简单风网，三个采区分别布置在风网的 2—4、3—4、3—5 三条支路中。若 Ⅰ 号采区的进风巷道内发生火灾，正常情况下火烟将随风流侵袭到 Ⅰ 号采区，并通过 4—5、5—6 回风支路排出地面(图 5-14)。显然火源所在的风路 1—2—F—4—5—6 为主干风路，而其余的支路如 2—3、3—4、3—5 均称为旁侧支路。在火灾时期旁侧支路只要保持原

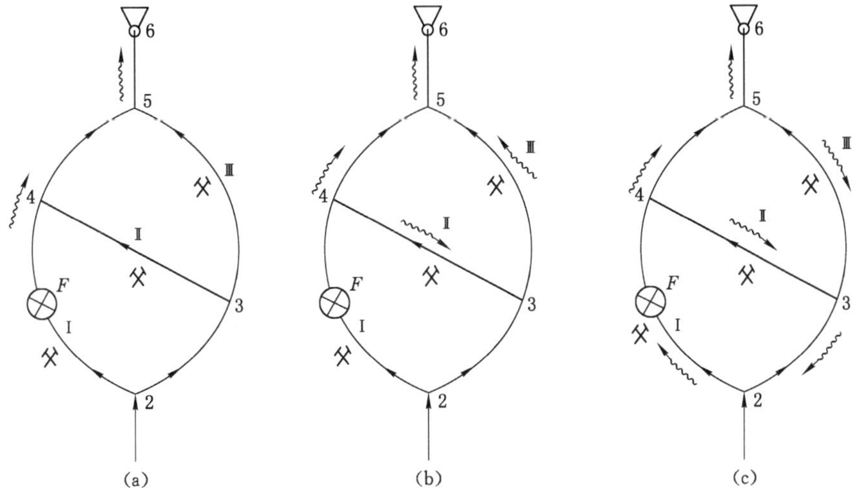

图 5-14　旁侧支路风流逆转

有风向不变，就不会受到火烟的侵袭，Ⅱ、Ⅲ号采区也将处于安全之中。但实际情况并非如此，当火势发展迅猛时，往往会从主干风路的排烟段分出一股烟流，沿着旁侧支路全断面地逆着原有的风向，朝着最近的节点流去，这就是旁侧支路的风流逆转，如图 5-14(b)所示。旁侧风流的逆转使火烟侵入了Ⅱ、Ⅲ号采区(尽管Ⅲ号采区的风向保持正常不变)，从而扩大了事故的范围及其危害性。旁侧支路 3—5 的风流逆转造成烟气波及全矿[图 5-14(c)]，危害更为严重，这种形式的风流紊乱在上行风流发生火灾时最易发生。

又如图 5-15 所示的简化通风网络，设火灾发生在采区的上山内即上行风路 a_1 中，由于高温烟流流经上行风路，所以在烟流的流经路线上存在局部火风压，就相当于安设有局部通风机，如图 5-15 中所示的 h_{F1}、h_{F2}、h_{F3}、h_{F4} 所示。这些局部火风压的作用方向与系统的主要通风机风压(h_f)作用方向一致。在这种情况下，主干风路 1—2—A—3—F—4—B—5—6 的风向一般保持原来的方向不变，而旁侧支路 a_2、b、c_2 则可能会发生风向逆转。

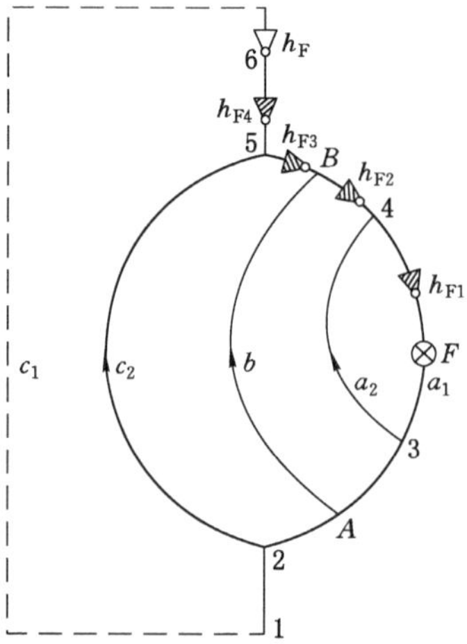

图 5-15　上行风流中发生火灾的风网示意图

旁侧支路风流逆转的原因在于：由于火风压的作用，主干风路的压力提高，也增大了旁侧支路回风侧的压力。随着火势的进一步发展，火风压值不断增大，旁侧支路的压差(如图 5-15 中的 $h_{3\text{-}4}$、$h_{A\text{-}B}$、$h_{2\text{-}5}$)就会减小，甚至可能变为零或负值，旁侧支路的风量也随之减小直至为零，最后风流发生逆转。

(2) 下行通风主干风路的风流逆转

当下行风流中发生火灾或有高温烟流流过时，所形成的火风压与通风机提供的风压作用方向相反，由于这二者的相互作用关系，主干风路的风流在火灾初期，风量会逐步减小；随着火势的发展，火风压进一步增大，当火风压与风机提供的风压平衡时，风量为零，此时发生的燃烧为富燃料燃烧，这一过程近似为点状态，仅能维持较短的时间；当火风压继续增大时，即会发生风流的逆转，此时将有大量的新鲜风流进入已窒息的火区，在火区的高温条件下就可能发生回燃并可能引起爆炸。图 5-16 表示下行通风主干风路 3—5 发生风流逆转。由于主干风路风流逆转时可能会出现回燃或爆炸，容易造成重大的人员伤亡和财产损失，是下行通风主干风路发生火灾的最危险阶段。

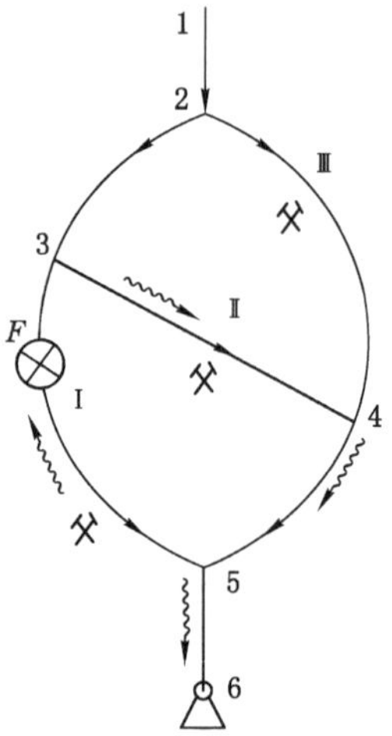

图 5-16　下行通风主干风路风流逆转

(三) 风流紊乱的产生原因

外因火灾使火灾及附近地点空气的温度迅速升高，这就使空气产生热膨胀。与此同时，由于热的作用会带来两方面的影响。一方面，由于对空气的加热使其密度下降，在非水平的巷道分支将产生附加火风压；另一方面，通风巷道中会产生热膨胀，这就会减少主干通风巷道的质量流量，即产生节流效应。以上两项作用将改变矿井通风系统的压力分布，从而改变原有的矿井风量分配并产生风流紊乱，扩大事故范围，带来严重后果。

以上两种风流紊乱形式的特征见表 5-2。

表 5-2　矿井火灾时期风流紊乱现象

紊乱的形式	发生地点	发生原因	表　　象
烟流逆退	着火巷及其相连的风路上	火源处热烟气在浮升力的作用下，向上流动并受到顶板的阻挡而出现向逆巷道进风方向的扩散	在巷道的顶部一部分逆着巷道进风方向流动的烟流，在机械风压作用下，逆退的烟流又会回流到火源
风流逆转	上行通风的旁侧支路； 下行通风的主干支路	旁侧支路中的机械风压低于局部火风压； 下行通风的局部火风压大于机械风压	分支中风流流动方向与原风流方向相反

四、风流紊乱的控制方法

煤矿井下一旦发生事故，特别是重大的爆炸或火灾事故，最紧急的工作之一就是对井下风流进行有效控制，防止风流紊乱的发生。如果控风措施合理，不仅可以有效地限制烟流在井巷中发生非控制性蔓延，防止灾害范围扩大，还可以最大限度地减少灾害的损失以及避免人员伤亡。常用的风流控制方法包括反风法、短路法及调压法。

1. 反风法

为防止烟火和有害气体随着风流进入工作面，危害井下工人的生命安全，必须在很短的时间内，改变风流方向，防止灾害的蔓延，缩小灾害范围，以保障井下工作人员的安全撤出。改变通风系统正常风流方向叫作反风。反风法包括全矿反风和局部反风两种。

(1) 全矿反风

当产生大量有毒有害气体的事故(如火灾、瓦斯或煤尘爆炸等)发生在矿井的主进风区域(如井底车场、主要进风道等)，必须及时采取全矿反风措施，否则爆炸产生的有毒有害气体或火灾产生的高温烟流就会随进风流侵入井下各个工作场所，使灾害进一步扩大。

(2) 局部反风

局部反风方法适用于采区内部进风侧发生火灾，特别是下行风流工作面的进风侧发生火灾的情况，通过预先设置一些控风设施，一旦发生火灾及时启动这些设施，使得风流在此区域内实现反向流动，将有害气体和烟流直接引入矿井或采区的回风巷道内，使灾变烟流不侵袭工作场所，并可有效地防止下行风流的主干风路发生逆转。

局部反风可以通过专用的反风巷道进行。图 5-17 所示就是采用专用的反风巷道进行反风的。在进回风下山之间维护一条联络巷 5，并增开一条短巷 6，在进、回风下山设常开风门 T_1、T_2，进风大巷设常开风门 T_5。风门 T_3、T_4、T_6 和 T_7 平时处于常闭状态[图 5-17(a)]，以保证新风通过进风下山送达工作面，而后乏风经回风下山汇入主要回风大巷，从而构成下山采区的通风系统。若在进风下山内发生了火灾，如图 5-17(b)所示，一般情况下火烟将随风流而下，侵袭工作面，而后排入总回风巷，但是高温火烟下行产生局部火风压，其作用方向与原有的风流方向相反，随着火势的发展，局部火风压也越来越大，此时，主干风路烟流逆转将很难避免。如果发生烟流逆转的现象，火烟上涌到下山入口，汇入水平进风大巷，将可能随进风而侵袭到以后的各个采区，其后果不堪设想。可靠的处理方法是，一旦发现主干风路烟流逆转的前兆，当即开启联络巷及专用反风巷内的常闭风门 T_3、T_4、T_6、T_7，关闭进、回风下山以及进风大巷内的常开风门 T_1、T_2、T_5，使采区实现反风，为救护队员通过反风后的进风大巷下山下去抢救遇难人员和处理火灾创造有利条件。实现反风后的风门状态和风流方向如图 5-17(b)所示。

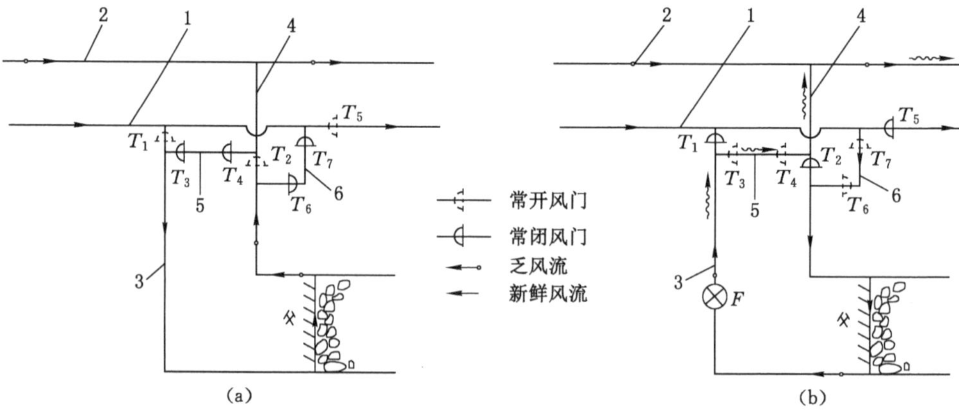

1—进风大巷；2—回风大巷；3—进风下山；4—回风下山；5—联络巷；6—专用反风巷。

图 5-17　联络巷与专用反风巷布置图

2. 短路法

当事故发生在进风侧时，在有害气体、烟流流经巷道的前方寻找与矿井总回风道、采区回风巷或工作面回风巷相连接的联络巷，将其风门打开，使风流短路，将气流直接引入回风流中。这种方法适用于防止下行风流发生烟流逆退或者风流逆转。通常利用联络巷道进行风流短路的方法有以下几种。

(1) 增辟排烟支路

① 上山采区增辟排烟支路。如图 5-18 所示的上山采区巷道布置系统，它的回风上山实际上是下行风流，如果其中发生火灾，在反向火风压的作用下主干风路风流反向，烟流逆退而侵袭工作面人员。如果在布置工作面时开掘一条专用排烟巷道并安设风门，平时予以关闭[图 5-18(a)]，矿井火灾时期予以开启。在采区进风上山和回风上山内分别设置常开风门 T_2、T_3，在进风大巷内设常开风门 T_1。如图 5-18(b)所示，当在回风上山发生火灾时，可使采区风流短路以排放烟流，最后关闭 T_2、T_3 风门限制火势的发展，使用大巷中的常开风门 T_1 调节风量，以冲淡烟流。

② 下山采区增设专用反风巷道。如图 5-19 所示的下山采区巷道布置系统，在进风下山的上口，增辟排烟专用巷 5，平时安设常闭风门 T_4、T_5 予以隔绝[图 5-19(a)]，以保证下山采区正常通风。如果在进风上山内发生火灾，高温火烟随风流下行产生局部火风压，其作用方向与原来的风向相反，如图 5-19(b)所示。随着火势的发展，局部火风压不断增大，进风下山主干风路可能发生烟流逆退时，立即开启专用反风巷的常闭风门 T_4、T_5 使采区进风短

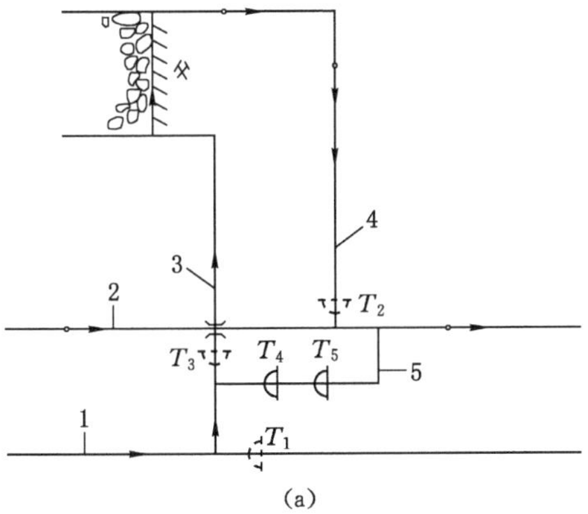

1—进风大巷;2—回风大巷;3—进风上山;4—回风上山;5—专用反风道。

图 5-18　上山采区增设专用反风道布置图

路,而逆退的烟流将通过专用反风巷排入回风大巷。同时关闭常开风门 T_1、T_2 限制火势的发展,启用常开风门 T_3 以调节风量冲淡专用巷中的烟流,如图 5-19(b)所示。这时可派救护队从回风系统下去救助遇难人员和处理火灾。

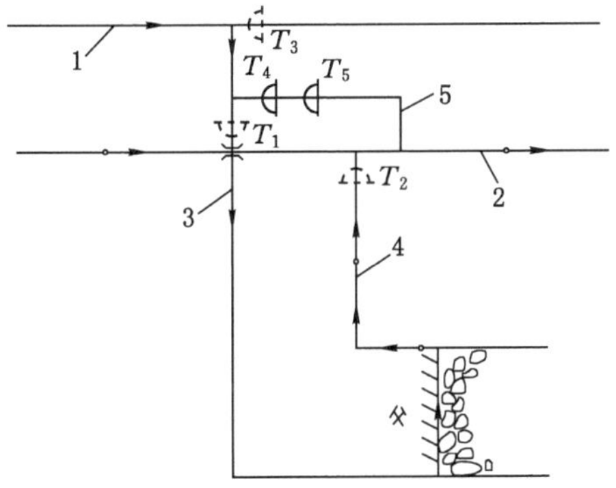

1—进风大巷;2—回风大巷;3—进风下山;4—回风下山;5—专用反风道。

图 5-19　下山采区增设专用反风道布置图

(2) 利用上、下山联络巷

① 利用连通进回风上山的联络巷。如图 5-20 所示的采区上山布置系统,在进回风上山的联络巷 a—b 中平时设置两道常闭风门 T_3、T_4 隔断风流,如图 5-20(a)所示,以保证工作面通风。设常开风门 T_1、T_2 和调节风门 T_5 以备发生火灾时启用。

一旦在回风上山中发生火灾[图 5-20(b)],可采取如下措施:首先将工作面的人员撤至进风大巷,如撤退时风流已经反向,则必须使用自救器;然后打开常闭风门 T_3、T_4,使风流短路,并排放火烟;最后关闭常开风门 T_1 和 T_2,抑制火势发展。使用常开风门 T_5 对风量进行调节,这样不仅能够防止火灾气体进入进风大巷,还能够增大通过 a—b 的风量以冲淡烟流浓度。

采取以上措施后,便可采取进一步措施熄灭火区。

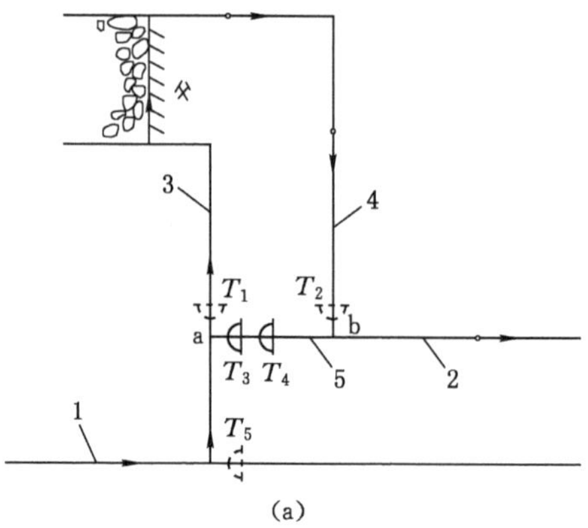

1—进风大巷;2—回风大巷;3—进风上山;4—回风上山;5—联络巷。

图 5-20　用进回风上山联络巷做反风巷布置图

② 利用进回风下山的联络巷。如图 5-21(a)所示的采区下山巷道布置系统,在进回风下山的联络巷 a—b 中设常闭风门 T_3、T_4 以保证采区供风;在进回风下山中设常开风门 T_1、T_2,在进风大巷中设常开风门 T_5,以备调节风量使用。

当进风下山中发生火灾后,可采取以下措施实现采区反风:首先打开联络巷口 a—b 中的常闭风门 T_3、T_4,使采区风流短路,在火风压作用下,下山风流反向;然后关闭常开风门 T_1、T_2 抑制火势发展,并使用常开风门 T_5,调节风量以防止烟流侵入进风大巷,加大联络巷 a—b 中风流冲淡火灾气体[图 5-21(b)]。至此便可进一步采取灭火措施熄灭下山内的火灾。

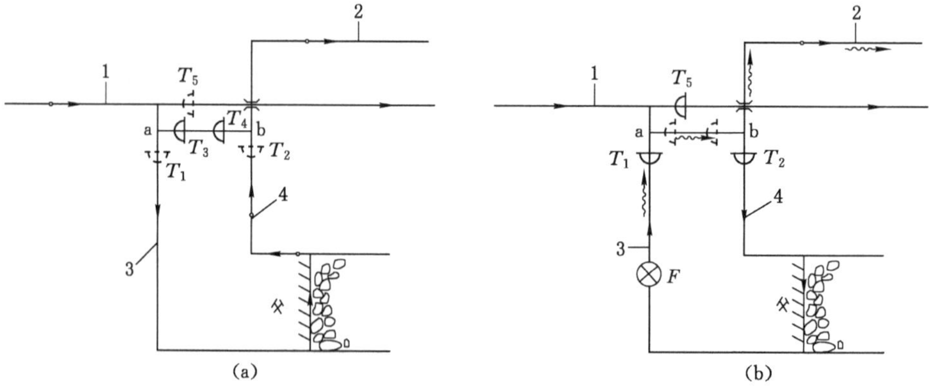

1—进风大巷;2—回风大巷;3—进风下山;4—回风下山。

图 5-21　用进回风下山联络巷实现反风

(3) 设双上山回风

图 5-22(a)为采区设双上山回风巷道布置示意图:在联络巷 a—b 中设常闭风门 T_3、T_4,在两条回风上山中设常开风门 T_5、T_6、T_7、T_8,在进风大巷中设常开风门 T_1,平时两条上山均作回风用。假设在左边一条回风上山中发生火灾[图 5-22(b)],则立即打开 a—b 中的常闭风门 T_3、T_4,关上常开风门 T_5、T_6 以抑制火势的发展。将火烟从右边一条回风上山排出,同时采取其他灭火措施扑灭火灾。

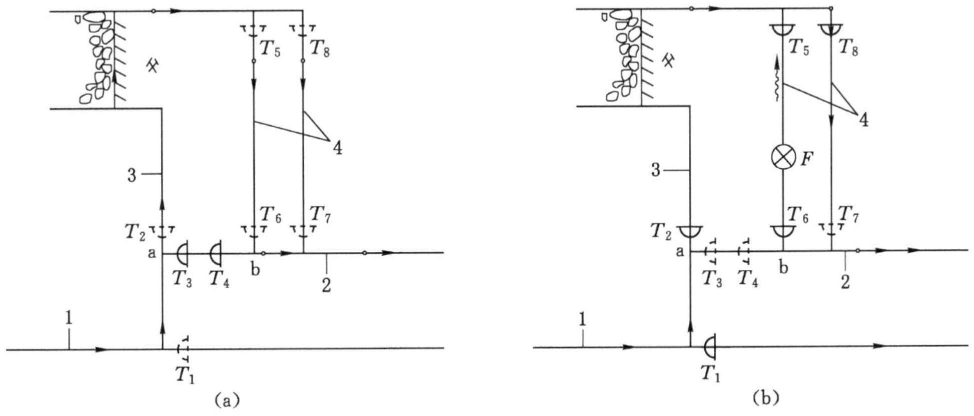

1—进风大巷;2—回风大巷;3—进风上山;4—回风上山。

图 5-22　双上山回风巷道布置示意图

3. 调压法

调压法多用于防止上行风流的旁侧支路发生风流逆转。根据上行风流旁侧支路风流逆转的公式可以得到以下几种风流逆转的防治措施。

(1) 降低内部分系统的局部火风压(h_i)

① 在火源的上风头张挂风帘或构筑临时防火墙以控制向火源供风,阻止火势的进一步发展;

② 采取直接灭火措施控制火势发展,扑灭火灾。

(2) 提高或保持外部分系统的风压值(h_0)

① 要保持担负火区通风的主通风机正常运转;

② 决不允许停止主通风机运行,更不能放下主通风机闸门;

③ 轴流式风机可通过调整叶片角度来提高主通风机风压;

④ 离心式风机可通过调整前导器来提高主通风机风压。

(3) 增大内部分系统的风阻值(R_i)

① 在火源的进风侧张挂风帘;

② 在火源的进风侧构筑临时密闭。

在高瓦斯矿井中实施这一措施时,应对火区中瓦斯浓度进行有效的监控,并及时检查是否存在瓦斯局部聚积的情况,防止发生再生事故。

(4) 减小外部分系统的风阻值 (R_0)

① 提起排烟主通风机风硐中的闸门;

② 开启排烟道路上的调节风门;

③ 防止局部冒顶事故的发生,以免造成排烟通道的堵塞;

④ 在日常通风管理中,要切实加强回风系统巷道的维护工作,尽量杜绝局部堵塞现象的发生。

第六章　火区封闭与启封

矿井火区的封闭与启封是矿井火灾处置过程中的常用手段。火区封闭、启封时往往存在火源、高浓度瓦斯和氧气共存的条件，若处理不当极有可能再次发生瓦斯爆炸等次生灾害，认识矿井火区封闭、启封的危险性，掌握火区封闭、启封的方法及其适用条件，是火区处理的关键。本章将系统介绍火区封闭、管理与启封方面的研究进展。

第一节　火区封闭

火区封闭一般是在通往火区的所有通道内构造密闭墙，阻止空气进入火区，控制火区进一步发展，保障矿井其他区域的安全。矿井一旦发生火灾，首先应采取积极的灭火措施，及时控制火势，将灾情消灭在初期阶段。若直接灭火工作失败或其他原因导致火势增加时，则需要在远距离密闭火区。火区封闭期间，因切断通风供氧，极有可能引发封闭区易燃易爆气体浓度升高，当其浓度达到爆炸下限时就会发生爆炸。因此，如何安全封闭火区，是处理灾变的关键难题之一。

一、火区封闭的条件

当井下发现自然发火征兆时，必须停止作业，立即采取有效措施处理。当发火征兆不能得到有效控制时，必须撤出人员，封闭危险区域。进行封闭施工作业时，其他区域所有人员必须全部撤出。因此，无论处理任何类型的火灾或使用任意一种直接灭火方法，在力争灭火成功的同时，都要在思想上和物资上做好封闭火区的准备。一旦直接灭火失败，或出现以下情况，应及时在通往火区的所有巷道中以最快的速度、在最短的时间内封闭隔离火区，将事故的损失降到最低。封闭火区时，应当合理确定封闭范围，在保证安全的情况下，应当尽量缩小封闭范围。

当出现以下情况时，尽量封闭火区。

① 缺乏灭火器材或人员；

② 火源点不明，火区范围大、难以接近火源时；

③ 存在高温、顶板垮落、瓦斯爆炸等危险时；

④ 用直接灭火的方法无效时；

⑤ 采用直接灭火不经济时。

二、火区封闭的原则与方法

1. 火区封闭的原则

封闭火区要立足于“早”，早下决心、早做物资准备。同时要做到：密、小、少、快。“密”是指密闭墙要筑造严密，尽量减少漏风；"小"是指封闭范围要小；"少"是指建立最少的密闭墙将火区包围隔离；"快"是指密闭墙的施工速度要快，封闭火区要快，要分秒必争，不得拖延。无论是高瓦斯矿井，还是低瓦斯矿井，在封闭火区时都要做到上述要求，否则将会扩大事态，酿成严重后果。因此，在每次发火时，参加灭火的工作人员应分为两部分，一部分去现场积极设法灭火，另一部分去准备隔离火区的密闭墙。

2. 火区封闭的方法

火区封闭的方法分为先进风侧后回风侧封闭、先回风侧后进风侧封闭以及进回风侧同时封闭三种方法。从安全的角度出发，要求封闭火区时，应当同时封闭各条进回风通道，包括具有多条进回风通道的火区。该方法封闭时间短，能快速封闭火区，切断供氧，使火区内瓦斯不易达到爆炸浓度。但在实际施工过程中，由于回风侧高温且存在大量浓烟，施工速度相对较慢，需要在构筑进风侧密闭墙过程中留有一定断面的通风口，保证供给的风量能使火区内瓦斯浓度在爆炸极限以下。当构筑完成时，应在约定时间内将进回风侧通风口同时迅速封闭，并立即将人员撤出。

火区封闭时，应维持原有的通风系统并对封闭区域内的风流进行监测，使风流和风量保持稳定，不能随意采用短路通风或任意开关风门、调节风窗。当火区内风流和风量变化不稳定且瓦斯浓度达到2%或有一定量的瓦斯向火区移动时，所有的救灾人员应立即撤至安全地点并及时采取措施进行调整，待风流稳定且瓦斯浓度在安全限度内，方可安排施工人员进入灾区进行封闭作业。

三、密闭墙的构筑

除特殊巷道条件下可以采用水淹巷道的方式完成对火区的封闭外，火区封闭一般要利用防火密闭墙或防火门进行封闭。

1. 密闭墙的类型

根据存在的时间长短和作用的不同，密闭墙可以分为临时性密闭墙、永久性密闭墙和防火门。

(1) 临时性密闭墙

临时性密闭墙用于暂时阻断风流，控制火势发展，以便在其掩护下准备直接灭火的器材，保护救护人员和保证工人在砌筑永久性密闭墙时免遭火烟和毒气的侵害。临时性密闭墙要求结构简单严密、材料质量轻、施工方便迅速，完成任务后需要拆除时便于拆除。传统的临时性密闭墙是木板涂黄泥。现在最常见的临时性密闭墙主要有木板密闭墙、风布密闭墙、喷塑密闭墙、砖密闭墙、石膏密闭墙或沙(土)袋密闭墙。临时性密闭墙一般耐火性较差、漏风大、抗压能力差，不能彻底隔绝火区。

(2) 永久性密闭墙

永久性密闭墙用于长期严密地隔绝火区，阻止空气进入。永久性密闭墙必须采用不燃性建筑材料，建筑时要坚固和密实，材料经久耐用，墙基与巷壁必须紧密结合，连成一体。永久性密闭一般采用掏槽结构，也可采用锚杆注浆结构。煤巷密闭必须掏槽，帮槽深度为见实煤后 0.5 m，顶槽深度为见实煤后 0.3 m，底槽深度为见实煤后 0.2 m，掏槽宽度大于墙厚 0.3 m；岩巷不要求掏槽，但必须将松动岩体刨除，见硬岩体。墙身应选用高强度材料砌筑或浇筑，墙面覆盖层厚度应大于 20 mm，石墙不抹面的应勾缝，四周应抹裙边厚度应大于 20 mm，宽度应大于 200 mm。

(3) 防火门

防火门是防止井下火灾蔓延和控制风流的安全设施，包括为了紧急控制与隔离机电硐室等地点发生的外源火灾而设置的常开风门，以及工作面投产时进、回风巷构建的防火用常开风门等设施。关闭防火门，也是封闭火区的一种快捷方式。

2. 密闭墙的技术要求

根据用途和施工工艺，密闭墙的设计和施工应当严格按照规范要求，使密闭墙能够保障火区内爆炸发生时封闭的可靠性。2020 年左权阜生煤业有限公司“10・20”瓦斯爆炸事故和 2018 年双鹰煤炭有限责任公司“10・25”瓦斯爆炸事故便是由于密闭施工过程中，未遵循相关规范和设计要求引发的瓦斯爆炸事故。

(1) 厚度要求

关于密闭墙的材料和施工方法，美国矿山安全与健康管理局发布了多种密闭墙以及替代密闭墙的构筑方法和标准，并给出了如下密闭墙承压检测方法。

$$\sigma=\frac{Pd}{4t}$$

式中，σ 为密闭墙的承压强度，MPa；P 为密封后的内部压力，MPa；d 为巷道截面的当量直径，m；t 为密封墙厚度，m。

我国《矿井密闭防灭火技术规范》(AQ 1044—2007) 中同样对各类密闭墙的壁厚及应用场景进行了规定，具体见表 6-1。

表 6-1　各类密闭墙的构筑参数

<table>
<tr><th colspan="2">密闭结构</th><th>密闭厚度/m</th><th>服务年限/年</th><th>巷道断面/m²</th><th>特殊性能</th></tr>
<tr><td colspan="2">木板</td><td>0.3</td><td>0.25～0.3</td><td>小于 10</td><td>临时快速密闭</td></tr>
<tr><td colspan="2">风布</td><td>—</td><td>0.1</td><td>小于 8</td><td>临时快速密闭</td></tr>
<tr><td colspan="2">喷塑</td><td>—</td><td>0.1</td><td>小于 8</td><td>临时快速密闭</td></tr>
<tr><td colspan="2">木段</td><td>0.8</td><td>0.5</td><td>小于 8</td><td>抗动压</td></tr>
<tr><td colspan="2">沙(土)袋</td><td>4～10</td><td>1</td><td>—</td><td>防爆、抗冲击</td></tr>
<tr><td colspan="2">石膏</td><td>2</td><td>1</td><td>—</td><td>充填密封</td></tr>
<tr><td colspan="2" rowspan="4">砖</td><td>0.24</td><td>1</td><td>小于 8</td><td rowspan="4">抗较大地压</td></tr>
<tr><td>0.37</td><td>2</td><td>小于 10</td></tr>
<tr><td>0.50</td><td>3</td><td>小于 15</td></tr>
<tr><td>0.75</td><td>4</td><td>小于 15</td></tr>
<tr><td colspan="2" rowspan="2">料石</td><td>0.8</td><td>大于 5</td><td>大于 10</td><td rowspan="2">抗较大地压和静水压力</td></tr>
<tr><td>1.6</td><td>大于 5</td><td>大于 10</td></tr>
<tr><td colspan="2" rowspan="3">混凝土</td><td>0.5</td><td>大于 6</td><td>小于 10</td><td rowspan="3">抗很大地压和静水压力</td></tr>
<tr><td>0.75</td><td>大于 6</td><td>大于 10</td></tr>
<tr><td>1.00</td><td>大于 6</td><td>大于 10</td></tr>
<tr><td rowspan="3">单墙充填</td><td>木板墙</td><td>充填 0.5，1</td><td>1</td><td>小于 6</td><td>抗一般地压</td></tr>
<tr><td>砖墙</td><td>充填 2.0</td><td>1.3</td><td>小于 10</td><td>抗较大地压</td></tr>
<tr><td>料石墙</td><td>充填 2.0</td><td>3.6</td><td>大于 10</td><td>抗较大地压</td></tr>
</table>

表 6-1(续)

密闭结构		密闭厚度/m	服务年限/年	巷道断面/m^2	特殊性能
双墙充填	木板墙	充填 0.5,1	1	小于 8	抗一般地压
	砖墙	充填 2.0	1.3	小于 10	抗较大地压
	料石墙	充填 2.0	3.6	大于 10	抗很大地压

在封闭有瓦斯、煤尘爆炸危险的火区时,可根据实际情况先构置防爆密闭墙,在防爆密闭墙的掩护下,建立永久性密闭墙。沙(土)袋防爆密闭墙应采用麻袋或棉布袋,不得用塑料编织袋装沙。表 6-2 给出了各类防爆密闭墙厚度的要求。

表 6-2 各类防爆密闭墙的最小厚度

巷道断面/m^2	石膏墙		沙(土)袋墙		水沙充填厚度/m
	厚度/m	石膏粉/t	厚度/m	数量/袋	
5.0	2.2	11	5	1 500	5
7.5	2.5	19	6	2 600	5～8
10.5	3	30	7	4 200	8～10
14	>3.5	42	8	6 400	10～15

(2) 气密性要求

在进风侧建密闭墙必须严密坚固,在墙面上及其前面一定距离的巷道两帮都要涂抹一层灰浆。由于密闭墙不可能把火区完全严密隔离,在不易看到的裂缝及构筑材料的孔隙中,总有空气渗入火区,诱发火灾逆风向扩展,逐渐移向密闭墙附近。所以,密闭墙要采用耐温材料,如果条件允许可以在墙面贴防火胶带、防火密封条或者喷涂防火漆等。在火区封闭过程中,还可以通过以下方式对密闭墙的气密性进行快速检测:

① 密闭墙内外压差越小,漏风越大;

② 当最大压差存在于进风侧最里面的密闭墙时,表示所有的密闭墙质量相当;

③ 当所有的密闭墙质量相近时,漏风通过具有最大压差的回风侧某一密闭墙的顶底板和煤柱渗出;

④ 用石灰水将密闭墙刷白,以便快速检查墙体存在的漏风裂隙;

⑤ 当密闭墙发出嘶嘶声时,表明密闭墙存在漏风或渗出瓦斯。

(3) 其他技术要求

一般情况下,密闭墙墙体至少需要安设三个管:注浆管、观测管和排水管,管道直径为 35～100 mm。观测管和注浆管距巷道底板高度不小于 1 300 mm,两管之间距离为 400 mm。注浆管用以在封闭时以及封闭后向火区灌注灭火材料,加快火源熄灭速度;观测管用以从火区中抽取气样,时刻注意监测火区内的状况,判断火情;排水管应离底板高度为 0.3 m,直径不小于 50 mm 且带有水封结构或安装阀门,用以观测水温、及时排除密闭墙后面的积水。

(4) 提高密闭墙质量的技术措施

① 在砌筑混凝土密闭墙过程中,用具有适当强度的塑料硬毛刷代替抹刀对竖直的密闭

墙面进行抹面、刷涂砂浆，这样可以增加密闭墙的严实性和耐久性；

② 在砂浆中掺入玻璃纤维，能够有效增强砂浆的胶结强度和黏性；

③ 在密闭墙上涂抹石灰，既有利于防止漏风，也有助于查看墙上的裂缝发展情况；

④ 应在密闭墙周边与巷道接触的地方分别采取掏槽灌注砂浆等措施以防止出现漏风；

⑤ 定期向墙面涂抹砂浆或其他堵漏材料。

3. 密闭墙位置的选择

正确选择密闭墙的位置和封闭火区的顺序是能否成功灭火的关键，密闭墙的具体位置应当根据实际情况进行综合考虑而定，但需满足以下几点要求：

(1) 在保证灭火效果和工作人员安全的条件下，应使被封闭的火区范围尽可能地小，密闭墙的数量尽可能的少，可以充分利用原来质量良好的密闭墙、风门。

(2) 密闭墙的位置不应离新鲜风流过远。一般密闭墙离新鲜风流不应超过 10 m，不要小于 5 m，以便留有构筑第二道密闭墙的位置。如果限于其他原因必须建在离新鲜风流较远的地方，应建立导风设施。

(3) 构筑密闭墙的地点，特别是进风侧密闭墙的地点，应选在围岩稳定、没有裂缝的岩石里，且密闭墙周围 5 m 以内无杂物、积水、淤泥、煤尘堆、片帮和冒顶。如果由于某种原因，密闭墙必须设在有裂缝的岩体上，要把周围的巷道壁喷浆加以严密封闭。

(4) 在回采工作面发生火灾时，密闭墙位置应视火源位置而定。

① 在靠近工作面进风巷发生火灾时，进风巷密闭墙应尽量靠近火源，回风巷的密闭墙应视烟雾和温度情况来决定；

② 在靠近工作面回风巷道发生火灾时，进风巷密闭墙的位置要尽可能靠近工作面，回风巷的密闭墙应距火源有一定距离；

③ 在工作面发生火灾时，根据火势发展、烟雾以及温度情况，可将进风、回风巷密闭墙筑建在距工作面一定距离上下相对的位置。

(5) 在进风密闭墙与火源之间不能存在连通火源前后的巷道，相邻的采空区与火区之间应尽可能隔离、避免连通，必要时可将几个相邻的封闭区再圈成一个大封闭区进行双层封闭。

(6) 一般密闭墙都要设立在铺设轨道巷道附近，以便运送材料，保证迅速完成密闭墙的筑建。有时因运输不便，建立密闭墙的时间拖延过长，容易造成灭火工作失败。

4. 密闭墙构筑期间的安全工作

构筑密闭墙的目的是在整个火区的封闭期间隔断流向火源的风流，但供风量的逐渐减少势必会造成封闭区域内有毒有害气体和瓦斯浓度的升高，增大封闭火区的危险性。因此，为了保证封闭区域内施工人员的安全，在构筑密闭墙期间应做好以下工作：

① 监测大气压力的变化；

② 保证风流和风量稳定；

③ 对火区气体进行监测；

④ 注意火区内压力脉动现象。

四、火区封闭效果评价

火区封闭在于减少着火带的供氧，但密闭墙内外压差仍会造成不同程度的漏风。密闭墙内外压差主要是由通风压差、热风压以及大气压力的变化造成的。事实上，在密闭墙完成后，大气压力的降低对密闭墙管理更为有利，由于高温气体体积膨胀，密度下降，压力增加，使外部风流流入封闭火区减少，供氧减少，并加速了区内可燃性气体的流失。

1. 火区封闭效果的监测

判断封闭火区有效性的最好办法是监测火区内大气压力变化的趋势，根据大气压力变化引起封闭区内气体浓度变化的时滞性大小来确定密闭墙质量。质量差的密闭墙，大气压力变化几乎立即引起封闭区内气体浓度变化。时滞性愈大，密闭墙质量愈好。

（1）封闭效果不好

若火区外部大气压力增加时，瓦斯浓度降低，氧气浓度升高，这意味着外部空气漏入封闭区，封闭效果不好。

（2）封闭效果良好

若大气压力增加时，瓦斯浓度持续增加，氧气浓度持续下降，表明火区封闭严密。但是，当瓦斯浓度足够高时，若大气压力增加，可能会导致瓦斯漏出，瓦斯浓度减小，这种情况在密闭墙质量最优时也可能发生。

了解密闭墙的质量可以帮助及时决策是否需要或在何时采取补救措施，但应注意的是，最好的密闭墙也可能产生新的危险。封闭质量好的密闭墙内气体浓度受外界大气压力变化影响的时滞性长，在大气压力下降很长一段时间后瓦斯才会流出，若灭火人员未能注意到这一时滞性，忽略在密闭墙外某些区域因通风不畅等原因可能意外地含高浓度瓦斯，就会造成瓦斯窒息或爆炸的危险。

2. 提升火区封闭效果的措施

（1）应加强对整个封闭区的封闭堵漏。

① 封闭区的所有通道均应进行密闭，所有密闭均应加强维修和堵漏；

② 井下大面积漏风地点宜建立隔绝带实行堵漏；

③ 巷帮裂隙及碹外空帮等漏风地点宜采取注浆、充填等有效的局部堵漏措施；

④ 地面漏风裂隙应采用黄土覆盖、充填等堵漏措施。

（2）采取均压措施以降低封闭区的漏风压差。

（3）采取灌注惰性气体的措施可以提高封闭区的惰化程度，对于瓦斯矿井灭火还可以起到阻爆的作用。

（4）采取注水、注浆、注凝胶等措施可以降低封闭区内部温度，加快灭火速度。

五、火区封闭实践

某矿南五 719 综采工作面由于受火成岩侵入影响，工作面停产改造，准备重新施工 1 条运输巷，南五 719 工作面图如图 6-1 所示。工作面瓦斯绝对涌出量为 56.61 m^3/min，相对瓦斯涌出量为 23.45 m^3/t，工作面采取顶板高位瓦斯抽采巷、回风巷穿层斜交钻孔、采空区埋管等方法抽采瓦斯，平均瓦斯抽采量为 45 m^3/min，工作面风量为 1 500 m^3/min。2010 年 7 月 29 日 8:41 在工作面 39# 支架上方发现明火，采用用水直接灭火方法无效，决定采用运输巷回风巷同时封闭方法进行封闭。

封闭方法是运输巷封闭位置在胶带机尾，回风巷封闭位置在回风口位置，以减少封闭空间。在工作面运输巷、回风巷同时施工板闭，同时封闭，封闭过程中维持正常通风系统，保持工作面瓦斯抽采量不变，调整矿井注氮系统，利用中央风井和南风井 2 套注氮系统向工作面进行注氮，运输巷总注氮量为4 600 m^3/h。运输巷回风巷封闭完后，人员全部撤离至安全区域，停止该工作面瓦斯抽采，运输巷继续大流量注氮。通过对封闭区进行取样化验分析证实封闭区内无瓦斯爆炸危险后在运输巷密闭5 m处再构筑1道密闭，形成均压气室进行注氮。

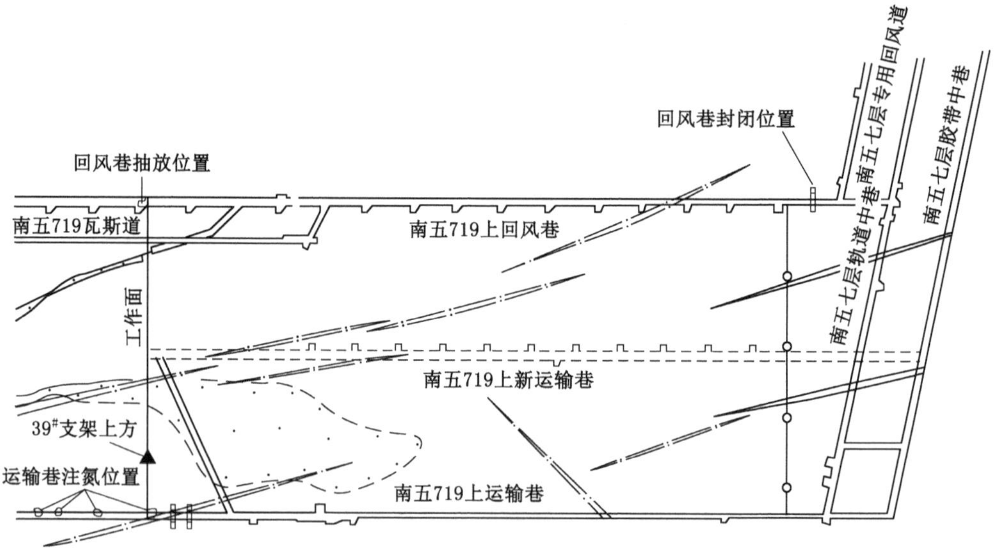

图6-1 南五719工作面布置图

第二节 火区管理

火区封闭只是控制并减弱了火势和火区的范围，但在一定时间内，火不会彻底熄灭。而缩短封闭期并尽快启封，对减轻矿井火灾损失意义巨大。但在火区封闭的期间，受大气压力的变化、矿山压力的显现、通风系统的调整和密闭墙质量等因素影响，极易向火区漏风而出现“火区呼吸”现象，这对火区的熄灭十分不利。因此，加强对密闭火区内外气体、压差的变化监控和密闭墙质量的维护，以及对通风系统的及时适度调整，对加快火区熄灭显得十分重要。

火区管理是指火区封闭后，为配合灭火工作的进行，日常对火区所进行的观察、检测、资料分析和整理等工作。其主要目的是维持密闭墙的严密性，杜绝火区发生任何形式、任何强度的漏风供氧，以促进火区快速熄灭。火区管理包括火区建档、火区密闭墙管理、火区周边采区管理、火区监测几个部分。

一、火区建档

对火区进行统一编号，建立火区档案，其中火区位置关系图和火区管理卡片必须永久保存。火区档案的内容有：

(1) 火区管理卡片。

① 火区基本情况登记表，其中火区位置关系图以通风系统图为基础进行绘制，标明所有火区的边界、防火密闭墙位置、历次发火点的位置、漏风路线和防灭火系统布置并绘制必要的剖面图，图上注明火区编号、名称、发火时间。

② 火灾事故报告表。

③ 火区灌注灭火材料记录表。

④ 防火墙观测记录表。

(2) 处理火灾时的领导机构人员名单。

(3) 灭火过程及采取的措施。

(4) 发火地点的煤层厚度、煤质、顶底板岩性、瓦斯涌出量、火区封闭煤量等。

(5) 生产情况，如采区范围、回采率、采煤方法、回采时间。

(6) 发火前、后气体分析情况和温度变化情况。

(7) 发火前、后的通风情况(风量、风速、风向)。

(8) 永久性密闭的位置和编号、建造时间、材料及厚度等。

二、火区密闭墙管理

在建立好火区档案的工作外，最重要的是密闭墙的管理，要遵循以下规定：

(1) 每个密闭墙附近必须设置栅栏，警示标志，禁止人员入内，并悬挂说明牌，牌上标明密闭墙建造日期、材质、厚度、密闭墙内外气体的成分、温度、空气压差、测定日期和测定人员姓名。

(2) 密闭墙外的空气温度、瓦斯浓度、密闭墙内外空气压差以及密闭墙墙体本身，都必须每天检查一次。检查工作应当在火区封闭完成 24 h 后实施，火区条件复杂时应当酌情延长至 48 h 或 72 h 后进行。所有检查结果都必须记入防火记录簿。发现急剧变化时，每班至少检查一次。

(3) 所有测定和检查结果，都必须记录在防火记录簿中，矿井通风区长应按时审阅，发现封闭不严或有其他缺陷，火区内有异常变化时，必须采取措施及时处理，并报告给矿长。

(4) 密闭墙的严密性在很大程度上决定封闭火区的成效，所以密闭墙管理除了上述检查、观测、警戒制度外，还应加强严密性检查。凡是漏风的地方，立即用黏土、灰浆等封堵。

(5) 不管是进风侧密闭墙还是回风侧密闭墙，在外部都应保持良好的通风，只有携带良好的安全仪器的人员才允许进入该区进行观察和检测。

(6) 发现已封闭火区发生爆炸造成密闭墙破坏时，严禁调派救护队近距离侦察或者恢复密闭墙；应当采取安全措施，实施远距离封闭。

(7) 火区封闭后，应当避免火区缩封，有爆炸风险的，严禁缩封；如果必须进行缩封时，应当制定缩封过程安全保障措施，报上级企业技术负责人批准，无上级企业的由煤矿组织专家进行论证。

三、火区周边采区管理

对于火区周边采区，《煤矿防灭火细则》规定禁止在火区的同一煤层的周围进行采掘工作，在同一煤层同一水平的火区两侧、煤层倾角小于 35°的火区下部区段、火区下方邻近煤层进行采掘时，必须编制设计，并遵守下列规定：

(1) 必须留有足够宽(厚)度的隔离火区煤(岩)柱，回采时及回采后能有效隔离火区，不影响火区的灭火工作。

(2) 掘进巷道时，必须有防止误冒、误透火区的安全措施。

(3) 煤层倾角在 35°及以上的火区下部区段严禁进行采掘工作。

四、火区监测

1. 监测内容

(1) 火区气体成分监测

在火区尚未稳定的阶段，应每天检查采样一次，以后可三天或一周检查采样一次。火区气体的采样地点应选在火区出风侧密闭墙外，由专职或救护人员通过密闭墙上的观测管采取气体试样。若密闭墙离火源较远，可在靠近火源位置打观测孔，火区距地表深度不大时，也可利用地面钻孔观测。采样时，在采样地点应对容器进行气体清洗，每次采样的位置应保持一致，气样出井后要及时化验分析，以免出现人为误差。

(2) 火区温度监测

通常是测定火区气体温度及出水温度，可在气样采集时进行测温。采用矿用温度测定仪，可利用地面或井下观测孔进行远距离测温。

(3) 密闭墙气密性的检测

应经常给密闭墙刷面，靠近巷道边角的地方也要涂一层白灰，同时应认真检查，及时发现漏风之处。若发现漏风之处，需要及时采用压注水泥浆或石膏等密封物的方法对裂缝进行堵塞。对于砖砌密闭墙和石砌密闭墙来说，砖缝是最薄弱的地方，每隔一段时间就要进行一次勾缝。

2. 火区状态判定

通过监测到的火区气体的变化规律可以初步判断出火区的状态：

① O_2 含量剧减，表明火势发展迅猛，缓慢降低则是火区自然惰化的标志；如果 O_2 含量长时间居高不下，说明漏风严重。

② CO 含量增加是火势发展的表现，增加越急剧，火势有可能越严重。

③ CO_2 是火灾的重要产物，含量剧增表示火势发展，缓慢增加表明火区在逐渐惰化。

④ CH_4 是火灾气体组成部分之一，低瓦斯矿井在火灾时会产生 CH_4，而高瓦斯矿井的火区中 CH_4 浓度可达10%以上。

⑤ C_2H_4、C_2H_2 可以作为火区控制效果的重要标志性气体，如果在火区中长时间检测不到这些参数，并且 CO 浓度逐渐减低，表明火区基本上得到有效控制。

第三节　火区启封

启封火区是一项危险且需十分谨慎的工作，启封过程中因决策或方法上的失误，可能导致火区复燃和重封闭，甚至造成火区的爆炸而产生重大伤亡事故。科学安全启封是矿井火区封闭后必须坚守的启封原则。

一、启封条件的判定

《煤矿安全规程》规定“封闭的火区，只有经取样化验证实火已熄灭后，方可启封或者注销”。封闭区的火灾逐渐熄灭时，火区的气体成分会发生明显的变化，温度、压力及封闭区内的自然风压也会发生变化。根据这些变化可判别封闭的火区是否已经熄灭。

1. 火区熄灭条件

火区同时具备下列条件时，方可认为火已熄灭：

（1）火区内的空气温度下降到30 ℃以下，或者与火灾发生前该区的日常空气温度相同。

（2）火区内空气中的氧气浓度降到5.0%以下。

（3）火区内空气中不含有乙烯、乙炔，一氧化碳浓度在封闭期间内逐渐下降，并稳定在0.001%以下。

（4）火区的出水温度低于25 ℃，或与火灾发生前该区的日常出水温度相同。

（5）上述4项指标持续稳定1个月以上。

2. 火区取样

准确识别火区的状态是火区启封的前提和基础，提高火区取样的准确性对于火区状态的判别至关重要。火区取样分析应遵循以下原则：

（1）火区气体的采样地点应选在火区出风侧的密闭处，通过防火墙的观测管取样。

（2）不在受地面漏风影响的钻孔中取样，保证测定钻孔内的气压大于或等于地表压力。

（3）当密闭墙设置在倾斜巷道内时，尽量在不同的高度位置上取样。

（4）在抽取气样前，预抽时间为取样管一次换气所需时间的3倍。

（5）为最大限度减小岩层裂隙漏风造成的气样误差，取样钻孔须下套管并注浆密封。

（6）在同一处抽取气样应缩短取样时间间隔。

（7）采样应定期进行，火区尚未稳定的阶段，可每班检查取样一次，以后可每天检查取样一次。

（8）使用色谱仪分析过程中需要注意气体纯度、气路的检漏和清洗、进样方法对火区气体信息准确性的影响。

封闭火区内火源燃烧状态的判断可以按照上述方法进行分析。但是封闭火区时，密闭墙不可能离火源很近，这就决定了火区观察测得的气样并非燃烧点的原始气样，以该气样来判断火区的熄灭状态必然存在一定的误差，因此应结合火区各方面的实际情况综合分析，做出正确的判断。在现场实际启封工作过程中要慎重，如若处理不当，可能会引起火灾复燃，甚至发生瓦斯爆炸。封闭的火区，只有经过长期取样分析，确认火灾已经熄灭后，才可启封。

二、火区启封前的准备工作

1. 启封前的火区侦察

经分析判定火区已熄灭即将启封时，应先进行火区侦查，以便较准确地了解火区燃烧实情，再次验证安全启封条件是否可靠。经过对火区取样化验分析，确认火已熄灭，每项指标都符合《煤矿安全规程》规定的要求，才能启封火区。侦察时，应遵守以下原则：

（1）侦查工作必须由救护队员严格按照《煤矿救护规程》和《煤矿安全规程》的要求进行。

（2）具体侦查前，必须重新全面检查一遍火区密闭墙的严密性，并在侦查入口密闭墙以外的合适位置建造一道风门或全断面风布挡风墙。若密闭墙严密性不好时，必须重新处理达标，且至少稳定3天后再进行。

（3）侦查期间，应尽可能地维持火区系统原状，且火区附近的并联分支和矿井的通风系统应保持稳定，以防止火区系统发生大的改变。

（4）侦查路线应选择最短的、畅通的，并且侦查地点选择内外压差相对较小的密闭处。侦查后确认火区相对安全，具体的启封方法应根据侦查结果选定。

2. 启封火区前的准备

(1) 启封火区必须由矿山救护队负责进行。

(2) 启封火区前必须制订好组织工作计划，将责任落实到人，分工明确。其中，组织工作计划的主要内容包括：

① 启封的时间；

② 启封前的器材准备工作(启封用的设备、仪器、灭火器材、水管、通信设备、工具等)；

③ 启封工作的人员组织(救护队员的人数及名单、气体检测人员的人数及名单、安检人员的人数及名单、其他人员、人员的分工及组织形式等)；

④ 火区启封工作的日程安排。

(3) 启封火区必须制定专门的安全措施。其中，安全措施的主要内容包括：

① 火区位置和范围；

② 发火日期及其原因；

③ 火区鉴定资料；

④ 灭火措施与封闭情况；

⑤ 火区位置图；

⑥ 火区启封方案(包括启封方法、获取侦查方案、打开密闭顺序及过程、通风方法与排风线路等)；

⑦ 火区内火灾后果的分析与预计；

⑧ 预防启封火区过程中危险与危害的措施(包括启封人员的安全保障措施、火区气体排放影响区域人员安全保障措施、救护队员的安全保障措施、预防瓦斯煤尘爆炸的措施、火区复燃的处理措施、火区启封后的安全措施等)。

(4) 启封火区前必须组织负责施工的救护队员认真学习、讨论启封火区的专门措施，并制订自己的行动计划及安全措施。

(5) 启封火区前必须将火区回风风流所经过巷道中的人员全部撤出。

(6) 启封火区前必须切断火区回风风流侧的电源。

(7) 启封火区前必须准备好启封火区及重新封闭火区时所用的材料和设备。

(8) 启封火区前应认真检查密闭墙附近各种气体含量和巷道支护等情况，支护不合格时应重新加固。

三、启封方法

1. 通风启封火区法

通风启封火区是指在保持正常通风情况下启封火区。该方法适用于确认火源已经完全熄灭且火区范围较小、着火带附近无顶板大量垮塌，且火区内可燃气体浓度低于爆炸界限以下的情况，是一种最迅速、最方便、最安全和最经济的方法。通风启封火区法常用于全风压通风巷道火区的启封。据统计，用于单分支巷道火区的启封成功率达到98.27%；用于两条并联或超过两条并联分支巷道交汇点处火区的启封成功率也超过95%。但选择通风启封火区法之前要慎重考虑，若选择不当，反而会造成火区复燃、火势扩大甚至引发爆炸事故。

(1) 通风启封法的步骤

① 先用局部通风机风筒和风幛等通风设施对密闭墙进行通风，同时确定火区气体的排放路线，并撤出该路线上的人员。

② 打开一个回风侧密闭墙，过一定时间（根据现场情况确定），再打开一个进风侧密闭墙。开启时应先开一个小孔，然后逐渐扩大，严禁一次将密闭墙全部打开。

③ 保持足够通风量，使火区气体特别是瓦斯沿着预定的路线，保持在规定允许的瓦斯浓度（0.75%）以下排出。

④ 让火区气体排放持续一段时间，期间进行检测，若无异常现象再相继打开其余密闭墙，若发现尚有高温点存在，则应采取直接灭火的方法立即扑灭并撤离不必要的人员。

（2）通风排放火区气体所需要的时间

通风排放火区气体所需要的时间可以用下式进行估算

$$t=\frac{n\cdot V}{Q}\ln\frac{C_1}{C_2}$$

式中，t 为通风所需时间，min；C_1 为火区环境瓦斯气体浓度；C_2 为需要达到的瓦斯浓度；V 为封闭区的体积，m^3；Q 为通风量，m^3/min；n 为环境参数，随可燃气体释放量和风速的变化而变化，当风速大于 1 m/s 时，n 取 2，风速在 0.3～1 m/s 时，n 取 3。

由于进风侧密闭墙一般位于火区的下部，容易有 CO_2 积存，启封前和启封期间都要注意检查，防止 CO_2 逆风流动造成危害。进、回风侧的密闭墙打开之后，救护人员应暂时撤离工作现场，通风 1～2 h 以后，再派人进入火区进行清理、喷水、降温、挖除发热的煤炭等恢复工作。

（3）通风启封时的注意事项

① 开启封闭时，应估计到有火区瓦斯、二氧化碳等有害气体涌出；

② 打开进、回风密闭后，短期内要采取强力通风，以迅速降低火区内的瓦斯浓度，预防瓦斯爆炸，应把人员撤到安全地点，至少等 1 个小时以后，再进入火区工作；

③ 排放火区内的瓦斯，应控制在《煤矿安全规程》允许浓度以内。

2. 锁风启封火区法

锁风启封火区也称分段启封火区。启封时，沿着原封闭区内的巷道，由外向火源逐段移动密闭墙的位置，逐渐缩小火区范围从而最后在封闭状况下进入着火带，实现火区全部启封。该方法适用于火区范围大、发火位置隐蔽难以确认火源是否完全熄灭，或有高瓦斯涌出的火区等。煤矿井下该方法常用于采煤工作面和巷道大范围高顶火区等的启封。

（1）锁风封闭的位置。

如图 6-2 所示，在主要进风侧原密闭墙 1 外 5～6 m 处，建立一道带风门的临时风墙 2。由救护队员进入，关闭风门，形成一个封闭空间，并在此存放建造一道临时性密闭墙所需的材料和工具。然后打开密闭墙 1，进入火区侦查，确认在一段范围内无火源，可选择适当地点（一般距离原密闭墙 150～200 m）构筑临时性密闭墙 3（锁封墙），并进行质量检查后，拆除风墙 2 和原密闭墙 1，用通风机 5 作压入式通风，排除 1～3 区段内积存的瓦斯并加固支架。如此分段逐渐向火源逼近，直至火区出风侧密闭墙被拆除，恢复全区正常通风为止。必须注意的是，只有当新的密闭墙建成后，才允许打开第一个风墙的风门，以保证火区处于封闭隔绝状态。

（2）锁风启封法的步骤

① 以距进风巷原密闭墙最近的新鲜风流处为基地，将其作为地面指挥中心和现场救护人员联系的桥梁。

② 在主要进风巷处构筑锁风密闭墙，墙上留设风门，以便人员进出；锁风密闭墙与原密

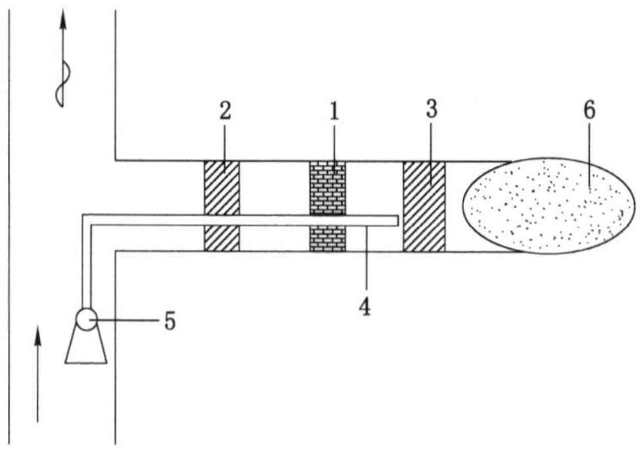

1—原密闭墙；2，3—临时密闭墙；4—风筒；5—局部通风机；6—火区。

图 6-2 锁风启封火区法

闭墙之间留出 5～6 m 的距离，便于材料贮备和人员作业。

③ 启封人员进入锁风密闭墙与原密闭墙之间的临时密闭后关上风门，在原密闭墙上打开一个缺口以满足人员的通行，缺口要悬挂风帘形成锁风室；对临时性密闭墙和原密闭墙之间的空间进行清理，防止妨碍人员的通行和紧急情况下的撤退；在确认封闭区内气体不至于对人员构成威胁的前提下，才可以从缺口进入封闭区。

④ 救护人员进入原密闭墙内，在进一步测定和分析大气成分、温度、压力、巷道环境的基础上，确定下一道锁风密闭墙的构建位置和构筑材料，该位置同时还应综合考虑救护人员的作业时间、作业内容、与指挥中心的联络能力和火区状况等各方面因素。

⑤ 救护人员携带塑胶风障、马蹄钉、射钉枪和其他工具、材料进入选定的位置构筑新的带风门的锁风密闭墙。

⑥ 拆除两道锁风密闭墙之间的原封闭密闭墙，并及时清理，以免妨碍通行。

⑦ 打开原锁风密闭墙的风门通入新鲜风流。在有多条巷道相连的地区，可以考虑控风，使新鲜风流经过相应区域，同时应注意采取逐段通风的方式，不要过早通入过大风流。

⑧ 救护人员对新建的锁风密闭墙进行修补和加固，若条件允许的话，在锁风密闭墙外可再构建一个密闭墙以减小漏风。

⑨ 将原联络基地移近新建的锁风密闭墙，并重复由②至⑧的步骤，逐步向着火带推进。在整个推进过程中，应始终保持火区处于封闭隔离状态。

（3）大气监测

在利用锁风法启封火区的过程中，由于原密闭墙的打开，新鲜风流的进入不可避免地使得大量氧气流入封闭区，封闭区内的大量有害气体也会流出，这都增大了爆炸发生的可能性。所以，锁风操作最好在封闭区内氧浓度减少到 2％以下时进行。

可以根据下列现象来判断爆炸发生的可能性：

① 压力波动，注意封闭区内的气流是否稳定，若出现“呼吸”现象，风流方向变化频繁，均预示着爆炸的可能性。

② CO 和 H_2 浓度的变化趋势连续增加，则表示着火势的发展。

③ 在冒顶处烟雾增加，则预警着复燃的可能性。

在锁风启封的过程中要了解火区内大气压力的变化，要对封闭区内的大气状态进行连续监测。区内气压下降，预示着新鲜空气可能流入；气压上升，预示着区内有害气体可能流出。另外，救灾指挥中心应有地面和封闭区内大气压力的变化图，以便及时掌握它们的变化趋势。

(4) 注意事项

① 锁风工作必须在无爆炸危险的条件下进行；

② 锁风作业时，要有专人对封闭区内的情况进行监测，发生异常情况，如封闭处风流方向有变化、烟雾增大等，应立即停止作业，撤出人员，进行观察，无危险后才可重新进入火区。

③ 无论采用哪种启封方法，在启封过程中都必须经常检查火区内的气体，一旦发现存在火区复燃或爆炸的征兆，应立即停止启封，并重新封闭火区。

④ 在启封火区工作完毕后的 3 天内，每班必须由矿山救护队检查通风工作，并测定水温、空气温度和空气成分。只有在确认火区完全熄灭且通风等情况良好后，方可恢复生产作业。

四、火区启封案例

2003 年 10 月 24 日，宁夏白芨沟煤矿 2421^{-1} 综放工作面的采空区发生瓦斯爆炸，引起了大范围的火灾，因灾情不断扩大，被迫将全矿井封闭。火区封闭后，中国矿业大学与宁煤集团组成课题组承担了该火区的灭火、抑爆、缩封、启封及防复燃技术的指导工作。在该火区的治理中，通过远距离水封抑爆、地面灭火钻孔大流量注三相泡沫、大流量注氮抑爆和惰化火区、高瓦斯火区水封巷道的锁风启封、氮气喷雾降温、均压启封火区及防复燃等一整套灭火、抑爆、缩封、启封及防复燃技术，扑灭并安全启封了该特大型火区。

1. 工作面概况

白芨沟煤矿 2421^{-1} 工作面走向平均长为 1 480 m，倾斜平均宽为 155 m，设计平均采厚 10 m，其中机采高度 3 m，放顶高度 7 m。煤层倾角 0～18°，平均倾角 6°。工作面共布置了运顺、1 号工艺巷、2 号工艺巷、顶板瓦斯巷和回顺等 5 条巷道，如图 6-3 所示。

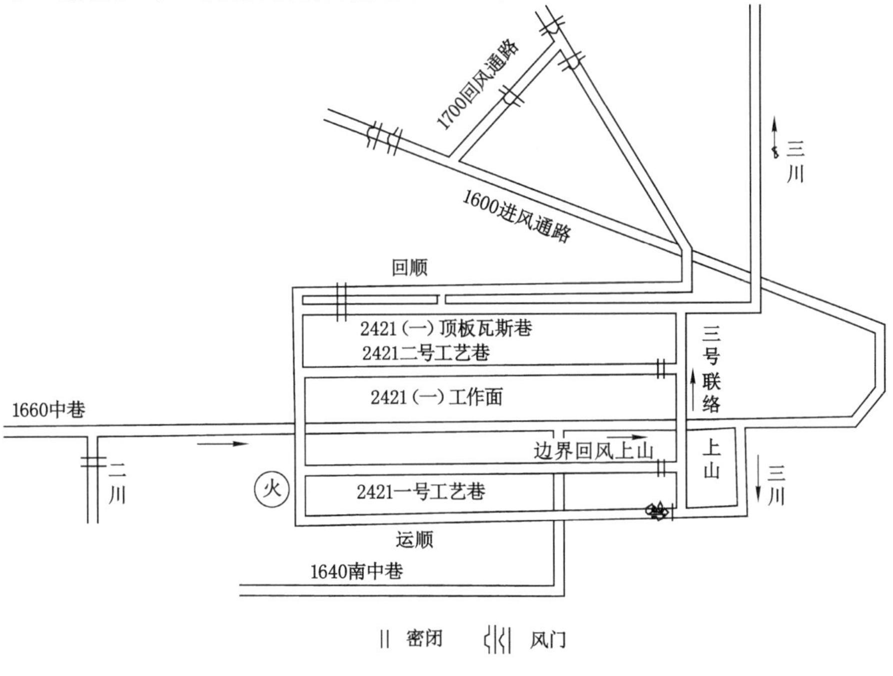

图 6-3　白芨沟煤矿 2421^{-1} 工作面巷道布置图

2003年10月24日，该工作面采空区发生瓦斯爆炸，随后又在工作面下部发现明火，初期救灾时决定对该工作面进行封闭，但在封闭过程中，灾情不断扩大，被迫将全矿井封闭。

2. 启封方案

全矿井封闭后形成的特大空间内仍存在大量的氧气，因此爆炸仍不断发生，每次爆炸又破坏了封闭的空间。为了缩小封闭区域，采用了远距离水封抑爆方法封闭火区。如图6-4所示，该火区进风侧标高位置最低的巷道为1660中巷（1660为标高），该巷通过三条联络巷（一川、二川和三川）与火区相连。水封实施后，火区的进风被切断，井下没有再出现爆炸。水封技术的实施为后续的灭火、恢复生产工作奠定了基础。

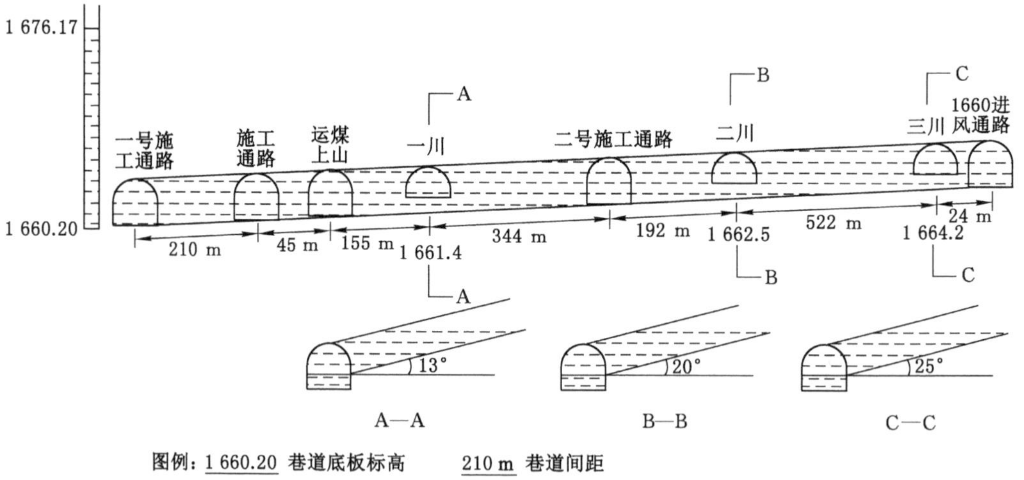

图6-4　白芨沟煤矿1660中巷及水封后的示意图

3. 火区启封经过

对该火区实施封闭后，通过地面灭火钻孔大流量注三相泡沫、注浆等灭火措施，成功将火区扑灭。在启封过程中，采用了以下技术手段。

(1) 锁风、注氮和逐段启封

高瓦斯火区水封巷道一旦排水启封，火区内的灾害气体会向外涌出，危及救灾人员的安全；同时，新鲜空气又会进入火区，若火区未熄灭，还会出现复燃，甚至发生爆炸。因水封巷道的排水解封是一个渐进的过程，实施锁风困难，人员进入构筑密闭难度大。为了保证水封巷道的安全启封，采用锁风、注氮和逐段启封技术。

① 锁风排水。对水淹区内严格锁风，排水过程中大流量注氮（1 800 m^3/h及以上），保持排水巷道空间的惰化状态。

② 分段限量排水，逐段解封。利用巷道坡度，由高及低（南→北）对因排水后露出的联络巷口及时进行密闭，以确保巷道逐段启封的安全，如图6-5所示。

③ 在联络巷口逐一露出到设计水位时，快速施工联络巷内的密闭，以切断与火区的联系，确保启封的安全。

(2) 氮气喷雾降温启封

因煤岩的热传导性低，封闭的火区内散热较困难，巷道刚启封时，巷内气体温度高达43 ℃。对此，采用了氮气喷雾降温启封技术。氮气喷雾是水在高压氮气流及较高温度环境

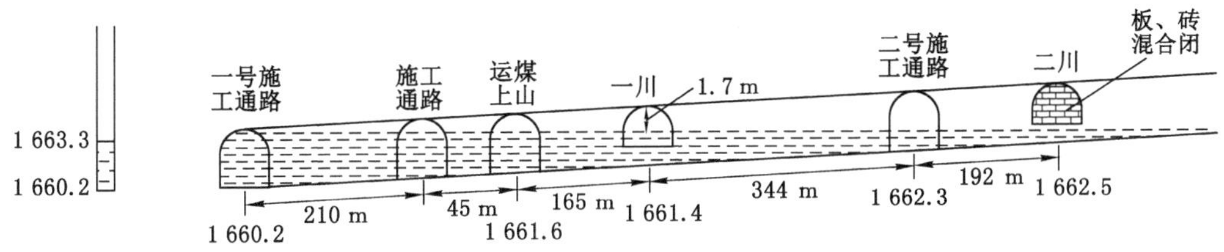

图 6-5　分段限量排水缩封示意图

作用下发生雾化，形成粒径为 10～200 μm 的弥散氮气雾，由于雾滴的表面积比水大得多，更易蒸发和运移带走热量，因此氮气喷雾具有显著的降温效果；大量氮气的注入还能进一步保持火区的惰化状态。氮气喷雾降温与惰化技术为冒顶巷道的安全启封和修复提供了有利的工作条件。

(3) 特大型火区均压启封与防复燃技术

特大型火区内积存有大量的瓦斯和火灾气体，采用常规的通风启封方法和锁风启封方法均不能在短时间内有效控制有害气体的涌出，为此，采用均压启封方法。即在工作面回风巷道内设置调节风门和局部通风机，以提高工作面内的通风压力，避免采空区内火灾气体与瓦斯的涌出，如图 6-6 所示。与主要用于防止漏风和窒息火区的常规均压方法不同，特大型火区均压启封方法的技术特点在于：控风范围广，风量与风压的调节量大、要求精度高，因此实施难度大。在实施均压措施中，为增大供风量，采用 2 台局部通风机并联供风，风量达 760 m^3/min；为了准确控制通风压力，在调解风门内外都安设了压差计，通过压差计读数，达到精确调节风门内外压差的目的。

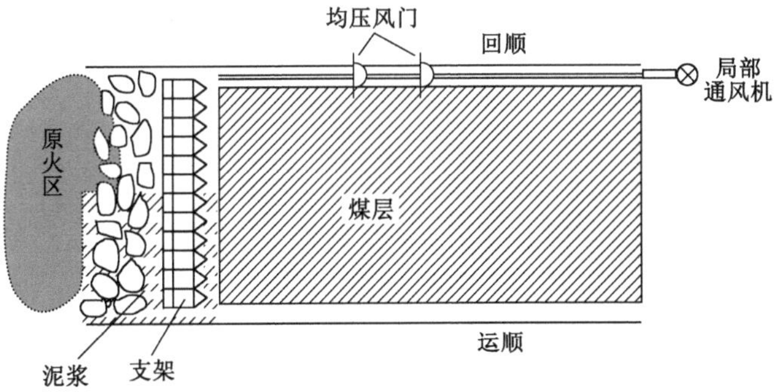

图 6-6　局部均压通风启封火区方法

采用均压启封方法后，启封区域内的有害气体浓度明显下降，氧气浓度大幅上升，为工作面人员的工作创造了安全的条件。

因工作面遭破坏严重，恢复生产的周期较长，火区易复燃，为此采取了以下防止火区复燃的技术：采用均压通风和减风降压方法，降低工作面压差，减少漏风；采用开放式注氮，惰化工作面后方的氧化带；对可疑高温点采用目标注氮和注三相泡沫技术消除复燃隐患。

白芨沟矿特大型火区采用均压启封与防复燃技术后，回风巷道内 CO 浓度显著下降，5 小时内就达到生产作业的要求，成功地启封了火区。而且火区自启封后至恢复生产的 2 个多月没有发生复燃，成为国内煤矿井下火区启封后防止复燃的范例。

4．案例总结

白芨沟矿 2421-1 综放工作面为高瓦斯煤层，在火与瓦斯共存的情况下，由于采取了正确的措施，实现了火区的安全封闭和启封，并最终实现工作面的安全回采，对现场工作具有重要的指导意义，从整个封闭和启封过程中，可以总结出以下经验：

① 对于高瓦斯矿井，水封是一种行之有效的火区封闭方法，操作简单，技术安全可靠，它不仅能保证火区封闭的严密性，而且具有一定的防爆效果，在白芨沟煤矿，正是利用了巷道的地势特点，采用水封的方法，从而实现了火区的有效封闭。

② 采用严格锁风，大流量注氮，加强监测，保持缩封区的惰化状态；利用巷道坡度，由高及低，分段限量排水，逐段启封；利用瓦斯抽放管路保持巷内气体的单向流动，防止高浓度瓦斯涌入上部火区；采用氮气喷雾惰化大冒顶巷道和对高温巷道有效降温。这一系列启封技术，解决了高瓦斯巷道缩封过程中的难题，有效地防止了瓦斯爆炸。

③ 采用局部通风机均压通风启封火区。因火区燃烧范围广、燃烧强度大，火区内灾害气体大量、长期积存，为避免灾害气体涌出对启封工作造成不利影响，采用局部通风机均压法启封火区，取得了显著的效果。

第七章　矿井火灾应急处置

矿井火灾具有突发性、灾难性且灭火和救护困难等特点。一旦发生矿井火灾，若处置不当，极易引发瓦斯煤尘爆炸、顶板垮落、人员中毒伤亡等次生灾害，扩大人员伤亡和财产损失。本章介绍矿井火灾应急处置的原则和技术要点，分析典型的火灾事故应急处置案例，有助于帮助读者掌握矿井火灾应急处置的策略，提高火灾的应急处置能力。

第一节　矿井火灾应急处置的原则与方法

一、矿井火灾应急处置的原则

(1) 及时发出火灾事故警报。调度室接到火灾事故报告后，必须立即发出警报，通知撤出灾区和可能受威胁区域的人员。判断危险区域时，要充分考虑到矿井火灾发展迅速、火烟蔓延速度快的特点，预估火势失去控制后可能造成的危害。严格执行抢险救援期间入井、升井制度，安排专人清点升井人数，确认未升井人数。

(2) 统一指挥、科学指挥是处理事故的关键。火灾事故发生后，应立即成立统一的应急指挥部，统一指挥火灾处置工作，决不能无指挥、多头指挥、盲目指挥、急躁指挥；现场要根据现场具体情况，采取有效方法统一部署，落实到位；及时将事故现场的情况及变化反馈到指挥部，为指挥部采取合理的处理方案提供保证，杜绝虚报、谎报、瞒报。

(3) 应及时通知相关单位，报告事故情况。视火灾规模，必要时第一时间通知矿山救护队出动救援，通知当地医疗机构进行医疗救护，通知矿井主要负责人、技术负责人及各有关部门相关人员开展救援，通知可能波及的相邻矿井和有关单位，按规定向上级有关部门和领导报告。

(4) 处置火灾前应详细了解火区的情况。主要包括火灾发生的时间、火源位置、火势大小、涉及范围、遇险人员分布情况；灾区瓦斯情况、通风系统状态、风流方向、煤尘爆炸性；火区及周边的巷道围岩、支护状况；灾区及周边的供电状况、供水管路、消防器材供应的实际状况及数量。

(5) 火灾处置过程中应采取措施防止灾害规模扩大。应注重控制烟雾的蔓延，不致危及井下人员安全；应防止火灾扩大；应防止引起瓦斯或煤尘爆炸，防止因火风压引起风流逆转诱发二次事故；处置火区的技术和方法应有利于人员撤退和保护救护人员安全，创造有利的灭火条件。

总之，火灾发生后要迅速组织开展救援工作，积极抢救被困遇险人员；同时，也要抓住火灾初期容易控制、容易扑灭的有利时机，尽快采取措施灭火和控制火势发展，防止灾情扩大。

二、矿井火灾应急处置的流程与方法

(1) 要及时了解火灾地点、火灾类型、火源位置、灾区范围、遇险人员数量及分布位置、通风、瓦斯等有害气体浓度、巷道破坏程度,以及现场救援队伍和救援装备等情况。根据需要,增调救援队伍、装备和专家等救援资源。

(2) 要迅速派矿山救护队进入灾区侦察灾情,发现遇险人员立即抢救,探明灾区情况,为救援指挥部制定决策方案提供准确信息。救援指挥部根据已掌握的情况、监控系统检测数据和灾区侦察结果,进一步分析判断火源点、燃烧强度、温度及气体浓度分布状况、破坏范围及程度,判断被困人员的生存状况,研究制定救援方案和安全技术措施。

(3) 要采取风流调控措施,控制火灾烟雾的蔓延,防止火灾扩大、瓦斯爆炸以及因火风压引起风流逆转等,创造出有利的灭火条件,保证救灾人员的安全,并有利于抢救遇险人员。采取反风措施处理进风井筒、井底车场及主要进风巷火灾时,必须详细制定和严格实施反风方案和安全措施。

(4) 要根据现场情况选择直接灭火、隔绝灭火或综合灭火方法。当火源明确、能够接近、火势不大、范围较小、瓦斯浓度在允许范围内时,应采取清除火源、用水浇灭等直接灭火方法,尽快扑灭火灾,防止事故扩大。对于大面积或隐蔽火灾,直接灭火无效或者危及救援人员安全时,应采取封闭火区的隔绝灭火方法或综合灭火方法。封闭具有爆炸危险的火区,应采取注入惰性气体、注浆等措施惰化火区,消除爆炸危险,再在安全位置建立密闭墙进行隔绝灭火。

(5) 封闭火区组织恢复通风设施时,“先外后里,先主后次”逐步恢复通风,由井底开始由外向里逐步恢复,先恢复主要的和容易恢复的通风设施。损坏严重,一时难以恢复的通风设施可用临时设施代替。

三、矿井火灾应急处置过程中的注意事项

(1) 严禁盲目施救。救援过程中,如果发现有爆炸危险、风流逆转或其他灾情突变等危险征兆,救援人员应立即撤离火区。在已发生爆炸的火区无法排除发生二次爆炸的可能时,禁止任何人入井,根据灾情研究制定相应救援方案和安全技术措施。

(2) 加强火灾气体检测分析,防止发生瓦斯、煤尘爆炸。必须指定专人检查瓦斯和煤尘,观测灾区的气体和风流变化。当甲烷浓度持续上升时,全部人员立即撤离至安全地点并向指挥部报告。

(3) 检查灾区气体时,应注意全断面检查瓦斯、氧气浓度,并注意氧气浓度低等因素会导致 CH_4、CO 气体浓度检测出现误差。在检测气体时,应同时采集灾区气样。对采集的气样应及时化验分析,校对检测误差。

(4) 若发火巷道有爆炸危险,在不需要救人的情况下,指挥员不得派小队进入着火地点冒险灭火或探险;已经通风的巷道如果瓦斯浓度仍然迅速增长,也不得入内灭火,而应在远离火区的安全地点构筑风墙;巷道烟雾弥漫能见度小于 1 m 时,严禁救护队进入侦察或作业,需采取措施,提高能见度后方可进入。

(5) 救援过程中,救护队指挥员应当随时注意风量、风向的动态变化,用以判断是否出现风流逆转、逆退等风流紊乱,并采取相应防护措施。还应注意顶板和巷道支护情况,防止

因高温燃烧造成巷道垮落伤人。

(6) 高温环境的抢险救援。井下巷道内温度超过 30 ℃时，即为高温，应限制佩用氧气呼吸器的连续作业时间。巷道内温度超过 40 ℃时，禁止佩用氧气呼吸器工作，但在抢救遇险人员或作业地点靠近新鲜风流时例外；否则，必须采取降温措施。在高温区工作的指挥员必须做到以下几方面：

① 向出发的矿山救护小队布置任务，并提出安全措施。

② 在进入高温巷道时，要随时进行温度测定。测定结果和时间应做好记录，有可能时写在巷道帮上。如果巷道内温度超过 40 ℃，小队应退出高温区，并将情况报告救护指挥部。

③ 救人时，救护人员进入高温灾区的最长时间不得超过表 7-1 中的规定。

表 7-1　救护人员进入高温灾区的最长时间值

巷道中温度/℃	40	45	50	55	60
进入时间/min	25	20	15	10	5

④ 与井下基地保持不断的联系，报告温度变化、工作完成情况及队员的身体状况。

⑤ 发现指战员身体有异常现象时，必须率领小队返回基地，并通知待机矿山救护小队。

⑥ 返回时，不得快速行走，应采取一些改善其感觉的安全措施，如手动补给供氧，用水冷却头、面部等。

⑦ 在高温条件下，佩用氧气呼吸器工作后，休息的时间应比正常温度条件下工作后的休息时间增加 1 倍。

⑧ 在高温条件下佩用氧气呼吸器工作后，不应喝冷水。

(7) 扑灭电气火灾，必须首先切断电源。电源无法切断时，严禁使用非绝缘灭火器材灭火；扑灭瓦斯燃烧引起的火灾时，不得使用振动性的灭火手段，防止扩大事故；

(8) 井下发生火灾时，根据灾情可实施局部或全矿井反风或风流短路措施。反风前，应将原进风侧的人员撤出，并注意瓦斯变化；采取风流短路措施时，必须将受影响区域内的人员全部撤离。

(9) 处理上、下山外因火灾时，必须采取措施，防止因火风压造成风流逆转或巷道垮塌造成风流受阻威胁救援人员安全。

(10) 处理爆炸物品库火灾时，应先将雷管运出，再将其他爆炸物品运出。因高温或爆炸危险不能运出时，应关闭防火门，退至安全地点。

(11) 处理绞车房火灾时，应将火源下方的矿车固定，防止烧断钢丝绳造成跑车伤人。处理蓄电池电机车库火灾时，应切断电源，采取措施，防止氢气爆炸。

无论是成功还是失败的矿井火灾救灾实例都是火灾应急处置的重要参考。受灾变环境的动态变化及技术装备的限制，救援人员很难准确了解矿井火区真实情况，因此决策过程中存在一定风险。只有对过往的矿井火灾救灾案例进行深入、充分的研究分析，汲取宝贵的经验，才能为火灾的成功处置奠定基础。

第二节 综采(放)工作面煤自燃处置

一、综采(放)工作面煤自燃的特点

(1) 自燃火源位置一般都比较隐蔽。由于综放面采空区空间大,漏风比较复杂,遗煤与空气发生氧化后产生的有毒有害气体会随着风流向漏风汇移动,虽然在回风巷道等地方能检测到自燃火灾气体,但是气体的来源位置比较隐蔽。

(2) 自然发火位置多数位于采空区"氧化带"内。综放面采空区可分为散热带、氧化带和窒息带三个区域,一般而言,综采(放)工作面采空区煤自燃隐患一般处于采空区的氧化带内,开展自燃"三带"观测工作,有助于分析自燃隐患的位置。

(3) 断层、岩浆岩侵入等构造带是易自然发火的地点。工作面回采过程中过构造带时,由于地质条件的复杂、丢煤多且易破碎、工作面的回采速度较慢,采空区内浮煤会长时间内处于"氧化带"内。

(4) 停采或回采缓慢期间支架顶部煤易发火。工作面停采时,由于支架不再移动,支架上方存在大量破碎煤体,具有良好的漏风氧化通道,蓄热环境和氧气供给相对较好。

(5) 综采(放)工作面煤自燃易导致上隅角 CO 超限。综(采)放面发生自燃后上隅角 CO 易超限,严重时还会导致工作面、回风巷道 CO 超限,也会给煤矿井下的作业人员安全带来严重威胁。

二、综(采)放工作面煤自燃处置的难点

(1) 火源位置判断难。采空区氧化带、异常丢煤区、工作面支架顶部这些区域都存在自然发火的可能,自然发火的危险区较大,现有的煤自燃火源探测技术很难准确判断出火源的位置。

(2) 降温灭火措施实施难。由于采空区范围大,一般要通过钻孔实施灭火技术,但在采空区破碎煤岩体中灭火钻孔施工难,很难在短时间内形成有效的灭火钻孔。

(3) 处置过程有风险。煤自燃火灾产生的大量 CO 易造成人员中毒伤亡;同时,对于高瓦斯矿井,若自燃得不到及时处置,火势扩大,还存在瓦斯爆炸的危险。

三、综(采)放工作面煤自燃的处置技术

1. 火源位置的判断

应结合煤层指标气体、采空区三带分布、采空区丢煤情况以及工作面各测点 CO 等指标气体浓度和温度来综合判断火源位置。一般情况下,若在进风隅角及其附近的架间监测到 CO 等标志性气体或异常的高温,则大概率说明煤自燃处于进风侧;若仅在工作面回风隅角监测到 CO 或其他标志性气体则说明煤自燃在回风侧或是采空区深部;若工作面架间监测到 CO 或其他标志性气体,则煤自燃大概率位于该支架与进风隅角之间的某些区域。

2. 煤自燃的处置

综(采)放工作面采空区自燃火灾的处置应以灭火降温、堵漏、注惰气等综合防灭火技术手段为主。

① 灭火介质灌注的途径。若火源位置距离上隅角较近,可选择上隅角预先埋设的注浆管路进行治理;若火源位置在工作面支架的顶部,则可以通过架间向顶板插管进行治理;若

火源位置处于工作面中部的支架后方，可通过架间向采空区深部施工灭火钻孔进行治理；若邻侧或顶、底部具有可有效施工钻孔的井巷，通过这些地点施工灭火钻孔；若下隅角有预先埋设的注氮管路，则可以在降温的同时通过下隅角注惰性气体。

② 降温与堵漏控风。可选择流量大、覆盖范围广的防灭火泡沫或者液态惰性气体直注对火区进行灭火降温。灭火降温的同时，应辅助实施堵漏、控风等措施，可考虑在回风巷实施均压手段以减少采空区 CO 等有毒有害气体涌出；同时，亦可对工作面上、下端头采用沙袋墙、快速密闭材料等减少采空区的漏风等。

3. 灭火过程的监测

灭火过程应加强火区周边环境的监测，通过比对措施实施前后的煤自燃指标气体浓度和现场环境、火区反水的温度变化等情况综合分析火灾应急处置的效果，若效果不理想应及时调整灭火技术措施。

四、综采(放)工作面煤自燃处置典型案例

1. 工作面煤自燃概况

某矿 $S_5$717 工作面回采 7-2-3 煤层，7-2-3 煤层厚度在 2.55～5.59 m 之间，平均厚度为 4.20 m，开采煤种为不黏煤和气煤。煤的自燃发火期一般为 1～3 个月，煤尘爆炸指数为 48.3%。工作面煤层结构复杂，夹石 1～3 层，夹石厚度为 0.1～0.4 m，岩性以粉砂岩和细砂岩为主，硬度较小。直接顶为粉砂岩和细砂岩，厚度为 12.85 m，老顶为粗砂岩，厚度为 12.69 m。

$S_5$717 综采工作面，日平均回采 4 m。图 7-1 所示为工作面通风系统布置平面图，工作面初采期配风 1 500 m^3/min，初次来压后稳定在 1 100 m^3/min。回采至 6 月 23 日，上隅角 CO 浓度一直比较稳定，6 月 23 日达到 100×10^{-6}，6 月 23 日至 6 月 29 日对运输巷三角点、架间和回风巷三角点埋管进行河沙充填，注氮量调至 2 100 m^3/h，注氮位置在埋深 40～100 m 位置，措施采取后上隅角 CO 浓度一直稳中有降。

在 6 月 29 日零点班上隅角 CO 浓度突然增加至 166×10^{-6}，白班 15:45 时 CO 浓度达 259×10^{-6}，17:00 现场 CO 浓度达 500×10^{-6}，21:30 最大 CO 浓度为 $1\ 750\times10^{-6}$，C_2H_4 最大浓度为 12×10^{-6}，该工作面发生了煤自燃。

2. 煤自燃位置的判断

分析认为，工作面后部支架上部的煤氧化是 CO 浓度快速上升的主要原因，是潜在的氧化点位置，原因如下：

① 该位置地质条件异常，丢煤多且工作面后部支架上部为火成岩段，夹杂变质煤线，该区域的丢煤易氧化升温蓄热。

② CO 浓度上升区域主要集中于上隅角及后 10 组支架，工作面进风侧和中部的 CO 浓度未出现明显的异常。

3. 煤自燃的处置方法

(1) 保持通风系统的稳定

6 月 19 日工作面与改造巷道贯通，回风巷风量 860 m^3/min，改造巷风量 250 m^3/min，总风量 1 110 m^3/min 保持不变，改造巷的风门由专人看管，确保通风系统风流稳定。

(2) 降低抽采对漏风的影响

从 6 月 30 日开始，停止通过回风平巷的部分钻孔抽采，仅保留对回风巷高位瓦斯道

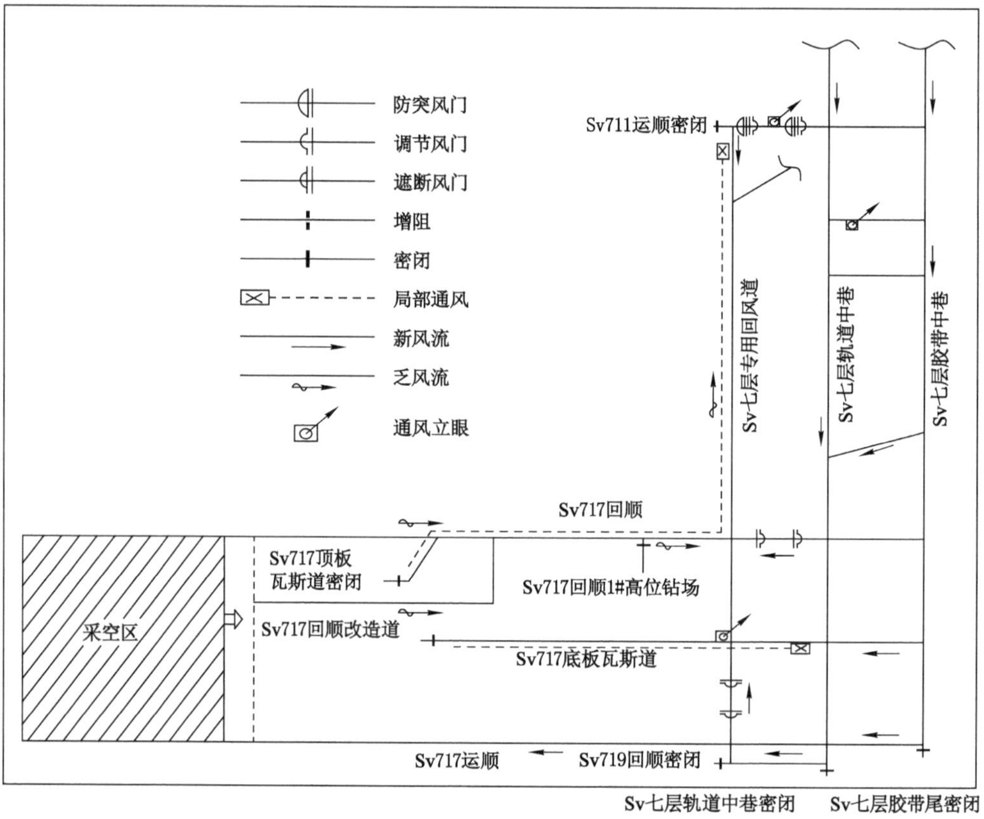

图 7-1　$S_5$717 综采工作面通风系统图

(300 mm 管)、运输巷 7# 钻场预抽孔、底板瓦斯道 300 mm 管抽采，最大限度减少抽采对采空区漏风的影响。

(3) 集中注氮

6 月 29 日 17:00 起矿井的所有注氮量均调整至南五 717 工作面调整，总量为 3 920 m^3/h。7 月 1 日运输巷的托管注氮改为通过运输巷的预埋管(5 月 27 日预埋)注氮、同时运输巷 6 月 16 日的预埋管也开始注氮，注氮总量保证在 4 000 m^3/h 以上。

(4) 充填堵漏

根据前期现场埋管情况和运输巷注氮需要，先对运输巷 6 月 23 日预埋管进行充填，封堵漏风空间，利用回风巷高于运输巷的优势，集中对回风巷埋管(6 月 16 日埋管、6 月 25 日埋管)进行充填，采取河沙、白泥、泡沫混合充填方式。6 月 29 至 7 月 1 日，$S_5$717 综采工作面共注河砂 434 m^3、白泥 400 袋、发泡剂 1.5 t。

(5) 注水降温

6 月 30 日，在运输巷 6# 钻场(30# ～35# 架间)、改造道 2# 钻场(35# ～70# 架间)、回风巷 11# 钻场(70# ～100# 架间)、顶板瓦斯巷使用 2 根 ϕ25 胶管向闭内深部埋管注水，6 月 29 至 7 月 1 日期间共注水约 1 200 m^3。

(6) 加强监测

加强管理人员现场跟班、交接班管理，每 2 小时对上隅角进行一次取样化验分析，将气样分析的结果及时报送矿调度指挥中心。与此同时，加强井下临时测点的监测，井下瓦检员每小时向调度汇报工作面 25# ～99# 架间 CO 浓度的情况，以便根据监测数据及时调整防灭火方案。图 7-2 所示为防火措施布置图。

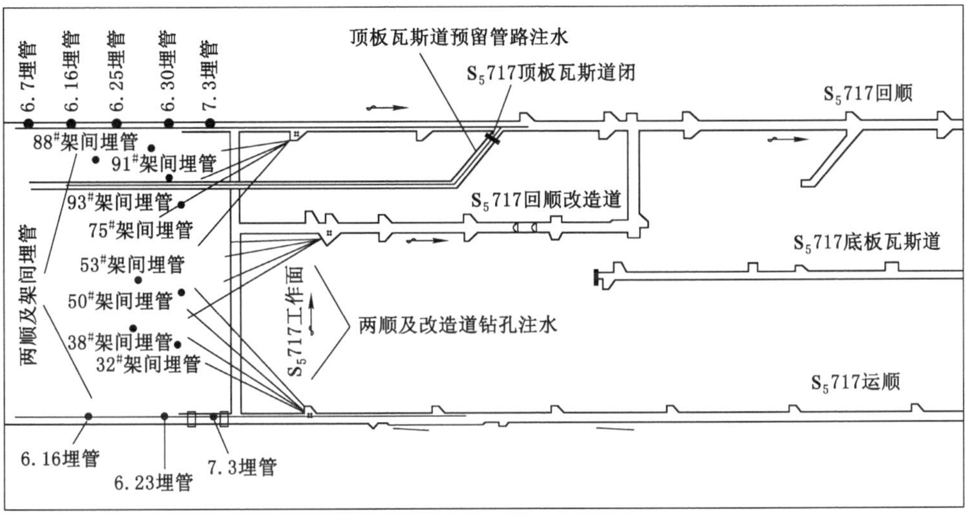

图 7-2　$S_5$717 综采工作面防火措施布置图

4. 煤自然处置的效果

图 7-3、图 7-4 是自然发火治理过程中注氮量、河沙充填量以及各主要监测点的 CO 浓度变化情况。可以看出，通过采取以上措施工作面 CO 浓度得到了有效的控制，6 月 30 日 23:00，CO 浓度开始逐渐下降。7 月 1 日 2:43 分现场汇报 CO 浓度最大 200×10^{-6}，回风流中 CO 浓度稳定在 2×10^{-6} 左右，煤自燃隐患得到很好的控制，工作面逐步恢复了正常生产。

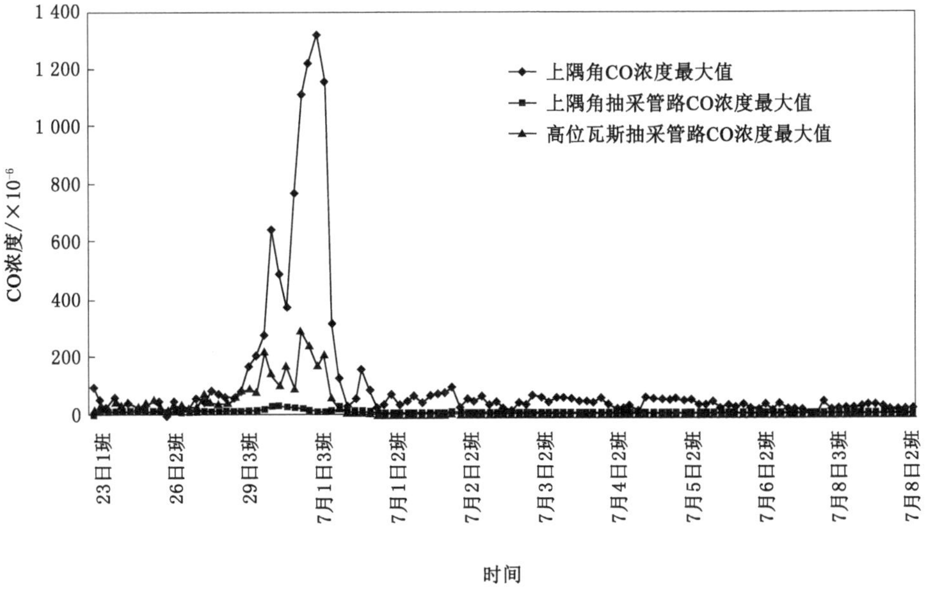

图 7-3　$S_5$717 综采工作面 6 月 29 日～7 月 8 日主要地点 CO 浓度变化曲线

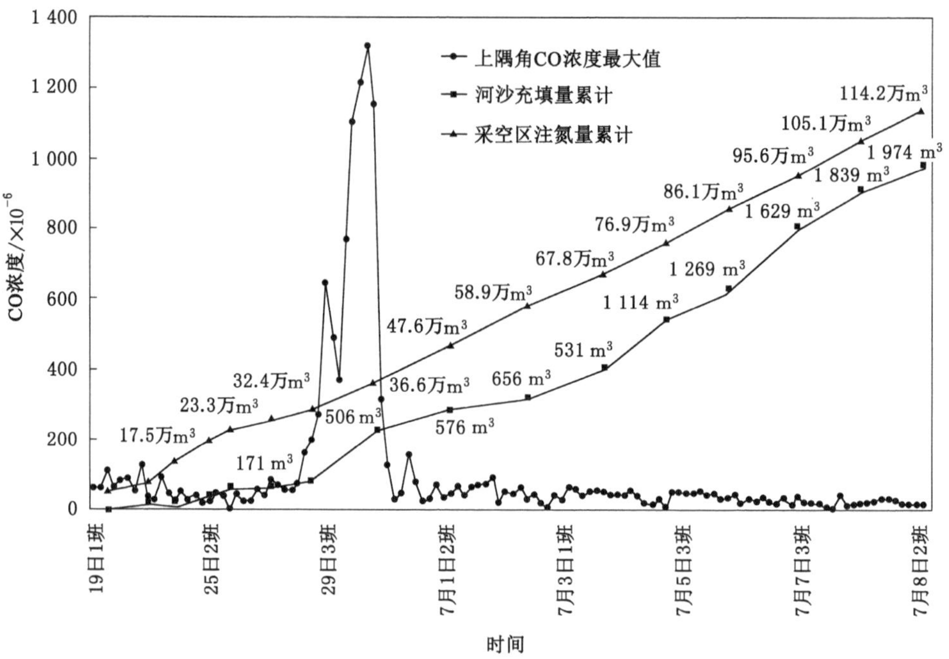

图 7-4　$S_5$717 综采工作面河矿充填量、注氮总量与上隅角 CO 浓度曲线对比图

第三节　近距离煤层群开采复合采空区煤自燃处置

一、近距离煤层群复合采空区煤自燃的特点

近距离煤层群开采时，多个采空区易连通形成复合采空区。复合采空区遗煤分布范围广、丢煤多、漏风区域大和漏风通道复杂，煤自燃主要呈现如下的特点：

(1) 煤自然发火时间变短。上覆煤层采空区的煤经历过初次的氧化，下煤层回采时再次氧化，自然发火期变短，煤自燃的风险比较高。

(2) 上覆采空区易发生煤自燃。上覆采空区遗留大面积的丢煤，这些煤经历了长时间的氧化，在下煤层回采时，相比本煤层采空区，上覆煤层采空区自然发火的可能性大。

(3) 采空区火源位置较为隐蔽。因近距离煤层群复合采空区面积较大且漏风复杂，满足煤自燃条件的危险区范围十分宽广，煤自燃位置一般较为隐蔽。

综上所述，近距离上下两层煤开采时，其在通风条件、采空区遗煤分布规律等方面与单一煤层开采有较大的区别，这些都会给煤层自燃防控工作增加难度。

二、近距离煤层群复合采空区煤自燃处置的难点

(1) 火源位置判断难。近距离煤层群开采造成的复合采空区大面积连通、范围大，并且采空区内部的漏风流动规律复杂，受制于现有火源探测技术和方法的局限性，判断复合采空区自然发火的位置难。

(2) 高位火源捕捉难。采下部煤层时，上部煤层大范围采空区和煤柱容易自燃，气体从裂隙渗流到下部工作面，威胁安全生产。火源位置高，下部为松散的采空区，采用注浆等常

规降温灭火手段时，浆液易向下流动，捕捉到火源难。

(3) 降温措施实施难。复合采空区的顶部煤层与底部煤层之间为岩石，在矿压的作用下煤柱、岩层都已经完全破碎，从下部井巷向顶部采空区施工长距离灭火钻孔难，导致灭火降温措施难以实施。

(4) 漏风封堵和惰化灭火难。近距离复合煤层开采时，多层煤之间有裂隙连通，上下煤层、上下区段采空区连成一片，形成多源多汇的漏风，封堵漏风十分困难；并且，因漏风量大，惰化灭火的效果较差。

(5) 处置过程风险大。煤自燃，大量 CO 溢出有造成人员中毒的风险；同时，若自燃得不到及时处置，火势扩大，还存在煤自燃气体与瓦斯混合气体爆炸的危险。

三、近距离煤层群复合采空区煤自燃的处置技术

1. 复合采空区煤自燃火源位置的判断

大面积复合采空区煤自燃火源位置的初步判断是有效灭火的前提，对火源位置的判断要从以下几个方面着手：首先，认真分析历史回采情况，摸清异常的丢煤区分布，摸清煤柱留设情况；二是广泛采集分析自然发火区周边气样，采集点应包含隐患区周边密闭、煤柱等可能漏风的位置；三是要摸清隐患区周边密闭、巷道内的大气压力分布及情况，搞清密闭进出风情况，在利用气体指标分析火源位置的时候，要综合考虑大气压变化导致的流场不稳定特性，避免误判。

2. 复合采空区煤自燃的处置技术

大面积复合采空区自燃火灾治理应采取降温和堵漏相结合的综合防灭火技术。

① 灭火措施实施途径。在火源位置初步判断的基础上，若判断发生火源的位置距离密闭或巷道较近，具备施工灭火钻孔的条件可优先选择通过向火源位置施工钻孔灭火；若判断发生火源的位置距离密闭、煤柱较远或很难施工灭火钻孔，此时可考虑设计施工灭火巷道，在灭火巷道拉近与火源的距离后，再形成钻场施工灭火钻孔。

② 灭火降温技术。在灭火钻孔施工形成后，可选择流量大、覆盖范围广的防灭火泡沫、液态惰性气体(直注)等对火区进行灭火降温。

③ 堵漏控风技术。灭火降温的同时，应辅助实施堵漏控风措施，堵漏控风应优先考虑区域均压技术，需要在通风系统压能分析的基础上，确定合适的均压手段和均压地点以减少火区的贯穿风流；还应对漏风量大的密闭、煤柱实施封堵措施，如在密闭或井巷表面重新喷浆或对密闭内部、煤柱内部采用固化充填材料实施加固堵漏。

3. 灭火过程的监测

灭火过程同样应加强火区周边环境的监测，通过比对措施实施前后的煤自燃指标气体浓度和现场环境温度、火区反水温度的变化情况综合分析火灾处置的效果，若效果不理想还要及时调整防灭火技术措施。

四、近距离煤层群复合采空区煤自燃处置案例

(一) 煤自燃概况

1. 复合采空区基本情况

某矿二水平东翼下煤层 22310 综采工作面采后形成的采空区东部为矿井边界，西部为二水平东专回下延保护煤柱，南部为 22290 回采工作面，北部为未采实体煤。上覆为 21310

和 21290 相邻连通采空区，21310 采空区北部为 32010 回采工作面，21290 采空区南部为即将回采结束的 21270 工作面(图 7-5)。二水平下煤层，即 2019 年 8 月已回采结束的 22310 工作面，厚度在 2.2～3.8 m 之间，平均煤厚 3.0 m；平均煤层倾角 5°30″，属于自燃煤层，地温 31 ℃，属于地温偏高区，煤层原始瓦斯含量为 3.7 m^3/t，瓦斯压力为 0.3 MPa。上部为 2016 年 1 月已回采结束的 21310 采空区和 2017 年 12 月已回采结束的 21290 采空区，其所处煤层具有自燃倾向性，为Ⅱ级自燃。由于二水平东翼上下煤层近距离布置，层间距在 1.5～10 m 之间，导致本煤层 22310 采空区与上覆 21290 采空区、21310 采空区连通，形成大面积连通复合采空区。

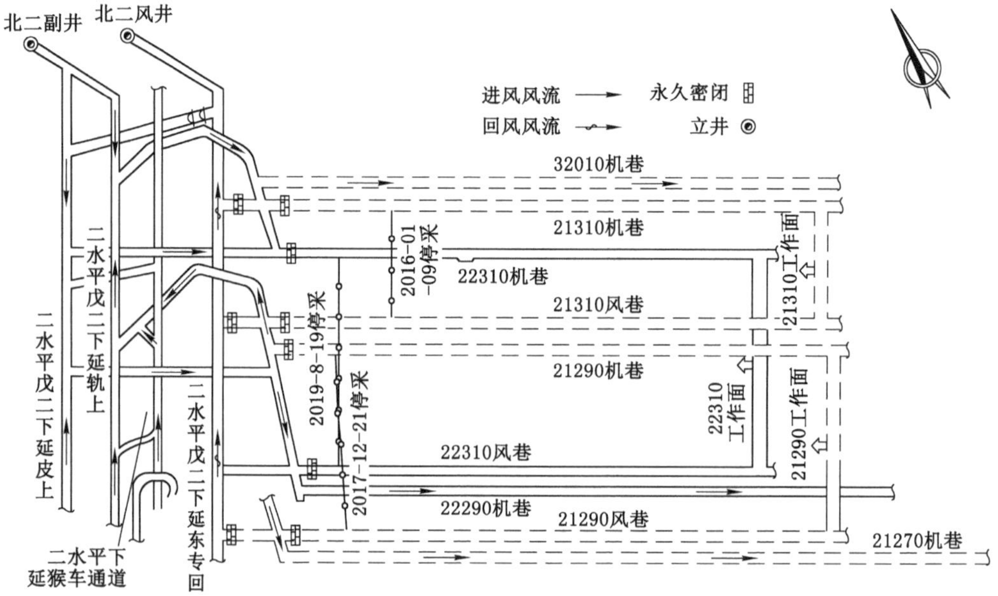

图 7-5　22310 复合采空区平面示意图

2. 22310 复合采空区煤自燃气体异常涌出情况

22310 工作面于 2019 年 8 月回撤完毕并完成密闭，其南部相邻 22290 备采面于 2020 年 2 月 2 日贯通形成全负压通风。2020 年 2 月 20 日晚班，22310 风巷密闭处出现 CO 异常情况，对密闭内气体多次采样化验后发现，22310 风巷密闭内 CO 浓度在 $1\ 000\times10^{-6}$～$3\ 000\times10^{-6}$之间具有较大波动，C_2H_4 浓度为 19×10^{-6}～48×10^{-6}。受地表大气压力变化影响通风系统不稳定，密闭风流时进时出，22290 机巷外段处的 CO 浓度也达到 12×10^{-6}。由此可见，22310 复合采空区及其连通区域已经出现了高温自燃隐患。

(二) 煤自燃位置的判断

通过采空区密闭内气体浓度变化、附近永久密闭压差变化与进出风状态连续观测，并根据采空区漏风源、汇情况以及各个已回收结束工作面的层位关系、层间距、地质构造，区段煤柱尺寸，停采线位置以及回采期间丢煤情况等地质资料综合分析研判认为火源位置处于：22310 复合采空区自燃高温隐患点在 22310 停采线、22310 机巷与 21310 停采线间垮落的破碎保护煤柱以及 22310 停采线附近区域(图 7-6)，尤其是该区域的右上角Ⅰ区。

判定的原因主要体现在以下几个方面：

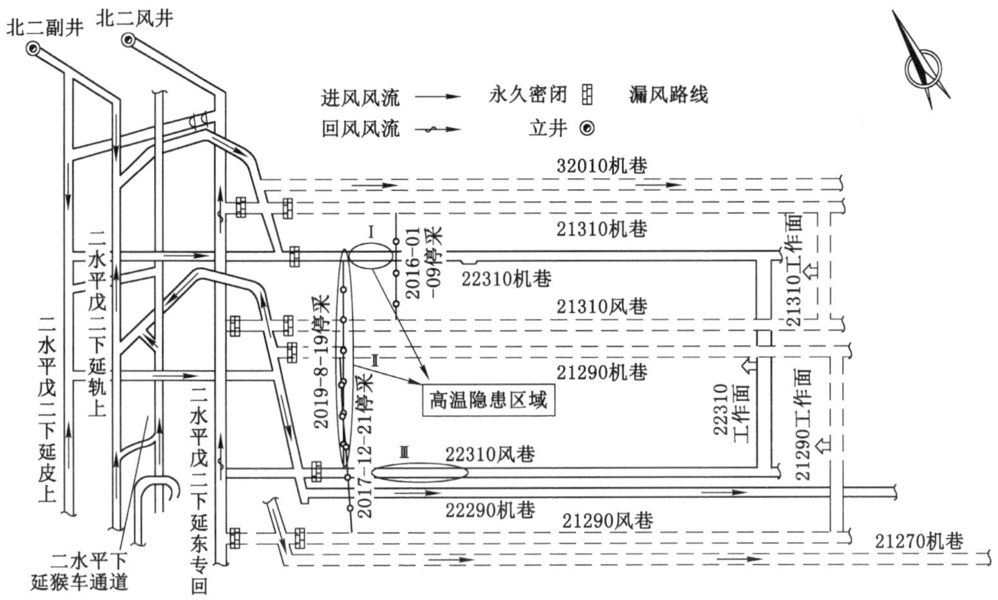

图 7-6　22310 复合采空区高温隐患区域位置

1. 该区域的遗煤异常,丢煤量大

由图 7-5、图 7-7 上下煤层采空区平面图与垂向位置关系图可看出,上下煤层停采线走向外错距离大,层位垂距短,该区域下煤层 22310 停采线沿走向方向外错上煤层 21310 停采线 90 m,倾向跨距 140 m,层间距只有 1.5 m,上煤层平均厚度为 2.2 m。随下煤层 22310 工作面推过上煤层 21310 停采线 90 m,导致上覆采空区约 27 700 m^3 的遗留煤柱垮落至下煤层 22310 采空区,遗煤量大,极易造成煤自燃隐患。

除此以外,因上煤层平均厚度 2.5 m、下煤层平均厚度 3.0 m,均采用一次采全高的综采开采工艺,因此其他区域的丢煤量较少。

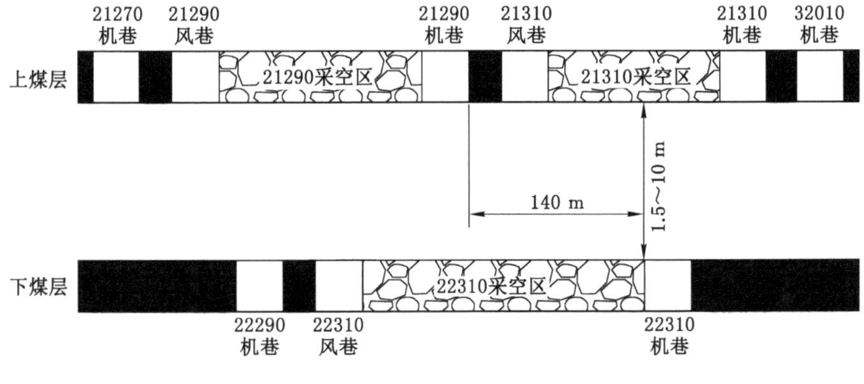

图 7-7　上下煤层工作面位置垂向关系示意图

2. 该区域漏风严重

采用 SF_6 示踪技术探测了复合采空区周边漏风通道,并根据 22290 机巷外段 500 m 范围内 CO 气体涌出量的变化,判断出 22310 复合采空区漏风源主要为 32010 机巷以及周边密闭，漏风汇主要位于 22290 机巷自外口段往里 500 m 范围内。基于漏风源与漏风汇主要位置以及采空区采动裂隙 O 形圈分布特征，得到 22310 复合采空区漏风路线，如图 7-8 所示。复合采空区堆积的大量松散遗煤，位于主要风流扩散路线中，有利于该区域的煤体氧化自热。

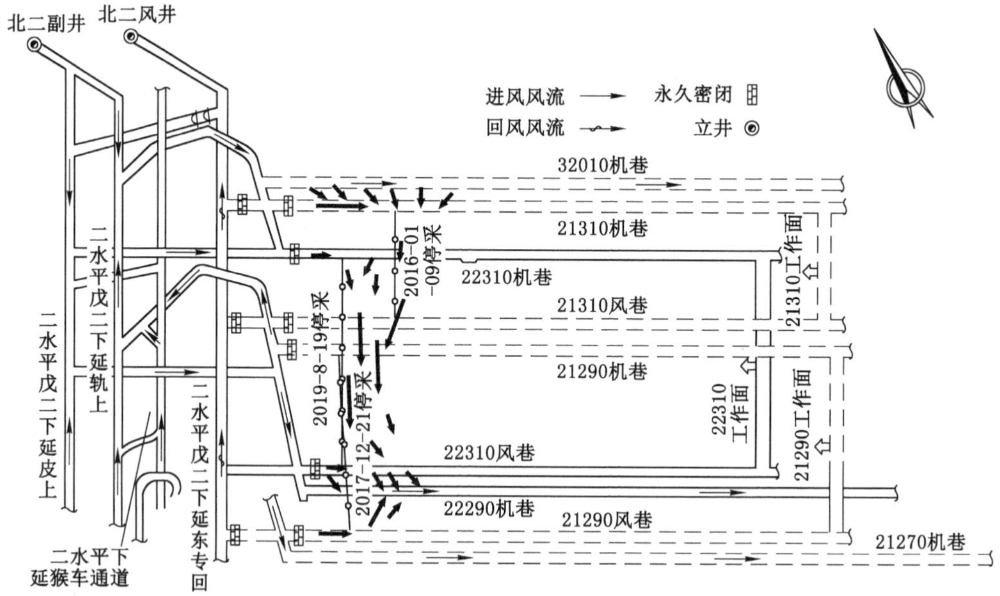

图 7-8　22310 复合采空区主要漏风路线图

3. 该区域满足氧化蓄热的条件

该矿 21310 和 22310 工作面停采线外错，造成上覆煤层采空区的遗留煤柱充分垮落，呈立体松散堆积状态，具备良好的氧化蓄热条件。同时煤层 22310 工作面停采后回撤周期长，导致复合采空区漏风供氧条件充足、遗煤氧化时间长，在大面积煤柱破碎带中存在漏风供氧条件适中、热量易于集聚的区域，为煤的氧化升温创造了条件。

4. 指标气体监测数据表明，该区域存在自燃火源可能性大

指标气体的监测表明，在 22310 风巷密闭、22290 机巷外段等地点出现 CO 和 C_2H_4 异常的情况，前述的漏风流场分析表明，指标气体浓度异常点位于该区域的下风侧；同时，因停采后长期从 22310 机巷密闭向封闭区灌注氮气，氮气随漏风流动对煤柱丢煤较多的Ⅱ区域、Ⅲ区域具有较好的惰化，但对Ⅰ区域惰化效果有限，该区域中的Ⅰ发火的危险性更高，应首先对该区域采取灭火措施。

（三）煤自燃处置的方法处置

为了快速控制复合采空区煤自燃隐患，防止高温区域进一步扩大引发采空区瓦斯爆炸等次生灾害，采用了隐患应急控制与隐患高效治理的“两步走”综合治理方案：一是采用均压与喷浆相结合减小漏风、注氮惰化采空区的控制措施，达到隐患应急控制的效果；二是在此基础上，划分出治理煤自燃隐患的有效措施区域，分区域进行复合泥浆堵漏、液态二氧化碳冷却降温、三相泡沫覆盖隔氧高效治理措施，构建了“堵漏控风-惰化降温-覆盖隔氧”三位一体的综合防治技术体系。

1. 煤自燃高温隐患的应急控制技术

① 均压控风技术。为降低复合采空区漏风源与漏风汇两端之间的压差，减小漏风对高温隐患区域的影响，在22310复合采空区主要漏风源处采取均压措施，如图7-9所示，主要通过在22310机巷出煤道施工两道永久风门，在21310机巷与32010机巷间进风道施工两道临时风门，并将21310机巷回风道密闭墙拆除，进而达到减小采空区漏风目的。

② 堵漏减小漏风。为减小22290机巷CO气体涌出量并增大漏风通道风阻，首先，对采空区周围密闭进行喷涂加固，在密闭墙之间注罗克休充填。其次，在32010机巷由21310停采线向里100 m至外口段向上帮及顶板喷浆，并壁后注浆；22290机巷由22310停采线以外20 m至以里200 m全断面喷浆，并且喷浆厚度不应低于6 cm，以保证封堵效果。

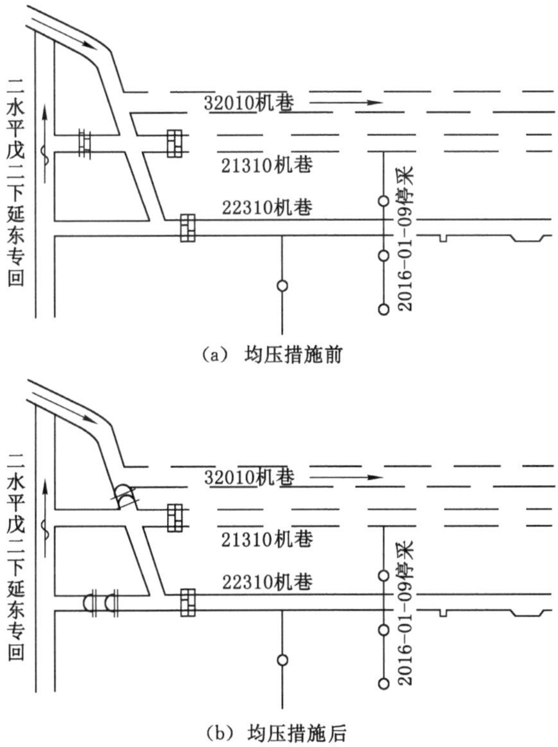

(a) 均压措施前

(b) 均压措施后

图7-9　22310复合采空区均压示意图

③ 大流量惰化灭火。利用井下移动式注氮设备在22310机巷密闭进行封闭式大流量注氮：一方面，可迅速稀释高温隐患区域氧气浓度，并使可燃气失爆，保证防灭火区域的安全；另一方面，由于氮气属于正压大流量注入，可使密闭内以及隐患区域气压升高，从而配合均压措施能有效减小高温隐患区域的漏风。

2. 煤自燃高温隐患的高效治理技术

(1) 灭火巷道及钻孔施工

通过应用上述应急控制技术后，采空区内C_2H_4浓度波动下降至48×10^{-6}，表明复合采空区内煤自燃隐患得到初步控制，但未被完全消除。由于复合采空区高温隐患位置较深，难以在本煤层布置钻场向高温隐患区域施工常规防灭火钻孔。因此，为彻底消除高温区域隐患，提出采用分区治理高温隐患的思路(区域划分如图7-10所示)，在采空区隐患区域上方丁组煤层

(层间距 80 m 左右)丁$_5$-22190 风巷延伸开拓消火道并布置钻场，采用多级钻孔护壁施工工艺向高温隐患重点区域施工长距离大口径下行穿层防灭火钻孔，能够准确覆盖目标区域，充分发挥防灭火材料堵漏、冷却降温、覆盖隔氧作用，从而实现高温区域的彻底消除。

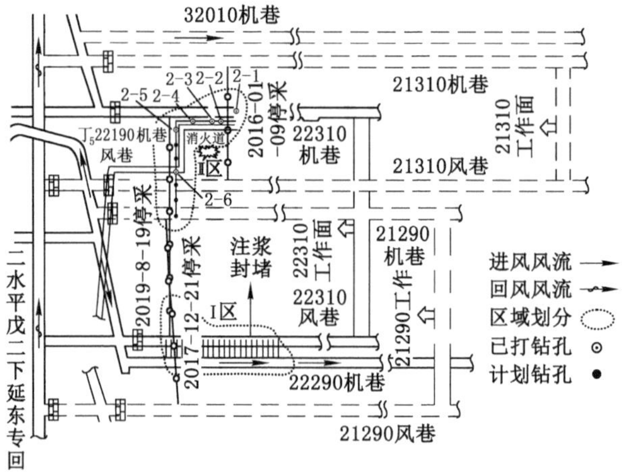

图 7-10　22310 复合采空区高温隐患治理区域划分

(2) 水泥-粉煤灰复合泥浆降温、堵漏

为进一步减少采空区漏风以及邻近 22290 工作面机巷 CO 气体涌出量，采用水泥-粉煤灰复合泥浆对Ⅲ区域(图 7-11)进行堵漏控风。通过在 22290 机巷停采线位置里外各 10 m 向 22310 采空区废弃巷道以及上覆 21290 采空区施工防火钻孔，利用钻孔灌注水泥-粉煤灰复合泥浆。同时，由于注浆位置地势较高，一部分浆液会沿着 22310 停采线区域流向 22310 机巷区域，对 22310 停采线附近遗煤达到润湿降温的效果。Ⅲ区防灭火钻孔布置图如图 7-12所示。

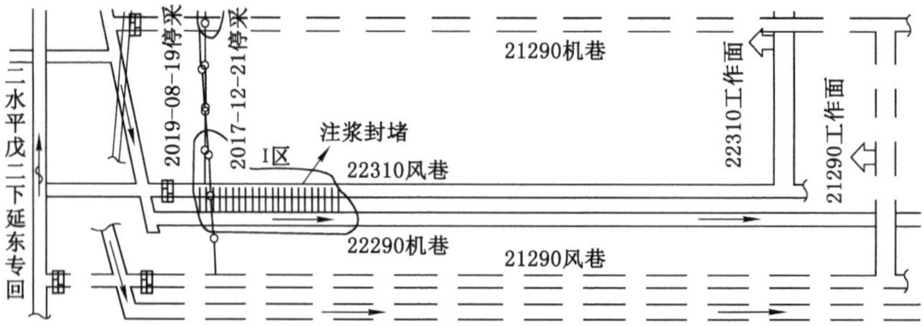

图 7-11　22310 复合采空区煤自燃堵漏治理区域Ⅲ区

(3) 液态二氧化碳冷却降温

采取液态二氧化碳冷却降温技术对Ⅰ、Ⅱ区进行治理(图 7-13)。因Ⅰ区的风险更高，前期主要围绕Ⅰ区先治理，随后根据该区域的治理效果，再确定是否有必要对Ⅱ区进行治理及采取相应方案。通过丁组煤层钻场施工的长距离防灭火钻孔，向采空区高温目标区域压注液态二氧化碳，实现对目标区的快速惰化与冷却降温，加快冷热对流，阻止热量积聚，达到快速熄灭煤自燃的目的。Ⅰ、Ⅱ区部分防灭火钻孔布置见图 7-14，钻孔参数见表 7-1。

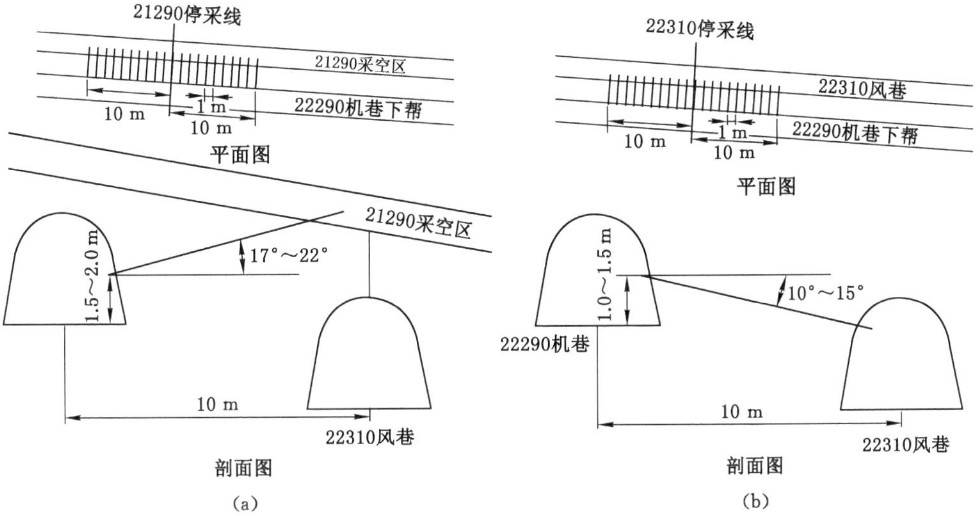

图 7-12　22310 复合采空区煤自燃重点治理区域Ⅲ区防灭火钻孔布置图

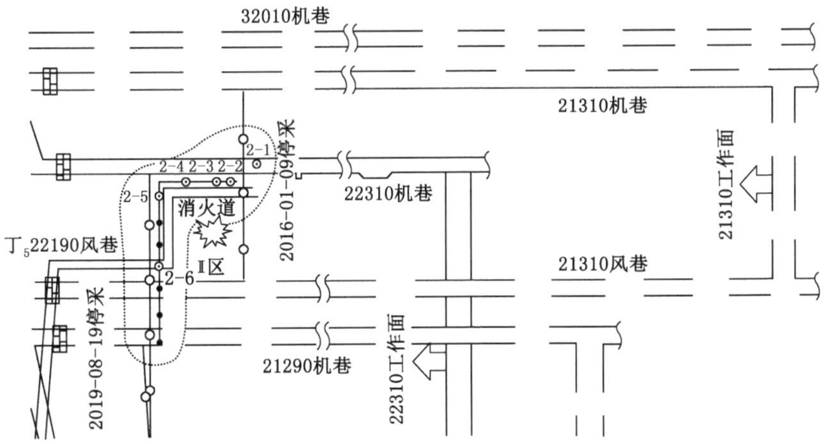

图 7-13　22310 复合采空区煤自燃重点治理区域Ⅱ区

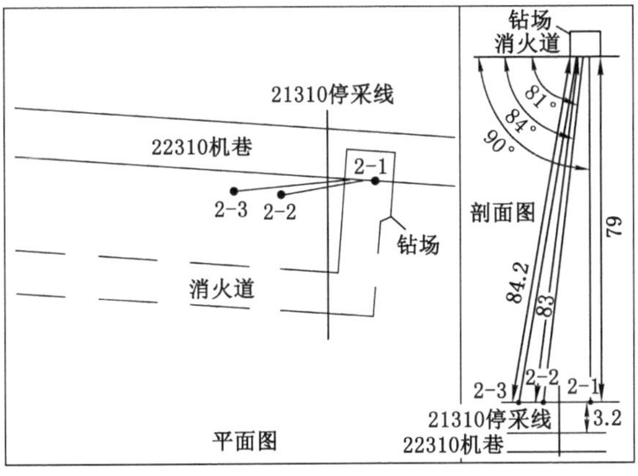

图 7-14　22310 复合采空区煤自燃重点治理区域Ⅰ、Ⅱ区防灭火钻孔布置图

表 7-1　Ⅰ、Ⅱ区部分防灭火钻孔参数

钻孔编号	钻孔参数
2-1#	终孔位置位于 21310 停采线以里 5 m,22310 机巷下帮以上 5 m,俯角 90°,孔深 79 m
2-2#	终孔位置位于 21310 停采线以外 5m, 22310 机巷下帮向上 10 m。俯角 84°,孔深 83 m
2-3#	终孔位置位于 21310 停采线以外 10m,22310 机巷下帮以上 7 m,俯角 81°,孔深 84.2 m
2-5#	终孔位置位于 22310 停采线以里 7 m,22310 机巷下帮以上 7 m,俯角 78°,孔深 91.5 m

(4) 大流量三相泡沫降温与覆盖隔氧

对采空区高温隐患目标区域采取封复合泥浆堵漏、液态二氧化碳冷却降温技术后,为进一步彻底消除煤自燃隐患并防止遗煤复燃,通过Ⅰ区防灭火钻孔大流量灌注三相泡沫防灭火材料,充分利用三相泡沫对采空区高处遗煤进行覆盖包裹、充填煤体裂隙、隔绝氧气的优势,使得煤自燃因缺氧而窒息,从而彻底消除复合采空区的煤自燃隐患。

(四) 煤自燃处置的效果

采用上述技术后,复合采空区 C_2H_4 和浓度 CO 出现明显波动下降趋势(图 7-15),分别由初期最高值 72.1×10^{-6} 和 $3\ 912.6\times10^{-6}$ 下降至 0 和 20×10^{-6} 以下并保持稳定。经过前期隐患应急控制与隐患高效治理"两步走"的综合治理方案,彻底消除了 22310 复合采空区煤自燃隐患,保障了复合采空区周边工作面的安全回采。

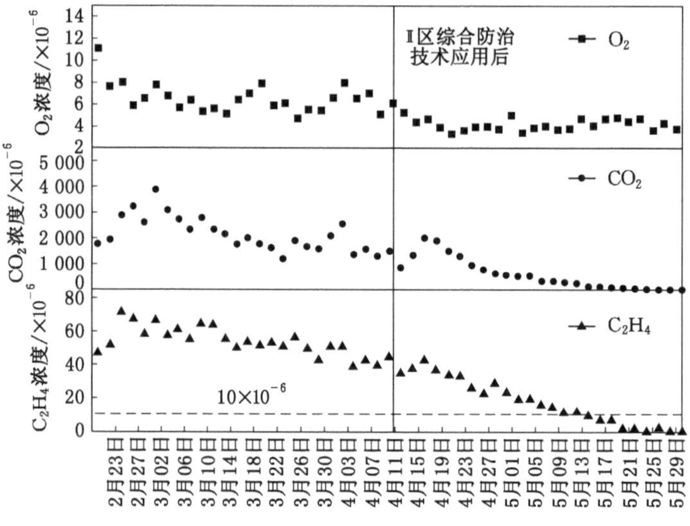

图 7-15　22310 复合采空区煤自燃治理过程中气体浓度变化曲线

第四节　巷道高冒区煤自燃处置

一、巷道高冒区煤自燃的特点

巷道风流温度低于岩层温度,巷道冒空区的松散煤体内易形成的热力风压加剧向高漏风导致发火,巷道高冒区易发生煤自燃。高冒区煤自燃除具有一般煤层自燃的共性之外,还有以下几个特点:

① 火源位置在高位。巷道高冒火灾发生在厚煤层开采时沿底板掘进的巷道的冒顶空洞内，火源位置相比其他类型的火灾较高。

② 火源蔓延快。相比其他煤自燃火灾，高冒区的区火灾发生在井下巷道内，井巷内的通风环境好、供氧充足，这种情况下一旦发生火灾，火源蔓延就比较快。

③ 巷道冒顶越深越易发生煤自燃。热风压的大小与冒顶深度、冒顶上下两端的温差有关。冒顶愈深，温差愈大，热风压愈大，漏风量愈大，也愈易发生自燃火灾。

二、巷道高冒区煤自燃处置的难点

① 人员被困风险大。巷道高冒火灾发生在通风巷道内，其产生的有毒有害气体对井巷中的人员带来直接威胁，一旦失去控制极易造成人员被困。

② 常规材料灭火降温难。煤自燃区位于巷道的顶板，灭火材料从底部向上注，在重力的作用下灭火材料，尤其是常规注浆材料很难停留在高冒区内，易渗出至井巷，防灭火效果差。

三、巷道高冒区煤自燃的处置技术

1. 火源位置的判断

相比采空区内的煤自燃，巷道高冒煤自燃火源点与巷道周邦距离较近，较容易判断出火源的位置。巷道高冒煤自燃火源可利用红外热成像仪照射探测火源，也可通过预先留设在巷道高冒区松散煤体的温度传感器或气体采样器等进行判断。

2. 巷道高冒区煤自燃的处置技术

巷道高冒区煤自燃火灾的处置应以快速灭火降温为主，火灾得到控制后辅以浮煤清理或堵漏等手段进行巩固，预防再次发火。

高冒区灭火主要通过高冒区钻孔或插管向巷道的高冒区灌注防灭火介质，实现降温、惰化灭火的目标。高冒灭火的途径如下：

① 目标注氮灭火。该方法适用于巷道高温或明火发生在高冒区有水泥喷浆层的上部时，由于水泥喷浆层将上部冒顶区封闭，冒顶区相对严密，注氮时只需对喷浆层的裂隙用速凝水泥堵漏，便可减少氮气的泄漏，在这种条件下目标注氮，可以将冒顶区高温或火彻底扑灭。

② 注水灭火。该方法根据水能吸热的物理特性，直接向火区内插管或利用岩石电钻钻孔插管，注入高压水灭火。残煤明火灭掉后，在松散空洞内高温作用下，大量水分蒸发产生水蒸气，在煤体表面形成水膜，阻止氧气与煤直接接触，并能排出空洞内的氧气，消除氧热微循环形成条件，达到降温灭火的目的。

③ 注泡沫灭火。该方法将防灭火泡沫通过插管灌注到高冒区内部，利用大流量的泡沫可以对高冒区内的高温点有较为充分的接触降温，能够实现扑灭高冒区煤自燃的目标。

④ 高冒区充填灭火。通过通向高冒区的钻孔或插管向高冒区内灌注凝胶、固化泡沫等充填材料，封堵高冒区的漏风，实现窒息灭火。需要注意的是，充填的材料必须阻燃环保。

⑤ 清除法灭火。该法针对范围小且火灾规模不大的高冒区煤自燃火灾，通过完全清除高冒区的破碎煤体同时还不产生新的冒空区实现灭火。破碎煤体被清除后杜绝了火灾发生的基础，能起到一劳永逸的效果。

3. 灭火过程的监测

高冒区灭火过程应加强火区周边环境的监测，可通过传感器或人工采样法监测高冒区下风侧温度和指标气体浓度的变化情况综合分析火灾应急处置的效果，若效果不理想应及时调整灭火技术措施。

四、高冒区煤自燃治理案例

1. 煤自燃概况

某矿西采区 12190 备用工作面，其北侧和南侧均为 2-3 煤实体；工作面走向长 1 060 m，倾斜长 170 m，煤层厚度为 11～15 m，倾角为 9°～13°。该面上、下巷采用 11 号工字钢对子棚支护，棚距 15 m，梁长 311 m，柱长 218 m，用金属网片(1 000 mm×600 mm)上面铺彩条布进行支护。由于采用综放工艺采煤，巷道沿底掘进，顶煤厚度约 8 m。煤种为长焰煤，煤层极易自燃，自然发火期为 1 个月，最短仅为 7 天。12190 工作面上、下巷于 2005 年 10 月 24 日贯通，贯通后进风量为 1 100 m^3/min，回风流瓦斯浓度 0.16%～0.17%。10 月 30 日，在发现工作面下巷 892 m 处出烟后，采用常规的打钻孔和黄泥注浆方法处理火区。由于此段巷道正处于断层附近，煤层变软；并且是以 11°～13°的上坡由煤层底板向煤层顶板的过渡地段，巷道顶煤破碎，空顶严重，因此形成的高冒区面积大，漏风严重；同时，由于工作面的风速过高(超过 2 m/s)以及巷道高冒区内积存有瓦斯，所以火区的面积不断扩大，CO 浓度急剧上升，11 月 3 日上午，上巷 CO 体积分数为 0.08%，4 日急增至 0.18%，巷道内浓烟滚滚，能见度不足 0.5 m，常规的灭火手段收效甚微。

2. 煤自燃处置的方法

11 月 5 日 8 时起，由该矿二掘队从下巷 880 m 处向里、向外同时施工深钻孔，对火区的范围进行准确的判定，最终探明火区的范围为 840～950 m(图 7-16)。决定往高冒区打钻灌注三相泡沫，每 3 m 布置一排钻孔，每排两个孔，孔深以打到煤层的顶板为止，钻孔成孔后，在钻孔内下入 38 mm 的套管(图 7-17)，套管的前端间隔地打上 10 余个孔，每个孔的直径为 20 mm。

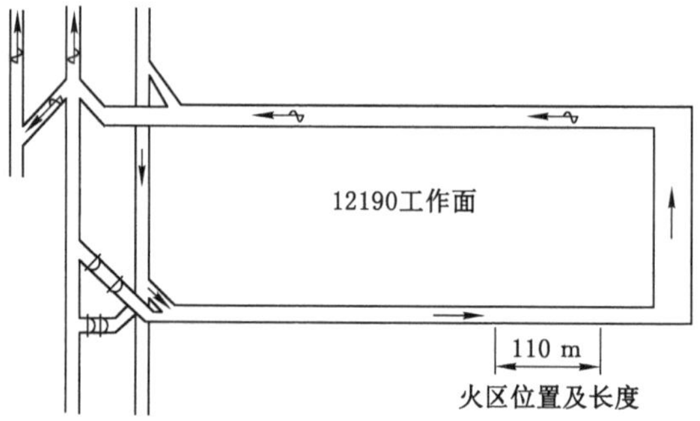

图 7-16　火区在工作面位置示意图

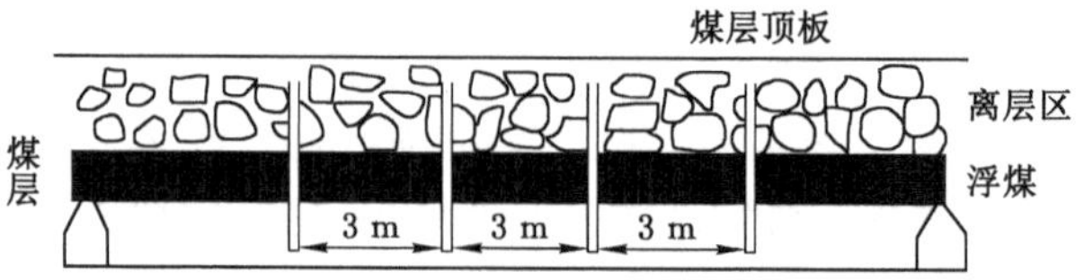

图 7-17　灭火钻孔示意图

3. 煤自燃处置的效果

布置好钻孔后，先向火区注了大约 20 min 的氮气，氮气的流量是 90 m^3/h，然后向火区灌注三相泡沫，泡沫在火区迅速堆积，大约连续注了 8 h，CO 等标志性气体浓度呈迅速下降趋势。从 12190 工作面 CO 浓度变化（图 7-18）可以看出，利用三相泡沫防灭火技术达到了快速控制高冒区火灾的目的。

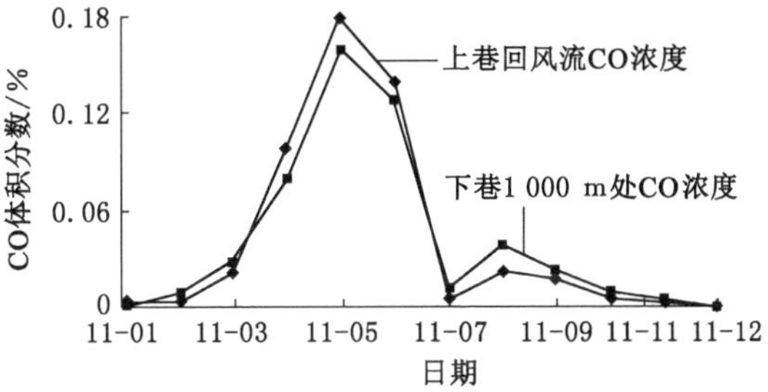

图 7-18　风流中 CO 体积分数的变化规律

第五节　矿井外因火灾的应急处置

一、外因火灾的特点

（1）火灾具有突发性。矿井外因火灾一般发生在运输巷、机电硐室、采掘工作面等可燃物较为集中的地点，且外因火灾具有突发性。

（2）易造成群死群伤事故。同煤自燃不同，外因火灾发生后，如控制不当，短时间内就会产生大量的有毒有害气体，易导致群死群伤。

（3）易造成风流紊乱。外因火灾发生在井巷网络受限空间，网络受限空间内火灾会有很多特殊的火灾行为，如轰燃、跳蛙、风流逆转、烟流逆退等现象，这些特殊的火灾行为很容易造成事故规模扩大。

二、外因火灾应急处置的难点

（1）一旦火灾失控，火灾快速控制难。外因火灾具有突发性，发生火灾时无论井下工作人员，还是井上决策人员一旦做出了错误的判断，快速有效控制火灾难度加大，应急处置的水平要求更高。

（2）人员逃生困难。矿井火灾发生在井巷网络内，同时不管井巷网络还是人员逃生的通道，人员极易因外因火灾的发生失去逃生通道，外因火灾时被困人员逃生难。

（3）火灾处置风险高。外因火灾发生在极为复杂的受限通风网络，火灾的热力作用极易造成矿井通风系统的风流紊乱，还可能会诱发爆炸，严重威胁人员生命安全，救灾处置过程风险大。

三、矿井外因火灾应急处置的技术

1. 外因火灾的灭火技术

火灾发生后，首先应把握战机，根据可燃物的类型、火灾发生的位置，及时采用灭火器、消防水管、砂子等手段在火灾发展初期组织灭火。

2. 外因火灾时的控风技术

外因火灾发生后，若很难在短时间内控制火灾，当火灾发生在矿井或采区的进风侧时，可果断采取全矿井反风或采区反风的方式进行风烟流的调控，使得大部分被困井下的人员处于火源的上风侧，减少人员伤亡。

一般发生火灾时，若无十足把握绝对不能轻易减风，减风易形成富燃料火灾，从而发生风流逆转或烟流逆退，导致事故扩大化；为防止风流逆转，可在部分巷道挂风障增阻，调整局部风网压能，防止风流发生逆转；若火源进风侧或火源附近瓦斯浓度较高，可采用适当增加风量的方法减少瓦斯浓度，防止爆炸事故的发生。

3. 灭火过程的监测监控

灭火过程中，应时刻注意检查风流的稳定性，若井巷风流出现脉动等大规模爆炸前兆，应立即撤离救灾人员；同时，救灾过程还应加强 CO、温度、O_2、CH_4 等环境信息的监测，一旦发现形势恶化，及时调整救灾措施。

4. 火区的封闭

若外因火灾直接灭火难以奏效，应果断地对火区进行封闭，封闭过程中还应该加强监测，防止封闭过程中发生爆炸引发次生灾害。

四、掘进面巷道外因火灾处置案例

有机高分子发泡材料在破碎顶板加固、漏风堵漏方面具有独特技术优势，常被应用于处置高冒区以加固顶板或防止漏风。高分子材料发泡的过程中会产生热量，如若控制不当，存在诱发高冒区火灾的可能。2019 年 11 月 19 日晚，山东某矿井下 3306 掘进工作面在利用高分子发泡材料处置高冒区时就引发了一起高冒区火灾事故，导致 11 人被困。

1. 火灾概况

事故矿井核定生产能力 330 万 t/a。矿井为瓦斯矿井，开采煤层为自燃煤层，煤尘有爆炸危险性。发生事故的 3306 工作面为煤巷掘进工作面。在巷道的掘进过程中，出现了巷道冒空区，处理冒空区时，使用了大量的高分子材料充填，高冒充填区出现高温、冒烟，造成在迎头工作的 11 人被困，经过 38 小时的全力救援和被困矿工自救，11 名矿工全部脱离危险。

火区特征见图 7-19，火灾处置过程中面临以下主要难题：

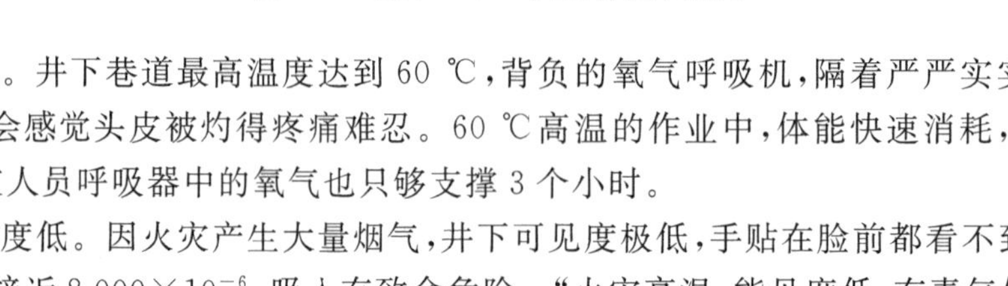

图 7-19　某矿 11.19 火区特征示意图

① 高温。井下巷道最高温度达到 60 ℃，背负的氧气呼吸机，隔着严严实实的面罩，救援人员依旧会感觉头皮被灼得疼痛难忍。60 ℃高温的作业中，体能快速消耗，人工施救举步维艰，救灾人员呼吸器中的氧气也只够支撑 3 个小时。

② 能见度低。因火灾产生大量烟气，井下可见度极低，手贴在脸前都看不到，一氧化碳浓度最高时接近 8 000×10^{-6}，吸入有致命危险。“火灾高温、能见度低、有毒气体、距离被困

人员远”，一切情况对救援工作提出更大的要求。

2. 处置的技术

① 保持正常通风。井下有直径 10.8 cm 的供水管、通风管，以及直径 1 m 的风筒，救援专家研判能形成一个适合生存的安全港。因此，救灾指挥部首先要求通风设备保障运行，持续向迎头位置输送新鲜空气。

② 风流降温。为了降低井下的温度，在风机的吸风口堆放冰块，尽可能对供入迎头的空气降温，从而更好地为井下工作面迎头被困人员提供适宜的温度环境。

③ 矿工自救。在地面营救工作紧张进行的同时，井下 11 名矿工在班长的带领下开始自救。矿工的逃生通道是一条直径 1 m、由阻燃材料制作而成的风筒；他们的逃生方式是顺着风筒往外爬，穿越火区。4 名干部分成 2 人开路、2 人在后，其余 7 人在中间，11 名矿工展开有序自救。

3. 处置的效果

在采取通风降温控制火势和矿工自救逃生措施的基础上，11 名矿工在风筒中爬了 300 m 后，终于跨过冒空区着火带进入安全区域，随后利用携带的工具切开风筒壁进入巷道，救援人员也在第一时间发现并将他们救出，11 名被困人员全部安全升井。

4. 原因分析和经验教训

大量采用高分子材料处置高冒区是事故发生的主要原因。3306 胶带运输巷过断层，顶板破碎较为严重，为了控制高冒区的破碎顶板，对高冒区采取了充填高分子发泡材料的技术措施。高分子材料在发泡过程中会释放大量的热，在高分子材料充填区引发高温、冒烟，引燃周边可燃物。

事故的经验和教训主要体现在下述几个方面：

① 掘进巷道发生火灾时，风筒可作为应急救援通道的选项之一。该矿火灾事故被困人员能够成功脱险的一个重要原因是在风筒具备逃生的条件下，被困人员果断爬风筒越过火区成功脱险。因此，建议在煤矿企业推广使用抗高温、阻燃风筒，保证风筒吊挂质量，使风筒作为火灾等事故灾变后的应急救援通道和逃生通道。同时，风筒还可作为通信通道，利用向风筒中吹纸条等方式向被困人员传递信息，能够稳定他们的情绪，增强他们成功脱险的信心。

② 慎用或者不用高分子材料充填。在煤巷高冒区采用发泡高分子材料充填破碎煤体能起到加固和堵漏的作用，但高分子材料发泡过程中会产生热量存在造成火灾的可能，应慎用或者不用高分子材料充填，必须用高分子材料充填时要建立完备的防灭火措施。

③ 大力发展应急救灾机器人。在这次矿火灾事故救援中，曾尝试采用机器人探查搜救，但由于巷道内情况复杂，灾区温度高、积水深、能见度低、巷道高度不够、信号传输不畅，派往井下的侦察机器人没有到达着火地点，但毕竟是在火灾事故救援中第一次投用侦察机器人，虽未成功，但积累了宝贵经验，为后续矿井火灾救援机器人技术发展指明了方向。

④ 着力提升灾变后被困人员的自救水平。火灾事故发生后，被困人员没有慌乱，而是积极有序稳妥开展多种方式自救，最终爬风筒成功脱险。被困矿工展现出的较强自救意识和自救能力得益于多年坚持的安全培训，培训对于提升矿工应对灾害事故的水平具有一定的意义。

五、运输巷外因火灾应急处置案例

1. 火区概况

事故矿井为年产 450 万 t 的特大型矿井，立井开拓方式，现主要生产水平是－440 水平和－350 水平，井下煤炭运输全部采用带式输送机运输，共有 11 部固定胶带机，总长 11 020 m。矿井通风方式为中央并列与对角混合式，为低瓦斯矿井。2000 年 11 月 30 日 14 时 10 分，该矿中央带式输送机巷发生一起重大火灾事故，烧毁宽度 1 m 的胶带 70 m，动力及信号电缆 500 m，30 m 巷道的木背板烧尽，烟雾波及七、九两个采区，受灾人员 138 人，其中有 5 人中毒较重住院治疗。这次事故给职工的生命造成了严重威胁，给矿井造成了严重经济损失。但是发生这类火灾，并且发展到如此规模，灾害范围内人员如此之多，而未发生人员死亡，较为罕见。对这次事故发生的原因及处理过程作深入剖析，有许多教训与经验值得汲取。

发生事故的中央胶带机巷是－440 水平至－350 水平的主要运输巷，运输长度1 471 m，高差 104 m，安装两部 DTI810/2×220 型运输机，带宽 1 m，带速 3.15 m/s，运输能力 800 t/h。第一部带式输送机运送距离 970 m，升高 4 m，PVC-1250 型胶带，第二部带式输送机运送距离 501 m，升高 62 m，胶带是自法国引进的 E 型胶带。巷道倾角 6°，第一部胶带机巷及第二部机头硐室均为砌碹支护，第二部胶带机巷为 U 型钢木背板支护。中央胶带机巷风量 615 m^3/min，风速 1.8 m/s，是七、九采区的主要进风巷，具体如图 7-20 所示。2000 年 11 月 30 日 14 时 50 分，该矿中央第二部带式输送机机尾发生火灾。

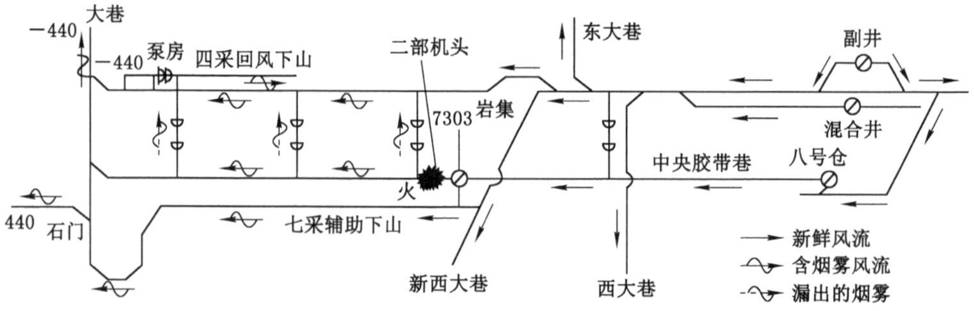

图 7-20　某矿运输巷火灾示意图

2. 处置的技术

11 月 30 日 14 时 30 分，矿调度室接到－440 泵房人员汇报－440 水平有烟雾的报告，调度员当即向矿有关领导汇报，随后通过从井下不同地点向调度室的汇报分析综合判断，是中央胶带机巷发生了火灾。矿领导当即下达了将－440 水平及九采区所有人员立即从不受烟雾威胁的东大巷及六采区撤人的命令，并先后通知了矿救护中队及集团公司的救护大队救灾。14 时 45 分救护队赶到着火现场，发现第二部胶带机头处火势猛烈，浓烟滚滚，火势很大。救护队当即分开，一个小队用携带的灭火器和现场的消防供水系统直接灭火，其余救护人员进入灾区抢救遇险人员。

3. 处置的效果

经救护人员及其他干部职工的全力奋战，遇险人员 16 时 30 分全部撤出或救出，18 时明火基本扑灭，21 时余火彻底清理干净，救灾工作结束。

4. 事故原因和经验教训

经过事故后的现场勘察分析，发生这次事故的直接原因是：中央胶带机巷的第二部胶带机由两台电机拖动，里侧电机的输出轴发生断裂，由于该电机与减速箱间的液力偶合器与电机是孔轴配合连接，与减速箱是弹性销连接，电机轴断裂后液力偶合器失去支撑，其在另一台电机经传动滚筒、减速箱的带动下作高速偏心旋转，与滚筒发生碰撞、摩擦，液力偶合器碰破，其中的透平油被抛出，经摩擦火花点燃，瞬间发生大火。

事故的经验和教训主要体现在以下几方面：

（1）事故教训

① 没有执行“液力偶合器不准使用可燃性传动介质”的规定，而使用了透平油做介质，使火花先点燃了油，火势迅速扩大成灾。尽管用难燃液做介质的液力偶合器存在一定的不足，但是为保证安全，必须强制推广。

② 未按规定使用阻燃胶带，引燃了第二部胶带，扩大了事故的规模。事故中因与第二部胶带搭接的第一部胶带是阻燃胶带，尽管第二部胶带完全燃尽，但是与之相连的第一部胶带一点也未燃烧。因此，矿井的日常管理中要正确厘清效益与安全的关系，设备、材料的必要更新、投入要保证，不符合规程的设备、材料坚决更换。

③ 防灾意识淡薄。胶带司机 14 时 10 分开车，14 时 12 分就发现第二部带式输送机的烟雾报警器报警并自动停车。司机误认为是系统误动作，未及时向队或矿调度室汇报，仅向当班班长（另一部带式输送机的司机）作了汇报，第二部带式输送机机尾的放煤工应是第一个发现灾情的人，但是其发现灾情后不及时向调度室汇报，而急于逃生。由于防灾救灾意识淡薄，拖延了事故的抢救时间。

④ 中央胶带机巷原是一条独立回风的巷道，但是由于矿压影响，巷道断面缩小、回风能力不足而将其改成了一条主要的进风巷，因此扩大了受灾范围。

⑤ 中央胶带机巷是两部胶带搭接，集中控制，控制台在一部胶带机头，二部机头无人值守。集中控制的带式输送机其检修质量、巷道状况、安全保护设施及其可靠性、有效性都有特殊的要求，而这部带式输送机集中控制后未采取特殊措施。

（2）事故经验

① 矿调度室在接到事故汇报后，根据事故的性质和事故发生地点是矿井主要进风流的严重性，立即下达了可能受灾人员立即沿正确路线撤出的命令，命令果断正确，为灾区人员逃生争取了时间。

② 救护队应战迅速，作战英勇，接事故通知后仅 15 min 即到达现场开始灭火、救人，为灭火赢得了宝贵的时间，并将七采轨道下山被熏倒的人员及时救出，防止了人员伤亡。

③ 该矿的基层管理人员及通防管理人在发生事故后，能正确组织受灾职工戴好自救器沿正确路线迅速撤离。离井口最远的九采区三分区泄水巷掘进头人员，在队长的带领下，绕道治九采区煤层下山撤出，九采区三分区轨道巷掘进头人员在瓦斯检查员的带领下绕道沿九采区－350 水平撤出。这些避灾路线尽管距离较远，但是基本不受烟雾侵害，他们虽然离井口最远、上井的时间最长，但是无一人中毒。

④ 胶带机巷的消防供水系统设施完好，供水充足，为迅速扑灭火灾创造了条件。中央胶带机巷设有 $\phi 50$ mm 供水管，水压达 3 MPa 以上，每 50 m 设有一个三通阀门，并且备有 25 m 胶管，救护队到达现场后用现场的消防设施即开展灭火工作。

⑤ 尽管火灾发生在下行风流的下山中部，但是未造成风流逆转，其主要原因是中央胶带机巷的长度 1 600 余米，高差达 104 m，跨两个水平，中间的联络巷均用风门隔开，两端的风压差达 240 Pa，火灾控制及时有效，防止了风流逆转。该条胶带机巷的各通道如不建有风门，事故中风流逆转是必然的，其后果不堪设想。因此，胶带机巷保持独立的风流并尽量独立回风，是提高矿井抗灾能力的重要措施。

参考文献

[1] 艾晴雪.煤自燃过程活性基团与自由基反应特性研究[D].唐山:华北理工大学,2018.
[2] 岑可法,姚强,骆仲泱,等.燃烧理论与污染控制[M].2版.北京:机械工业出版社,2019.
[3] 陈晓坤,于志金.煤自燃早期预报指标的研究与应用[J].煤炭科学技术,2016,44(10):13-17,111.
[4] 陈雄.矿山事故应急救援[M].重庆:重庆大学出版社,2016.
[5] 邓军,白祖锦,肖旸,等.煤自燃灾害防治技术现状与挑战[J].煤矿安全,2020,51(10):118-125.
[6] 邓军,王津睿,任帅京,等.采空区煤自燃高温点识别与探测技术研究与展望[J].煤炭学报,2024,49(2):885-901.
[7] 窦国兰,简赫达,仲晓星,等.海藻酸钠改性垃圾焚烧底灰-矿渣基胶凝堵漏材料研究[J].煤炭学报,2024,49(3):1475-1487.
[8] 段佳磊,梁运涛,贾宝山,等.阻燃输送带火灾早期温度变化与烟气成分研究[J].矿业科学学报,2024,9(2):135-143.
[9] 范维澄.火灾科学导论[M].武汉:湖北人民出版社,1993.
[10] 国家安全生产监督管理总局.矿井密闭防灭火技术规范:AQ 1044—2007[S].北京:煤炭工业出版社,2007.
[11] 国家安全生产监督管理总局.煤矿安全规程 2020[M].北京:煤炭工业出版社,2020.
[12] 国家安全生产应急救援中心.矿井火灾事故应急处置及救援工作要点.(2020-09-14)[2022-08-16].https://www.mem.gov.cn/kp/sgzn/202009/t20200914_366216.shtml
[13] 国家矿山安全监察局.煤矿防灭火细则[M].北京:应急管理出版社,2021.
[14] 贺佑国.2020 中国煤炭发展报告[M].北京:应急管理出版社,2020.
[15] 雷蕾.狭长受限空间内火灾温度分布规律研究[J].消防科学与技术,2015,34(9):1152-1155.
[16] 李宗翔,王雅迪,高光超,等.巷道火灾火焰局部阻力模型构建及参数识别[J].煤炭学报,2015,40(4):909-914.
[17] 梁运涛,侯贤军,罗海珠,等.我国煤矿火灾防治现状及发展对策[J].煤炭科学技术,2016,44(6):1-6.
[18] 梁运涛,王树刚,蒋爽,等.煤炭自然发火介尺度分析:从表征体元宏观模型到孔隙微观模型[J].煤炭学报,2019,44(4):1138-1146.

[19] 刘宏，窦国兰，李庆钊，等. 燃烧学[M]. 徐州：中国矿业大学出版社，2021.
[20] 煤炭工业部. 煤矿用氮气防灭火技术规范：MT/T 701-1997[S].
[21] 煤炭行业煤矿安全标准化技术委员会. 煤矿灌（注）浆防灭火技术规范：MT/T 702—2020[S].
[22] 齐庆杰，王欢，周新华，等. 线火源与点火源在巷道火灾中烟流特性对比[J]. 辽宁工程技术大学学报（自然科学版），2017，36(2)：147-153.
[23] 钱鸣高，石平五矿山压力与岩层控制[M]. 3 版. 徐州：中国矿业大学出版社，2021.
[24] 秦波涛，冯乐乐，蒋文婕，等. 矿井泡沫防灭火技术研究进展[J]. 煤炭科技，2022，43(5)：1-12.
[25] 秦波涛，高远，史全林，等. 近距离煤层复合采空区煤自燃综合防治技术[J]. 工矿自动化，2021，47(9)：1-6.
[26] 宋红立，汪虎，许永刚，等. 强矿压厚煤层巷道高冒自然发火分析治理[J]. 煤炭技术，2019，38(9)：112-114.
[27] 孙继平，孙雁宇，范伟强. 基于可见光和红外图像的矿井外因火灾识别方法[J]. 工矿自动化，2019，45(5)：1-5.
[28] 谭波. 矿井火灾灭火救援技术与案例[M]. 北京：煤炭工业出版社，2015.
[29] 田富超. 煤矿采空区火灾气体红外光谱在线分析技术[D]. 徐州：中国矿业大学，2019.
[30] 王德明. 矿井火灾学[M]. 徐州：中国矿业大学出版社，2008.
[31] 王德明. 煤矿热动力灾害学[M]. 北京：科学出版社，2018.
[32] 王德明，邵振鲁，朱云飞. 煤矿热动力重大灾害中的几个科学问题[J]. 煤炭学报，2021，46(1)：57-64.
[33] 王德明，辛海会，戚绪尧，等. 煤自燃中的各种基元反应及相互关系：煤氧化动力学理论及应用[J]. 煤炭学报，2014，39(8)：1667-1674.
[34] 王福生，王建涛，董宪伟，等. 次磷酸盐对煤自燃的阻化特性实验研究[J]. 煤矿安全，2020，51(5)：45-49.
[35] 王凯. 陕北侏罗纪煤低温氧化反应性及动力学基础研究[M]. 徐州：中国矿业大学出版社，2018.
[36] 王庆祥. 关于矿山救护队救援训练体系建立的思考[J]. 工程学研究与实用，2024，5(1)：180-182.
[37] 王旭东，王德明，司卫彬，等. 屯宝矿 1192 封闭工作面火区治理关键技术[J]. 煤矿安全，2015，46(12)：70-72.
[38] 文虎，田晴，赵向涛，等. 煤层火灾监测与治理研究现状及发展趋势[J]. 煤炭工程，2021，53(9)：101-106.
[39] 吴玉国，王涌宇. SF_6 示踪气体瞬时-连续联合释放法在工作面漏风检测中的应用[J]. 中国煤炭，2017，43(9)：108-111.
[40] 辛海会. 煤火贫氧燃烧阶段特性演变的分子反应动力学机理[D]. 徐州：中国矿业大学，2016.
[41] 徐永亮. 防治煤自燃的悬砂胶体研究[M]. 徐州：中国矿业大学出版社，2017.
[42] 姚斌，朱国庆，朱辉，等. 基于实验和 FDS 的回燃现象研究[J]. 消防科学与技术，2020，

39(11):1486-1489.
[43] 余明高.矿井火灾防治[M].北京:国防工业出版社,2013.
[44] 余明高,王亮,李海涛,等.我国煤矿防灭火材料的研究现状及发展趋势[J].矿业安全与环保,2022,49(4):22-36.
[45] 虞继舜.煤化学[M].北京:冶金工业出版社,2000.
[46] 袁亮.煤矿典型动力灾害风险判识及监控预警技术研究进展[J].煤炭学报,2020,45(5):1557-1566.
[47] 袁亮.煤矿总工程师技术手册[M].北京:煤炭工业出版社,2010.
[48] 张建民,管海晏,曹代勇,等.中国地下煤火研究与治理[M].北京:煤炭工业出版社,2008.
[49] 张双全.煤化学[M].徐州:中国矿业大学出版社,2004.
[50] 张辛亥,徐精彩,邓军,等.煤的耗氧速度及其影响因素恒温实验研究[J].西安科技大学学报,2002,22(3):243-246.
[51] 中国煤炭工业协会.煤自燃倾向性色谱吸氧鉴定法:GB/T 20104-2006[S].北京:中国标准出版社,2006.
[52] 仲晓星,王德明,周福宝,等.金属网篮交叉点法预测煤自燃临界堆积厚度[J].中国矿业大学学报,2006,35(6):718-721.
[53] 仲晓星,王建涛,周昆.矿井煤自燃监测预警技术研究现状及智能化发展趋势[J].工矿自动化,2021,47(9):7-17.
[54] 朱红青,胡超,张永斌,等.我国矿井内因火灾防治技术研究现状[J].煤矿安全,2020,51(3):88-92.
[55] 朱红青.矿井火灾防治[M].北京:煤炭工业出版社,2015.
[56] CHENG W M,HU X M,XIE J,et al. An intelligent gel designed to control the spontaneous combustion of coal: fire prevention and extinguishing properties[J]. Fuel, 2017,210:826-835.
[57] CHEN X D,CHONG L V. Some characteristics of transient self-heating inside an exothermically reactive porous solid slab[J]. Process Safety and Environmental Protection,1995,73(B2): 101-107.
[58] CHEN X D. Safer estimate of time-to-ignition of reactive porous solid slab based on a simplified heat conduction term in Frank-Kamnetskii theory of thermal ignition[J]. Chemical Engineering and Processing,1997(36): 195-200.
[59] JONES J C. A new and more reliable test for the propensity of coals and carbons to spontaneous heating[J]. Journal of Loss Prevention in the Process Industries,2000, 13(1):69-71.
[60] MANDAL S,MOHALIK N K,RAY S K,et al. A comparative kinetic study between TGA & DSC techniques using model-free and model-based analyses to assess spontaneous combustion propensity of Indian coals[J]. Process Safety and Environmental Protection,2022,159:1113-1126.
[61] PONE J D N,HEIN K A A,STRACHER G B,et al. The spontaneous combustion of

coal and its by-products in the Witbank and Sasolburg coalfields of South Africa[J]. International Journal of Coal Geology,2007,72(2):124-140.

[62] QIN B T,LU Y,LI Y,et al. Aqueous three-phase foam supported by fly ash for coal spontaneous combustion prevention and control[J]. Advanced Powder Technology, 2014,25(5):1527-1533.

[63] QIN B T,LU Y,LI Y,et al. Aqueous three-phase foam supported by fly ash for coal spontaneous combustion prevention and control[J]. Advanced Powder Technology, 2014,25(5):1527-1533.

[64] QIN B T,LU Y,QIN X W. Study on The Characteristics and Application of Inorganic Solidified Foam for Preventing and Controlling Spontaneous Combustion of Coal[J]. Disaster Advances,2013.

[65] QIN B T,MA D,LI F L,et al. Aqueous clay suspensions stabilized by alginate fluid gels for coal spontaneous combustion prevention and control[J]. Environmental Science and Pollution Research,2017,24(31):24657-24665.

[66] SONG S,QIN B T,XIN H H,et al. Exploring effect of water immersion on the structure and low-temperature oxidation of coal:a case study of Shendong long flame coal, China[J]. Fuel,2018,234:732-737.

[67] TANG Y B,GUO P W. Experimental investigation on spontaneous combustion of coal affected by exothermic reaction of polyurethane in underground coal mines[J]. Journal of Thermal Analysis and Calorimetry,2022,147(1):337-346.

[68] WANG D M,DOU G L,ZHONG X X,et al. An experimental approach to selecting chemical inhibitors to retard the spontaneous combustion of coal[J]. Fuel,2014,117: 218-223.

[69] WANG D M,XIN H H,QI X Y,et al. Reaction pathway of coal oxidation at low temperatures : a model of cyclic chain reactions and kinetic characteristics[J]. 2016,163 (1):447-460.

[70] ZHONG X X,KAN L,XIN H H,et al. Thermal effects and active group differentiation of low-rank coal during low-temperature oxidation under vacuum drying after water immersion[J]. Fuel,2019,236:1204-1212.

[71] ZHU C,QIN B T,LU Y,et al. A novel mixer with a hollow spiral structure for preparing inorganic solidified foam[J]. Journal of Chemical Engineering of Japan,2016, 49(6):503-510.